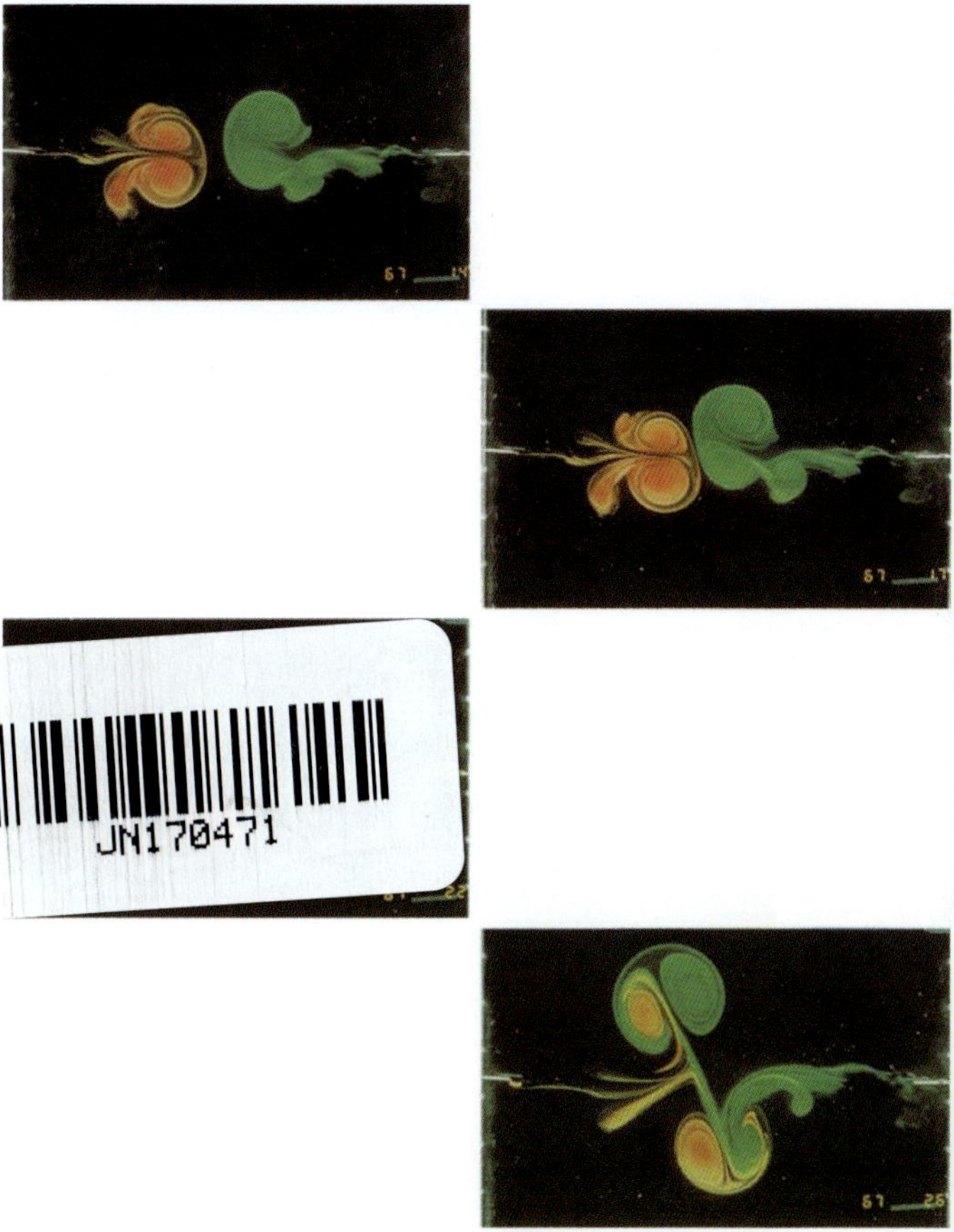

1　２つの双極渦が衝突しても、渦構造はともに損なわれずに保持される。マッシュルームのような形をした頭部が互いの渦を取り込んで、新たな方向に進んでいく。ここでは２つの渦を明確に区別するため、それぞれが染料で色分けされている。

2　木星の大赤斑は、乱流に生じるコヒーレント構造の一例である。少なくとも 300 年以上、木星の旋回する大気の中に存在してきた。同様の短命な構造も現れては消えていっている。

3　木星の周囲を取り巻いている一連の帯は、帯状ジェットと呼ばれる流れのパターンである。

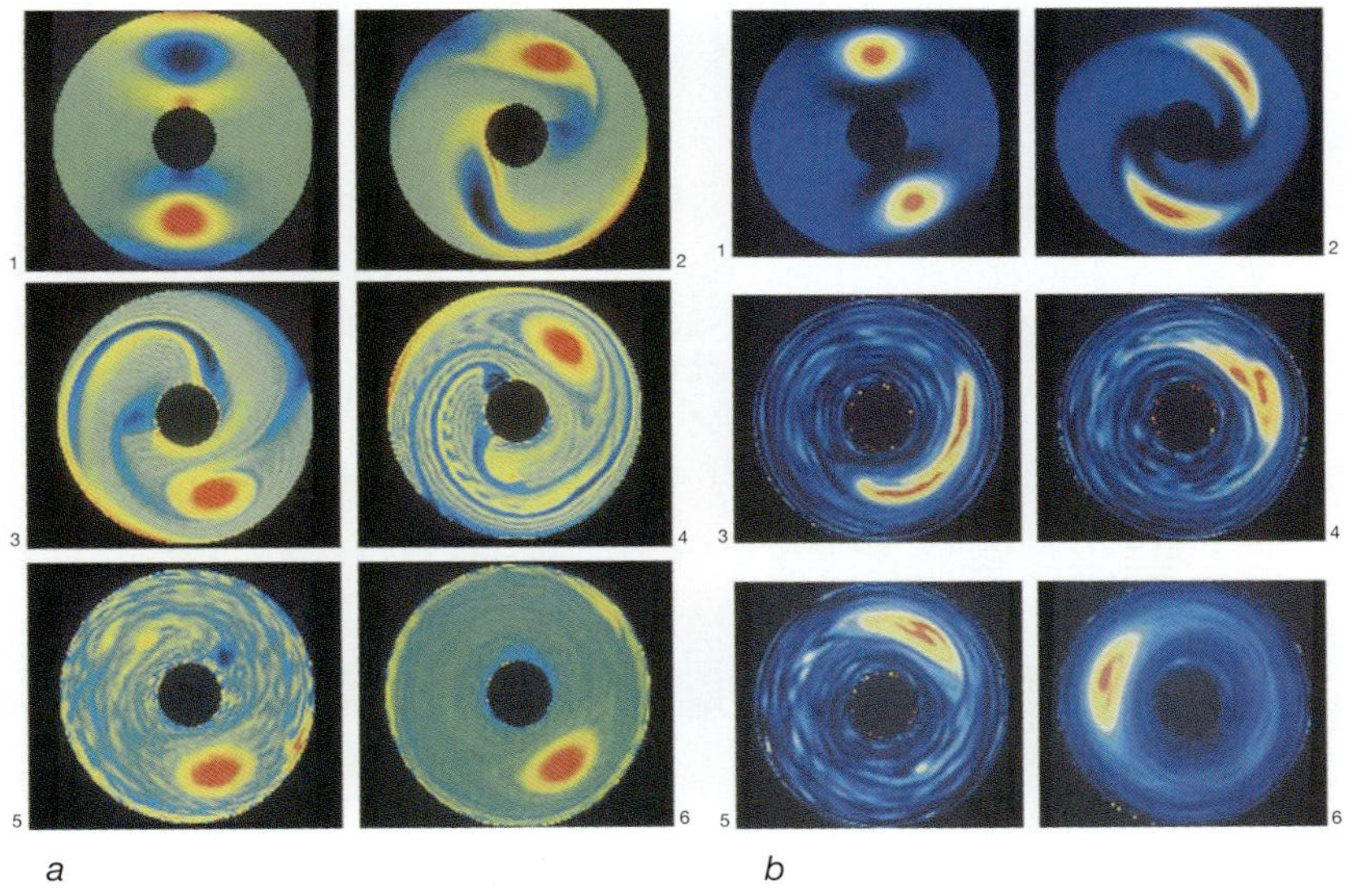

4 （*a*）木星の大気流のコンピューター・シミュレーション。木星の片側の半球が平坦な円盤に置き換えられ、その周囲をガスが循環している。流れの中には２つの渦があらかじめ用意されており、片方（赤）は平均流と同じ方向に、もう片方（青）は逆の方向に回転している。流れが乱流であっても、赤い渦はいつまでも安定して存在するが、青い渦は時間の経過とともに引き裂かれ、いくつもの微小な渦巻に分断される（図の左上から右下へ）。やがて、それらの小さな渦巻は、赤い渦に飲み込まれて全体の流れから消滅する。
（*b*）２つの大きな渦がともに平均流と同じ方向に回転している場合、その２つは融合して１つになる。こうした「一つ目」の状態が、この系の安定した状態である。

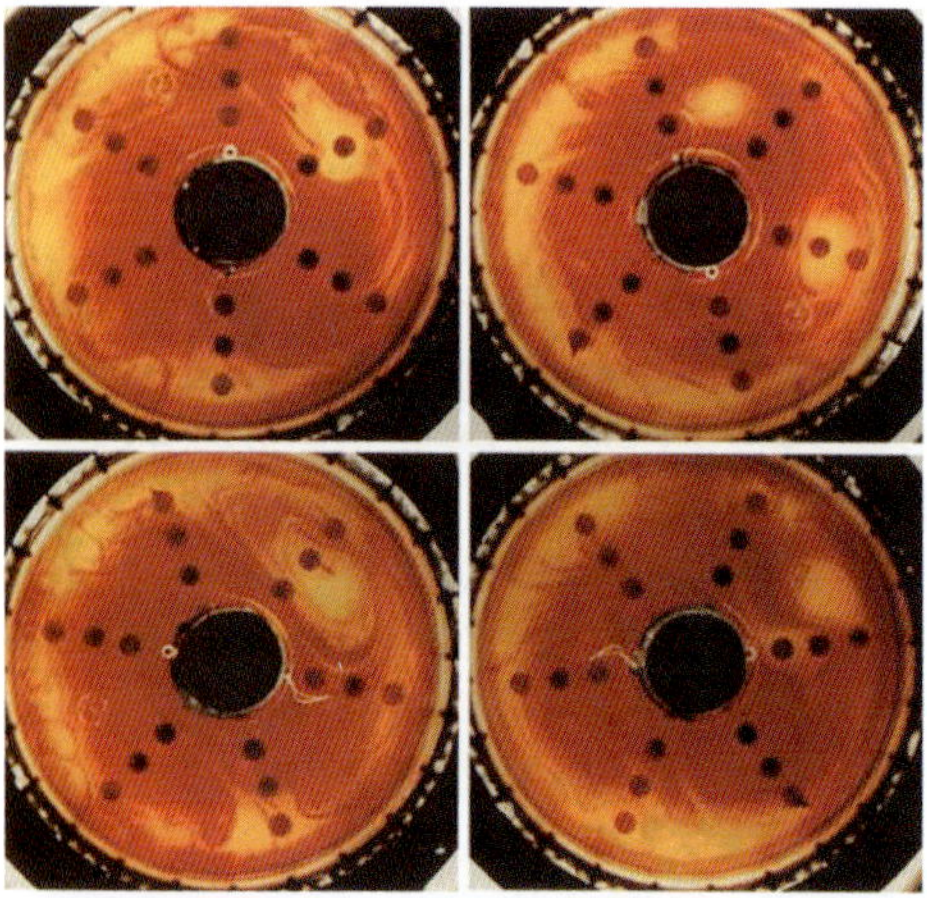

5 回転する水槽の中に再現された木星の流れの実験モデル。流体に注入された染料により、「赤斑」モデルの生成される経過がよくわかる。

6 砂丘とは、巨大なスケールでの自己組織化パターンの一例である。

ハヤカワ文庫NF
〈NF462〉

流　れ

自然が創り出す美しいパターン 2

フィリップ・ボール
塩原通緒訳

早川書房
7784

FLOW

Nature's Patterns:
A Tapestry in Three Parts

by

Philip Ball

Translated by
Michio Shiobara
Originally published in English in 2009
Published 2016 in Japan by
HAYAKAWA PUBLISHING, INC.
This book is published in Japan by
arrangement with
OXFORD UNIVERSITY PRESS
through MEIKE MARX.

流　れ

動きはパターンと形を生む。動いている水は、おのずと配置を変えて渦をなし、ときにはその渦をきれいに並ばせて、華麗に、かつ整然と、絶え間ない流れを運んでゆく。空気と水の動きは、天と地と海を織りなす。めまぐるしく揺れるガスの隠れた論理は、外惑星に巨大な回転する眼を描きだす。運動中の粒子の衝突からは砂漠の砂丘が生じ、丘はよりわけられた粒で縞模様になる。それらの一粒一粒に、隣の粒に反応する力を与えてやれば——その粒が魚であっても、鳥であっても、バッファローであっても——無限とも思えるほどの多様なパターンがあらわれる。それらはすべて、だれから命じられたのでもない、だれが計画したのでもない、およそ信じがたい共同作業の所産なのである。

目次

流れ

自然が創り出す美しいパターン2

◎口絵図版クレジット

1 Photos: GertJan van Heijst and Jan-Bert Flór, University of Utrecht.
2 Photo: NASA.
3 Photo: NASA.
4 Images: Philip Marcus, University of California at Berkeley.
5 Photo: Harry Swinney, University of Texas at Austin.
6 Photo: Rosino.

1 流体を愛した男
レオナルドの遺産

「ルネサンス的教養人」という概念の原型を築き、あらゆる知識吸収と創造的試行の統合を象徴する存在となった、まさに多技多才《ポリヴァレント》な名人芸の化身ともいうべき人物が、意外とたいした成果をあげられていなかったというのは、不思議なようでいて、じつはそう不思議なことでもないのだろう。かのレオナルド・ダ・ヴィンチをそんなふうに言うのはおかしいと思われるかもしれないが、現実に、彼がやり始めた事柄はきわめて少なく、やり終えた事柄はさらに少ない。彼の人生は、計画は立てたものの、ついぞ実現しなかったことの連続だった。何かを依頼されても断ってばかりで（たとえ受けても結局は守らず）、自ら何かを研究するにしろ、異様なほどの熱心さで励む一方、体系や目標をもたなかったがために、後代への指針となるものはほとんど残さずじまいだった。これは、レオナルドが愚鈍だったからではない。逆に、あまりにも野心が大きすぎて、彼の能力をもってしても達成しきれない場合がほとんどだったからだ。

しかし、たとえレオナルドの達成したことが——後世、あらためて見てみると——意外なほど少なかったとしても、彼の同時代人は、やはりレオナルドの並外れた天賦《てんぷ》の才を認めずにはいられなかった。一六世紀イタリアの芸術家にして文筆家のジョルジョ・ヴァザーリは、著作『美術家列伝』において、とりあげた美術家をだれかれとなく一様に誉めそやしてはいるが、レオナルドにはことのほか力を入れているように見受けられる。

男であれ女であれ、通例、多くの人はそれぞれさまざまな目覚しい資質や才能をもって生まれてくる。しかし、ときおり自然ななりゆきを超越したかのように、一人の人間にありあまるほどの美や徳や才が驚異的に天より与えられることがある。ゆえに、その人は他のだれよりも傑出し、その人のすることはすべて霊感を受けたかのようなみごとなできばえで、とても人間の手によるものとは思えず、まさに神業《かみわざ》であるかのように見えるのである。レオナルド・ダ・ヴィンチがそうした一人であることは、だれもが認めるところだった。彼はとてつもなくすばらしい身体美を生み出す芸術家で、なすことすべてに無限の優美さを表出させていた。天賦の才能をじつにみごとに育《はぐく》んでおり、ゆえにどんな問題を研究しても、たやすく解いてしまうのだった。

しかしヴァザーリの賛美とは裏腹に、このようなあふれんばかりの才能は、ときに恵みというよりも足かせになることがある。計画の全体を見通すには、むしろ鈍《にぶ》いぐらいの人間のほうが適任なのかもしれず、天才は計画を次から次へと開始することのみに終始して、結局はしまいまで行き着かないことが多いのである。レオナルドは自然や科学の研究にひたすら没頭したが、それゆえに、自分の芸術のパトロンをいらだたせることにもなった。たとえばマントヴァ侯夫人イザベッラ・デステは、偉大な画家に肖像画を描いてもらうべくフィレンツェに使者を派遣したものの、報告されたレオナルドの様子はこんなありさまだった。「幾何学の研究に夢中で、とても絵など描いていられないといったふう……数学の実験をすることにすっかり気をとられ、絵筆をとることさえままならないようです」

ところが気が乗ってくると、レオナルドは際限なく働いた。同時代のピエモンテの作家、マッテオ・バンデッロは、不運な作品『最後の晩餐』を制作中のレオナルドについて、こんな証言を残している。「私もよく見かけたものだが、彼はいつも朝早くから出ていって足場にのぼり……明け方から夕暮れまで、ひとときも絵筆を離さず、飲食も忘れて休みなく絵を描き続けていた」。だが一方、天才には熟慮する時間も必要だった。本来そんな余裕はなかったはずだが、同じくバンデッロによれば、「かと思うと、二日、三日、あるいは四日、その壁画にはいっさい触れずに、ただ前に立って一時間も二時間も見つめながら考えにふけり、絵の中の人物像を吟味していた」。教皇レオ一〇世もこう嘆いたと言われている――「やれやれ、この男はきっと何もしないのであろう」と。

遺されたスケッチブックを見ればよくわかるが、長い熟考を重ねた吟味こそ、レオナルドの強力な武器だった。何かを見るとき、レオナルドはそこに普通の人よりも多くのものを見た。ただ無為に見つめていたわけでなく、ものごとの真髄を、外観の奥にひそむ捉えがたい本質を見きわめようとして見つめていたのだ。彼の解剖学的研究には、それが動物や衣類の構造についてであれ、植物や風景の構造についてであれ、さざなみや水流の構造についてであれ、ただの写実を超越したものが提示されている。それらの形状は、私たちが自分の目では感知できなくとも、もしレオナルドと同じ目をもっていたならきっと感知したであろうと思われるようなものなのである。

レオナルドのもろもろの才能は、まるで大学の学部に当てはめるがごとくに列挙されやすい。画家、彫刻家、音楽家、解剖学者、軍事技術者、発明家、物理学者……。だが、彼のノートブックはそんな区別をあざ笑う。むしろ、レオナルドはどんな分野に目を向けても、そこで次から次へと疑問に襲われていたようだが、それらを系統的な学修過程に一本化する機会もなければ、そうしたいという意向もほとんどなかったと思われる。鍛冶屋の仕事の音を生み出しているのは、金槌《かなづち》なのか、金床《かなどこ》なのか？　火薬の量を二倍にするのと、質を二倍にするのとでは、どちらが遠くまで火を吹けるのか？　どういう形状の穀物がふるいにかけられるのか？　潮の干満が起こるのは月のせいなのか太陽のせいなのか、それとも「地球の呼吸」のせいなのか？　涙の出所《でどころ》は心なのか、脳なのか？　鏡はなぜ右と左を反転させるのか？　レオナルドはこうした疑問を自分一人だけの覚え書きとして、左手による不可解な文字で走り書きにした。そして、ときどきはその答えを見つけるが、たいていはそのまま放置している。彼の「予定表」にずらずらと列記されている項目は、なんとさりげなく大胆なことをと、驚かされるようなものばかりだった。「月を拡大して見るための眼鏡をつくる」など、よくも思いつくものである。レオナルドが弟子をもたず、学派を築くことがなかったのもさもありなん、彼の研究はきわめて個人的な自然探求であり、ほかのだれでもない、自分自身の好奇心を満たすことのみを目的としていた。

しかしながら、レオナルドが芸術家であると同時に、科学者であり技術者であったという見方にとらわれていると、この探求はおよそ理解できない。普通に考えれば、レオナルドは芸術と科学に線引きをしていなかったのだと思われるだろう。そのせいか、自然研究にとって芸術と科学はともに不可欠な相補的手段であるという考えを宣伝するのに、レオナルドはよく利用される。だが、それはまるっきり的外れな方策だ。それでは「芸術《アート》」と「科学《サイエンス》」が今日《こんにち》と同じく、レオナルドの時代においても同種の意味合いをもっていたと暗に認めていることになる。しかしレオナルドからすると、「芸術《アルテ》」とは、ものづくりのことだった。絵画は「アルテ」によってつくられるが、それは薬剤師のつくる薬剤も、機織《はたお》りのつくる衣類も同じことだった。ルネサンス期まで、芸術《アート》にはとくに賛美されるいわれは何もなく、少なくとも「芸術家《アーティスト》」についてはそうだった。世のパトロンは美しい絵画を褒めたたえはしたが、それをつくった人々は報酬のために仕事をする職人であり、その仕事に従事する肉体労働者でしかなかった。そしてレオナルド自身は、そうした絵画のステータスを上げ、幾何学や音楽や天文学といった自由七科［訳注：中世における「自由人にふさわしい技芸」］と肩を並べる「知的」な科目にさせるために奮闘していたのだ。その姿勢の一環として、レオナルドは自らも恐るべき彫刻の腕前をもちながら、彫刻を「たいして知的なものでない」と切り捨てている。たしかに耐久性には優れるが、「それ以外に優れている点は何もない」というのである。絵画についての当時の論文がやたらと学術的で、さながら幾何学論のようなのも、一部には、やはりそうした目的があったからだろう。万能人レオン・バッティスタ・アルベルティの『絵画論』が最もよく知られるが、これを読むと、絵画はインスピレーションの発露というよりも、線描や光線描写のプロセスだと思うようになる。

それに対して、「科学《シェンツァ》」は知識だった。ただし、それは必ずしも周到な実験と研究で得られるものではなかった。中世のスコラ学者の主張によれば、知識とは、エウクレイデス（ユークリッド）やアリストテレスやプトレマイオスといった古代の著述家の本にあらわされているもので、学識者とは、そうした文献を暗記している人物のことだった。世に知られるルネサンス期の人文主義もこの考えに異を唱えるものでなく、ただこれを新たによみがえらせただけで、アラビアや中世の注解に頼るよりも古《いにしえ》の原点に戻ることが肝要だと主張していた。この点で、レオナルドは決して「科学者《サイエンティスト》」ではなかった。彼は学校教育をほとんど受けていなかったからである。一介の公証人と農婦とのあいだに生まれ、地位も財産もなかったレオナルドは、自分のお粗末なラテン語とまったくできないギリシャ語について終生弁明していた。たしかに「科学《シェンツァ》」の重要性は信じていたが、彼にとって、それは本の勉強だけによって成り立つのではなく、もっと能動的な探求であり、実験を必要とするものだった。ただし、レオナルドのやり方は、現代の科学者のやり方とまったく同じだったわけではない。

彼にとって真の洞察とは、物事の表面の下にひそむものを見通すことによって得られるものだった。したがって彼の勤勉な自然研究は、外面的には個別の項目に注意を払うアリストテレス的なもののようでいて、実際には、それよりはるかにプラトン的な精神から出たものだった。つまり、ものごとがどう見えるかではなく、実際にどういうものであるかを理解しようとしていたということだ。だからこそ、彼は何時間も座って見つめていなければならなかった。ものごとをより鮮明に見るためではなく、言うなれば、見るのをやめるため、自分の目の限界を超越するために、そうしなければならなかったのだ。

レオナルドの考えでは、画家の仕事というものは、この世界の外面的な輪郭とぼんやりした光を表すだけの写実的な模倣ではなく、理性を働かせることによって自分の見ているものに形を与え、そこからある種の普遍的な真実を抽出することだった。「この時点で」と、画家の仕事についての彼の理論的な思索にうんざりしそうな人々に先回りしてレオナルドは書いている。「反対者はこう言うだろう、自分には『科学《シェンツァ》』などたいしていらない、自然界のものを描くためには練習さえすれば充分なのだと。これに対しては、こう答えよう。論理的思考から切り離された判断に対する過信ほど、容易におのれをだますものはない」。いかにもプラトンが書きそうなことである。プラトンといえば、画家の欺瞞を信用していないことで有名なのだ。

自然のパターンを研究した本三部作のこの巻で、序幕の舞台の真ん中になぜレオナルドを登場させたのか、そろそろわかってきていただければ幸いだ。第一巻の『かたち』でも説明したように、自然の背後にあるものを見通し、その奥にひそむ形と構造を発見したいという思いは、ドイツの生物学者エルンスト・ヘッケルや、スコットランドの動物学者ダーシー・ウェントワース・トムソンなど、パターン形成研究の何人かのパイオニアに共通して見られる特徴である。ヘッケルは、自然界があらかじめ一定の秩序のもとに整理されていなければならず、それによって初めて自然界の形や発生要因が適切に知覚されると固く信じていた、もう一人の天才芸術家だった。トムソンもまた、レオナルドと同じように、まったく異なる状況に共通して見られる形やパターンの類似点——たとえばレオナルドの場合だと、ともに滝のようになだれ落ちる噴水と女性の髪——から、奥底に根ざした関係性が見えてくると確信していた。このような相似性に対するトムソンの見方は、おそらくどちらにも同じ力が働いているのだと見なす考えにもとづいているという点で、今日の科学においても受容できるものである。これに比べると、レオナルドの見方は理論的とはいっても、今日ではなかなか経験的には理解しにくい。こちらはそうした相似性を神の創った自然界の構造の中心的な特徴と見なす、新プラトン主義の伝統にもとづくものだからだ。「上がそうなら下もそうである」という、還元主義の論法にも共通する見方である。レオナルドは河川《かせん》を地球の血と称し、河川の水路が人体の血管といかに似ているかに言及しているが、それは何かあいまいな隠喩だとか、視覚的なしゃれを意図してのことではない。地球は実際に一種の生きている身体で、ゆえに私たち自身の解剖学的構造を反映しているはずなのだから、河川と人体は関係していてしかるべきだというのである。

自然の隠れた本質のようなものをこういうふうに見るならば、レオナルドの「芸術」と「科学」の真の関連も理解されよう。今日でも、彼の芸術は「生きているように写実的」と思われがちだが、ヴァザーリも同じ過ちを犯していた。彼はレオナルドの聖母像の一つに描かれている花瓶を「すばらしいリアリズム」と賞賛しているが、さらに続けて、私が思うには故意でなくついうっかりと、その花に「ついている露の滴《しずく》が本物よりもよほど真に迫って見える」と言いきっている。レオナルドなら、それに対してこう答えていたかもしれない――それは私がまさしく「本物」を描いたからであって、私の目が私に見させたものを描いてはいないからである、と。レオナルドの作品は、写真のような写実的なものではなく、ある特定の様式のもとに合成された、抽象的とさえ言えるものであり、レオナルド自身も絵画は模倣作品ではなく発明作品だと公言している。いわく、「あらゆるかたちの自然を哲学と深遠な思索によって考慮した、精妙な発明」なのである。レオナルドは「ただ単純に専門的な意味で芸術を考えていたのではない」と美術史家のエイドリアン・パーは言う。「つまり、芸術家があるかたちを巧みにカンバスに描き出すという意味でなく……むしろ彼は、自然と芸術との関係をもっと深いレベルにいたらせ、自分の芸術に『自然界に生み出されるあらゆる種類のかたち』を表現しようと意図しているのである」。たしかに美術史家のマーティン・ケンプが言うように、「レオナルドは自然のことを、数学的な完璧さを備えた基本的な横糸と縦糸の交わりのうえに、とらえがたい限りなく多様なパターンが織りなされているものと見なしていた」。そしてそれは、疑いなくダーシー・トムソンも同じだった。

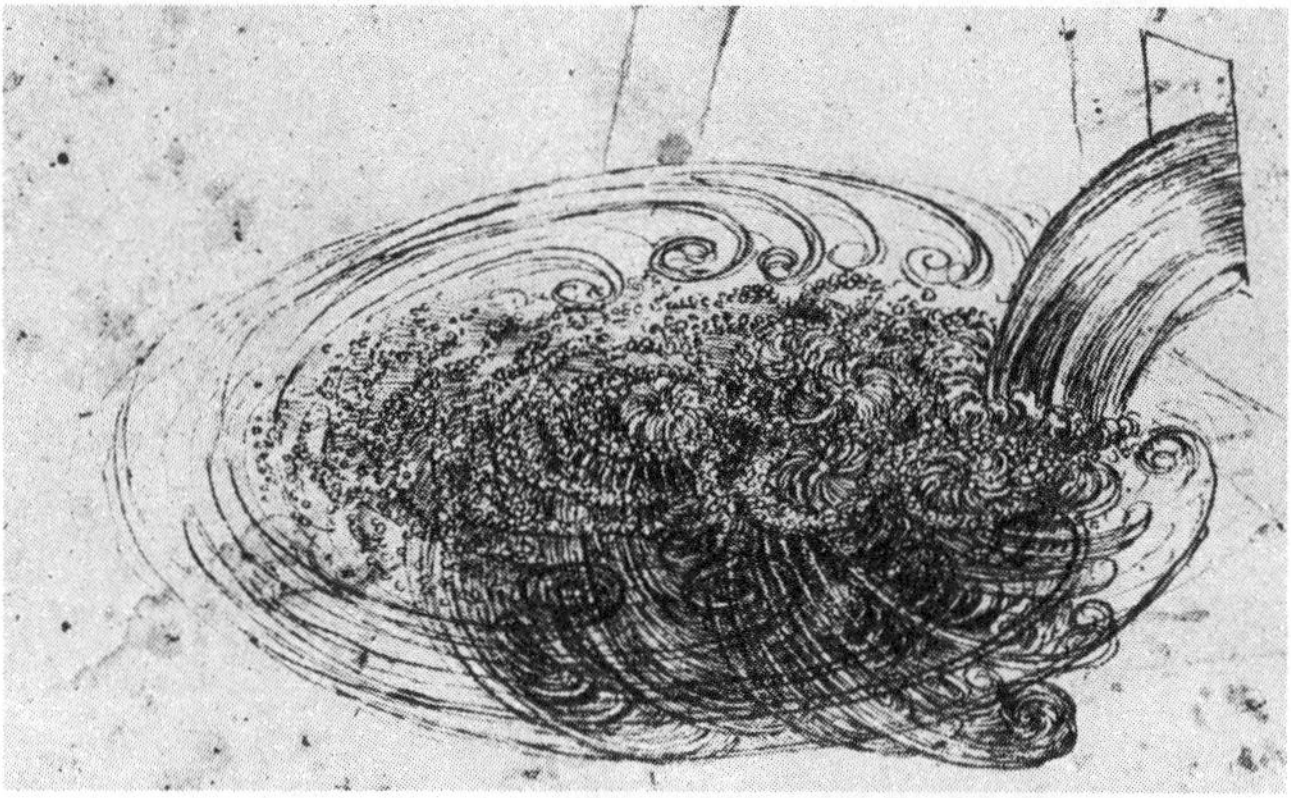

図 1.1　レオナルド・ダ・ヴィンチによる流水のスケッチ。

レオナルド流の流れ

たいていの画家が自然の似姿を描き出すために技巧を凝らすのに対し、レオナルドは、自然がどのように生命の息吹を与えるのかを理解せずして絵に命を吹き込むことはできないと感じていた。ゆえに彼のスケッチは、純粋な研究というよりも、実験と図式の中間のようなものになっている。言うなれば、そこに働いている力を直観的につかみとろうとする試みなのだ（図1・1）。「レオナルドの渦巻や曲線や回転や波形の用い方は、自然のリズミカルな動きを研究する手段であると同時に、その動きに入り込む手段ともなっている」とパーは言う。西洋のほかの画家たちは、動きや流れの形をとらえようと努めてきた。J・M・W・ターナーが描いた沸き立つ蒸気しかり、マルセル・デュシャンが『階段を降りる裸体』（一九一二年）で用いたコマ撮り手法のダイナミズムしかり、あるいはイタリアの未来派の描く断片化された狂乱もまたしかりだ。しかし、これらは印象主義的なものであり、その場限りの、主観的な試みであって、パターンや秩序を科学的にとらえようとするレオナルドの意識にそのようなものは存在していない。おそらく新プラトン主義者でないかぎり、そのような方法で世界を描写することはできないに違いない。一九世紀の画家ジョン・コンスタブルは、「絵画は科学であり、自然法則を探求するものとして追求されるべきである」と発言したが、このとき彼の頭には、はるかに機械論的なものがあった。すなわち画家は、物理学と気象学がいかに光と影の戯れを生んでいるかを理解するべきであり、それによって絵画は幻影師的な意味での説得力をもちうるという考えだった。

しかし、レオナルド流の見方は自然界のあらゆるパターンを概観するうえで非常に重要ではあるものの、動きのパターン、とくに流体のパターンを主題とした本書を彼から書き起こしたのは、これ以上に彼を魅了した（それこそ奴隷のようにさせた）テーマはほとんどなかったからである。レオナルドがあらわにしていたあらゆる情熱のなかでも、水を理解したいという願いほど熱烈だったものはないのではなかろうか。たとえば彼は、水を最も重要な基本的力と見なしている。「水は自然の推進力である」と言い、「水は海に流れ込むまで決して静止することがない……水はあらゆる生命体の拡張であり体液である」とも言っている。

したがって、レオナルドの最も啓示的で最も有名なノートのひとつ、いわゆる「レスター手稿」（もしくは「ハマー手稿」）の内容が、ほとんど水に関する記述であるのも不思議ではない。[*] 水の様相に関するかぎり、レオナルドが調べないまま放置していたことはほとんどなかった。彼は河川の堆積や浸食について書き、河川がいかにして蛇行をなし、河床に砂漣《されん》を作るかについて書いた(この二つのパターンについてはあとで述べよう)。さらに、水がいかにして地球上を循環しているか、つまり海面から蒸発して、それがのちに雨となって高地に降下するという、今日「水循環」と呼ばれている過程についても検討した。海が塩辛いのはなぜかを考え、人間が「息を止めていられるあいだ」だけは水中に潜っていられる理由も考えた。水を汲み上げるアルキメデスの「ねじ」について調べ、吸引ポンプや水車についても調べた。河川網の驚くべき「鳥瞰」画を描き(これについては第三巻で述べよう)、水力工学の大事業も計画した。ニッコロ・マキャヴェッリへの協力として、アルノ川の流れをピサから方向転換させてピサへの水の供給を断ち、代わりにフィレンツェへ流すようにする設計図も描いた。

レオナルドが水に魅了されたのは、彼が技師のような活動をしていたからというわけではなさそうだ。美術史家のアーサー・ポファムによれば、むしろ後者は前者のあらわれであるという。「水の動き、その回転や渦巻にある何かが、彼の性質の奥底にあるねじれのようなものと呼応していた」。水のさまざまな様相のなかでも、渦巻ほどレオナルドの関心をとらえたものはなかった。レオナルドは、いつか調べようと考えていた渦のさまざまな特徴を長々と列記している。

河口で大きくなり、河床で小さくなる渦について

底辺で非常に大きくなり、上方で小さくなる渦について
柱の形状をしている渦について
こすれあう二つの水塊のあいだで生じる渦について

こういった調子で、見通しの甘い計画ややりかけの実験、推論や思いつきが何ページにもわたって書かれているが、そのいずれもが尋常でないほど仔細に記されているので、レオナルドの研究者でさえも、ほとんど読解できないと明言してきたほどである。美術史家のエルンスト・ゴンブリッチの言葉を借りるなら、「彼は動物学者が動物の種を分類するように渦巻を分類したがっている」。

遺されたスケッチから判断して、レオナルドは水流のパターンについての完全な――無計画ではあるにせよ――実験プログラムを行なっていた。異なる形状の水路を流れていく水を観察し、滝に落ちるときの混乱状態を記録し、流れの中に障害物を置いて、そこからどのように新しい形が生じるかを観察する。流れの正面に立てられた板の両脇をすり抜けていく水の様子を描いた絵には、複雑に編まれた後流（伴流）ができているが（図1・2a）、それが事前研究として描かれた女性の編んだ髪（図1・2b）と類似しているのも偶然ではない。

＊　この手稿は一八世紀にローマでレスター卿が取得して出版したが、一九八〇年にアメリカの文芸後援者アーマンド・ハマーに購入された。

a

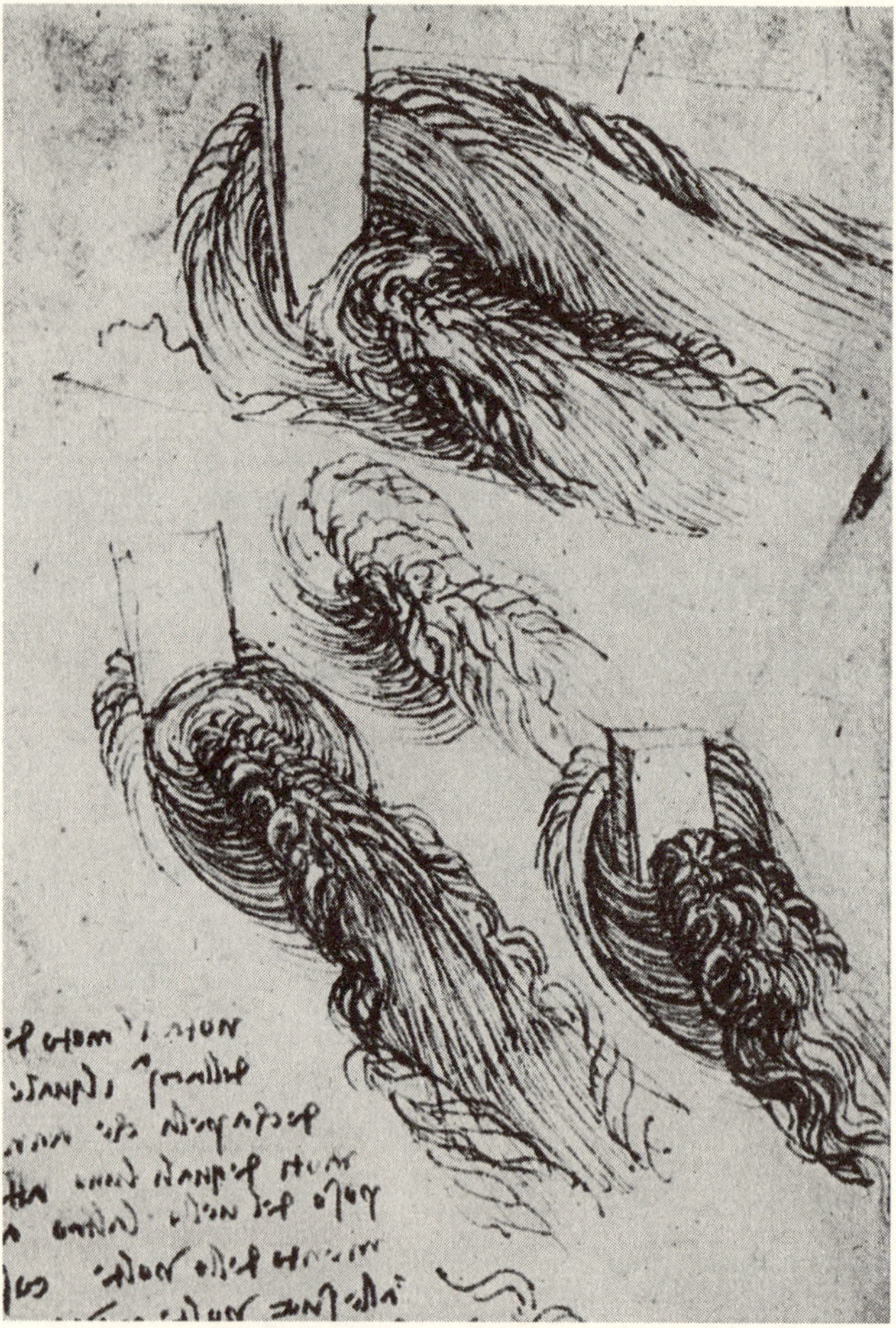

図1.2　平らな板のまわりを流れていく水の編み込まれるようなパターン（*a*）に、レオナルドは女性の編まれた髪（*b*）と共通するものを見いだした。

b

これについて、レオナルド自身はこう述べている。

水の表面の動きを観察すると、髪の表面との類似点が発見される。髪には二つの動きがある。ひとつは髪の重さによるもので、もうひとつは巻きの方向によるものである。同様に水も渦巻を形成し、それはひとつには本来の流れの勢いによるものだが、もうひとつには、副次的な動きと逆流がその要因となっている。

レオナルドの一五一二年の自画像にも、長い髪と顎髭にいくつもの渦巻があらわれている。

これらの視覚記録の多くは、じつによくできている。たとえば、水路の狭まった部分と広がった部分によって生じる衝撃波やさざなみを描いたものだ(図1・3a)。水が円柱状の障害物にぶつかったあとにできた流れの絵には、滴状の後流と二つの渦巻が描かれているが(図1・3b)、これはまさに今日の実験で確認されていると

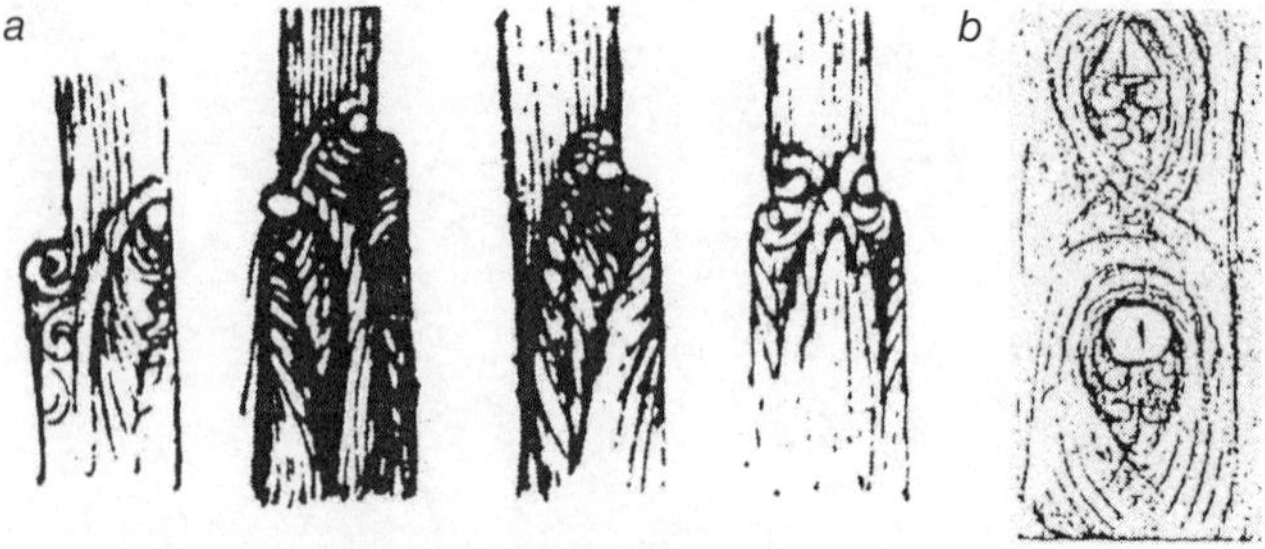

図1.3　水路の狭まりによって生じる衝撃波(*a*)と障害物のまわりにできる後流の形(*b*)を描いたレオナルドのスケッチ。

おりの形状である（図2・5を参照）。今日の流体力学の研究者が流れの構造を解き明かすのに一般的に用いている技法は、レオナルドが発明したとも言われているぐらいだ。光を反射する微粒子を水中に浮遊させたり、色のついた染料を流れの一部に加えたりするという方法である。「川の流れにおがくずを放り込むと」とレオナルドは述べている。

土手にぶつかってひるがえった水が、そのおがくずを流れの中心部に押し戻すのが観察されるだろう。また、水が旋回して、ほかの水がそこに巻き込まれたり、そこから離れたりするさまや、その他いろいろなことが観察されるだろう。

一般的に、このような浮遊粒子は、現在で言うところの「流線」を描き出す。これがその流れの軌道だと考えればよい。*その意味で、レオナルドによる流れのパターンの研究はいたって近代的だったと言えよう。

ただし、レオナルドは自分の目と記憶だけを頼りにして、自分の見たものを自分の描き出すものに変換していた。そして美術史家なら知っているように、そうした変換には、スタイルやモチーフに関する先入観がどうしても作用して、描き出されるものに制限を与えてしまう。レオナルドが流れを髪と比較する場合でも、最初に偶然その類似に思い当たると、以後はその類似性が頭にあるために、自分の知っている髪の流れるさまを、実際に見ている水の流れに重ね合わせてしまう。その結果を、ポファムはこう指摘する。

このような移ろいやすい、つかみどころのない構造を映写機のような視覚でとらえ、驚異的な記憶で保持して、さらに手で記録できるとすれば、それは神業も同然である……海底植物の成長を精巧に描き出すのとは違って、これらの素描はあまり水の印象を伝えられてはいない。

自分の感じとったものを記録する以外に、レオナルドに何ができただろう？　こうした驚異的なパターンが水中で形成される理由を、彼は解明したのだろうか？　その解明はかなわなかったのだと認めなければならないとしても、それは決して恥ずべきことではない。なぜならこの問題は、物理学の中でもとりわけ難しい問題のひとつであり、今日においてもいまだ完全には解き明かされていないのだ。全体として、レオナルドが研究していた流れはきわめて激しい、動きの速い、まったく定常でない乱流だったから、その様相は次から次へと変わっていった。こうした流れをレオナルドが絵と言葉でしか表せなかったとしても、二〇世紀までは、科学者もそれ以上のことは何もできなかったのである。しかも、レオナルドの表現のなんと鮮やかなことか！

水の塊《かたまり》全体は、その幅においても、深さにおいても、高さにおいても、数えきれないほどの動きの多様性に満ちており、あまり乱れてはいない流れの表面に見られるように、底辺から表面にのぼってきた濁《にご》り水によって形成される、さまざまな回転をともなった渦を絶えずごぼごぼと音を立てながら生じさせている。

レオナルドがなしたいくつかの発見は、今日でも色あせていない。たとえば、「まっすぐな川の水は、障害物となる川岸から離れているところほど流れが速い」という一文は、流体力学でいうところの、水路における流れの速度プロファイルを明快に言い表している。これは流体と流路壁のあいだで引き起こされる摩擦が、そこの流れを実質的に停止させるということだ。また、流れによる堆積と侵食のパターンがしだいに変わることから川の蛇行が生じるというレオナルドの説明には、今日の地球科学者が認識しているすべての要素が含まれて

＊　流線を専門的に定義すれば、流れの中の各点の接線によって各点での流れの方向を示したときに描き出される流体中の一線、ということになる。流線は「流体がどこへ向かっているか」だけでなく、流体の速さをも示している。複数の流線が互いに近寄っているとき、その流体は速度が高い。流れのパターンがずっと変わらない定常流においては、浮遊粒子の経路や、任意の点で注入された染料の軌道――専門的に言えば、流跡線（particle path）や、染料の「流脈線（streakline）」――は流線と同じ軌跡をなぞる。しかし流れが定常でなければ、そうはならない。一見すると、流跡線や流脈線が流線と一致しているように見えることもあり、流跡線や流脈線から実際の流線を推測することもできなくはないが、それらは決して同じものではない。

いる。

だが、流体の流れのパターンについて今日の私たちがもつ知識に関して、レオナルドが残してくれた遺産はそれだけにとどまらない。私たちの知るかぎり、レオナルドは、この現象が本格的な研究に値すると本当に主張した初めての西洋人科学者だった。さらに彼は、流れている水が単なる構造化されていないカオスではなく、知覚し、記録し、分析することのできる永続的な形を含んでいることも示してみせた。さらに言えば、その形はとほうもない美しさと、芸術家にとっても科学者にとっても大切な価値を備えたものだった。

超越論的な形

いずれにしても、他を寄せつけないレオナルド独特の研究のやり方からすれば、そ

図1.4　ジョージ・モーランドの『難破者を助ける人たち』には、流れを光の動きとして描いた西洋画家の典型的な手法があらわれている。（Photo：Copyright Southampton City Art Gallery, Hampshire, UK/ The Bridgeman Art Library.）

の成果をもとにした研究プログラムが何ひとつ生まれないのも道理だった。一八世紀にスイスの数学者ダニエル・ベルヌーイがようやく研究しはじめるまで、流体の流れについて本気で考えたことのある科学者は一人もいなかったと思われる。*

流体の動きに関するレオナルドの研究は、美術の方面にもなんら遺産を残していない。流れをパターンや形や流線の戯れととらえる彼の研究は、西洋美術では跡形もなく消えている。画家たちはそれよりも、きらめくハイライトと沸き起こる泡の戯れとして荒れ狂う水を描くべきだとする、様式化されたリアリズムのほうを模索した。言ってみれば、いたって表面的な様式だ。一八世紀と一九世紀のドラマチックな海景画はほぼすべて、その傾向を示している。ジョージ・モーランドの『難破者を助ける人たち（*The Wreckers*）』（一七九一年）などは、その代表的な一作である（図1・4）。

レオナルドが描いたのと同様の流体スタイルがふたたび西洋美術にあらわれたのは、一九世紀末に隆盛したアール・ヌーヴォー運動の生命感あふれるアラベスク（唐草模様）においてだった（図1・5）。アール・ヌーヴォーの芸術家は、植物の茎の描く優美な曲線や螺旋《らせん》など、自然の形からインスピレーションを得ていた。『かたち』で見たように、この時期に

＊　ルネ・デカルトは渦に大きな関心をもち、全宇宙があらゆる規模の渦をつくるエーテルの流体で満ちていると確信するにいたった。それらの渦の旋回する動きが天体のまわりに届いて、そのために惑星や恒星が回転するのだとデカルトは考えていた。ただし、このデカルトの説はレオナルドの渦に関する研究からは何の影響も受けていないと見られる。

図 1.5　アルフォンス・ミュシャのアール・ヌーヴォー様式では、流れのアラベスク模様が強調されている。

図 1.6　アーサー・ラッカムの挿絵は、流れの渦巻と毛髪の渦巻が融合しているところが、じつにレオナルド的である。（Photo：Bridgeman Art Library.）

海洋生物において発見され、エルンスト・ヘッケルによって巧みに堂々と描かれた繊細な葉状体の形は、ドイツのアール・ヌーヴォー運動、いわゆる「ユーゲントシュティール」に多大な影響を与えた。そもそもヘッケルがそれらの図を描いたのも、この双方間の相互作用があったからこそだと思われる。イギリスでは、この傾向の影響によって挿絵画家のアーサー・ラッカムの作品に真にレオナルド的なものが生まれている。水や煙や髪や植物がそれぞれに形づくる波や渦巻はとくに顕著な類似をうかがわせる（図1・6）。だが、これらに描かれている渦巻の用い方は様式以上の何物でもなく、その装飾的で暗示的なところのみが重要だった。つまり、芸術家がそれらをただ美的な目的のために採用しているというだけでなく、レオナルドがそうだったような、自然の形の研究を同時に行なっているという実感が、これら後続の作品には皆無なのである。

それに対して、アール・ヌーヴォーのくっきりした輪郭や、曲線を多用した形のもとになった要因のひとつは、より妥当な関連を感じさせる。一九世紀半ばに西洋と極東との交易が始まると、日本の木版画が芸術家や収集家のあいだで流行《はや》りだした。ここで西洋の芸術家は、自分たちとはまるで違った世界の描き方があることに気がついた。写実的なキアロスクーロ（明暗法）によってではなく、輪郭のはっきりした平坦な要素のコラージュで世界を描くのである。それは科学にもとづいた光学のルールをあざ笑うものであり、写真のごとく精密なトロンプルイユ（だまし絵）をめざす方向の逆をいっていた。西洋人から見ると、これらの絵画は様式化された図式的なものだったが、一部の芸術家には、これが単なる気取りとは思えなかったし、ましてや単純化されただけの絵でもなかった。そこで伝えられているのは表面上の付随的な事柄に妨げられない、ものごとの本質そのものだった。

中国や日本の美術を一般化するのは、西洋の美術を一般化するのと同じぐらい安易だ。どちらの伝統にも、時期や流派や哲学の異なる作品がいろいろと存在する。とはいえ、中国のほとんどの芸術家が自分の作品に、道教における「気」、すなわち宇宙の生命力を吹き込もうとしてきたことはたしかだと言っていいだろう。「気」とは明確に定義のできないもので、これを知的に理解することはかなわない。一七世紀の絵画教本『芥子《かいし》園画伝《えんがでん》』では、「気の循環が生命の動きを生む」と説明されている。となると、この世界の外見上の形を超えた簡素にして根本的なものが存在するという道教の思想は、一見するとプラトン的にも感じられるが、じつのところはまったくそうではない。静的で透明な理想的形態を想定したプラトンの考えとは違って、道教の思想は自然発生的な伸びやかさに満ちている。古代中国の芸術家が筆の動きで捉えようとしたのも、まさにその伸びやかさである。九世紀の絵画史家、張彦《ちょうげ》遠《んえん》はこう言っている――「自分が絵を描いていることを意識することなく頭を使い、筆を動かしてこそ、絵画芸術の極意に触れられる」。中国美術では、すべてが筆の運びしだいであり、それこそが「気」を表現できる源《みなもと》なのである。

したがって、美術史で分類される筆運びの種類のひとつに、彈渦皴と称する渦巻のような形状の筆致があるのも不思議ではない。また、古代中国の画家が「絵に水を配置するには五日かかる」と言うのも納得がいく。岩のまわりに渦巻く川の流れ以上に道教思想を的確に言い表せるものがあるだろうか。しかし、道教思想は動的なものなので、西洋美術に見られるように、凍結された一瞬の時間をだまし絵のように表現するのは無意味なことだ。そうではなく、中国の画家は流れの内なる生命、あるいは一二世紀の中国の批評家、董羽《とうう》の言葉を借りるなら、「水の根本的な性質」を描き出そうとした。彼らは流れの形を一連の線として図式化した（図1・7）が、これもまた、驚くほどに科学上の流線に似ている。レオナルドのスケッチにはそれと同様のものがあり、彼の絵のいくつかを極東の芸術家の作品と間違えたとしても無理はないほどである（図1・8）。

図 1.7　中国美術で描かれる水の流れはたいていの場合、流体力学で用いられる流線と同様の、浮遊粒子の軌道を思わせる一連の線によって表現される。これらの絵は 17 世紀末に編纂された絵画教本『芥子園画伝』から転載したもの。（From M. M. Sze (ed.)(1977), *The Mustard Seed Garden of Painting*. Reprinted with permission of Princeton University Press.）

渦巻と流れ

流れの根本的な形とパターンを活写することにより、流れの素描に生気を与えようとしたレオナルドの計画が、西洋美術では類のない特異なものであるというのは、必ずしも正しくない。流線のようなものは、そこに現実の動きがあるかのように鑑賞者の目を錯覚させるオプ・アートの代表的な作家、ブリジット・ライリーの初期のモノクローム作品にもあらわれていて、まさに現実の流れがカンバス上でえんえんと続いているかのように思わせる（図1・9）。アメリカのアースワークス作家、ロバート・スミッソンの作品『スパイラル・ジェッティ』（一九七〇年）――ユタ州のグレートソルトレ

図 1.8　この『大洪水』の素描のように、レオナルドのスケッチのいくつかは驚くほど「東アジア的」である。

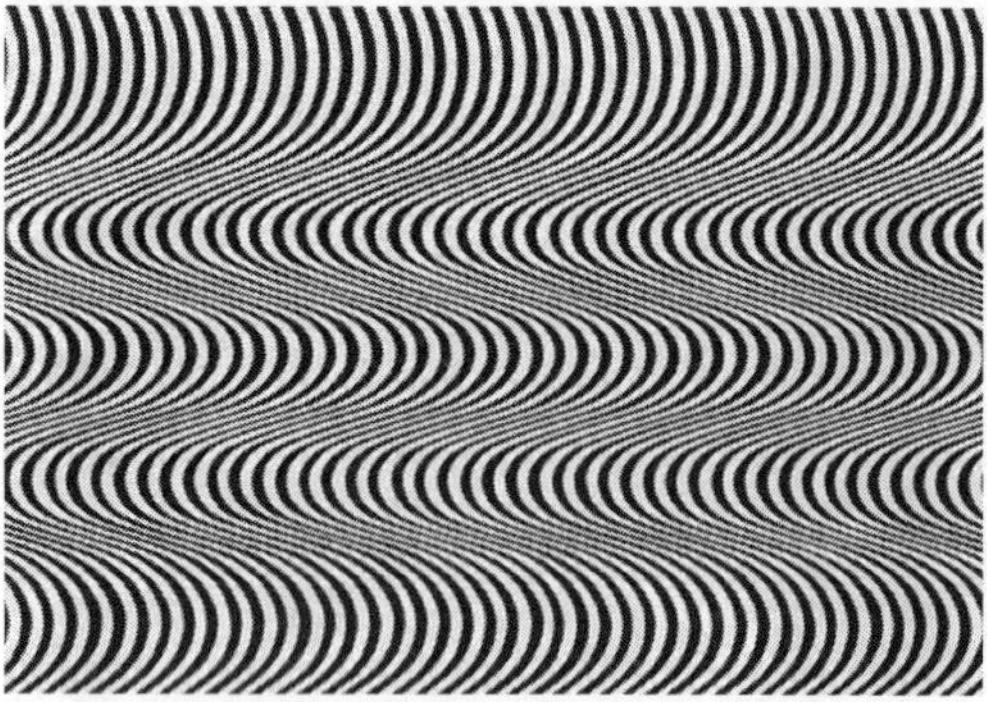

図 1.9　ブリジット・ライリーの初期のオプ・アート絵画の多くには、この『流れ』（1964 年）のように、動きの本質的な感覚を伝える流線状のものが描かれている。

図 1.10　アテナ・タチャの『渦巻／立体交差（レオナルドへのオマージュ）』（1977 年）。この彫刻自体はただの模型だが、もっと大きなスケールで作られるように意図されていた。（Photo: Athena Tacha.）

ークに突き出している、岩石と土砂でできた渦巻状の突堤——も、あるいはレオナルドの描いた水中の渦巻を想起させることを意図していたのかもしれない。また、アメリカの彫刻家アテナ・タチャは、螺旋や波や渦巻といった流れのさまざまな形を自在に活用しているが、彼女のインスピレーションの源がとりわけ明白にあらわされているのが、一九七七年に歩行路として発表された「ドライブイン彫刻」作品、『渦巻／立体交差（レオナルドへのオマージュ）』——《*Eddies/Interchanges* (*Homage to Leonardo*)》——である（図1・10）。

だが、レオナルドが行なった自然の形への探求を現代作品において最もみごとに再現しているのは、おそらくイギリスの写真作家スーザン・ダージェスの作品だろう。ダージェスは南西イングランドのデボン州を流れるタウ川の水面下に、ガラス板にはさんで保護した巨大な印画紙を沈め、夜間にほんの一瞬だけフラッシュをたいて印画紙に光を当てた。それにより、水面の波のごくわずかな浮き沈みまでもが放射線写真のように画像に印刷される（図1・11）。ときには上に覆いかぶさった草木が写ることもあるが、それは日本の版画に見られるようなシルエットとしてしか確認されない。ちなみにダージェスは一九八〇年代に日本に暮らし、そこで広重や北斎の作品に影響を受けるなど、日本の美術についても造詣がある。加えて、個別のものから普遍的なものを抽出する道教の考え方にもなじんでいる。

レオナルドの素描と同じように、これらの写真は芸術作品としても科学的記録としても通用する。なぜなら自然のパターンとの対話から浮かび上がってくるものは、そのどちらとしても見ることができるからである。

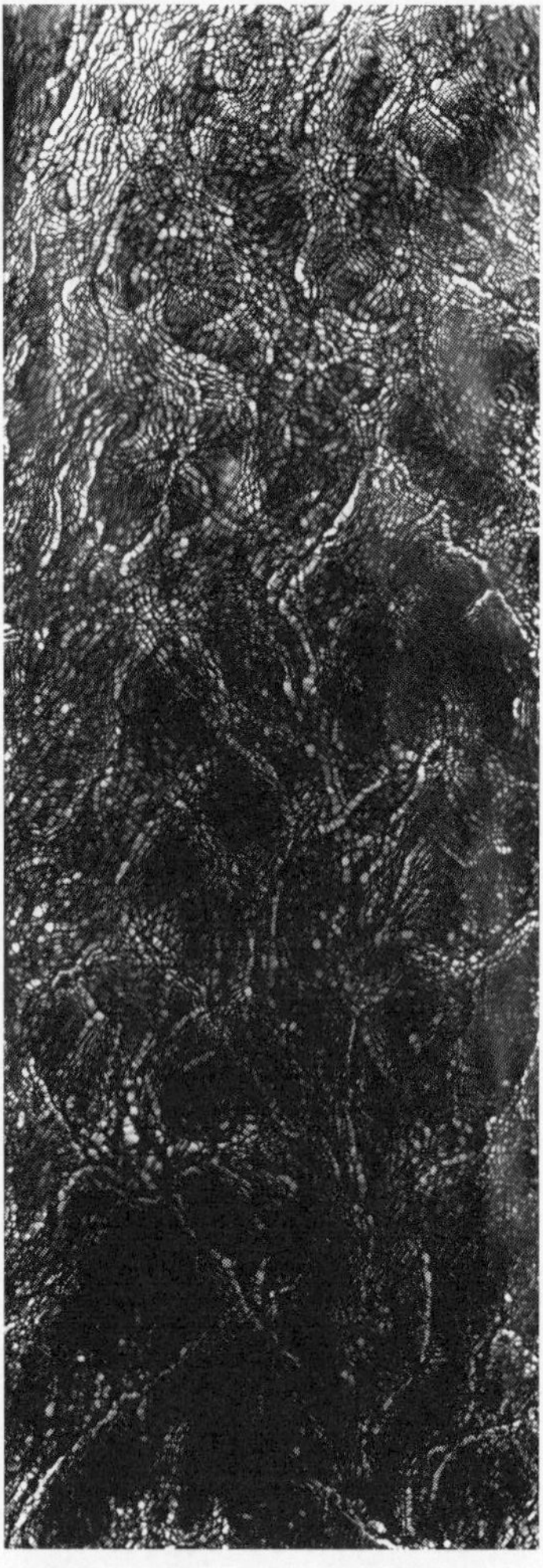

図 1.11　美術家のスーザン・ダージェスが夜間撮影によって一瞬を写し取った、南西イングランドを走るタウ川の荒々しい流れの形。（Photo:Susan Derges）

2 下流のパターン

流れる秩序

カメラのシャッターが閉じた瞬間に凍結される流体の流れの一時的な形状に芸術的な魅力があるというのは、いまさらわかったことではない。すでに一八七〇年代に、イギリスの物理学者アーサー・ワージントンが、高速度写真を使って飛沫《ひまつ》の知られざる美しさを捕捉している。ワージントンは水の入った桶に小石を落として、はねあがったしぶきに思いもよらなかった複雑さと美しさがあることを発見した。そのしぶきには驚くほどの対称性と秩序が備わっていたのだ。当時、ワージントンはイングランド南西部沿岸のデボンポートにある王立海軍兵学校に勤務しており、そこで水への衝撃について研究することは、明らかにロマンとは程遠い意味をもっていた。しかしお察しのとおり、ワージントンは自分の研究のそもそもの目的が軍事利用であったことを忘れ、それらの写真画像の魅力にすっかりとりつかれた。飛沫は縁取りのついた冠《クラウン》のかたちにはねあがり、その縁取りが一連の釘のような形状に分裂し、その釘一本一本から極小の滴《しずく》が放出される（図2・1）。それらの形には、何やら

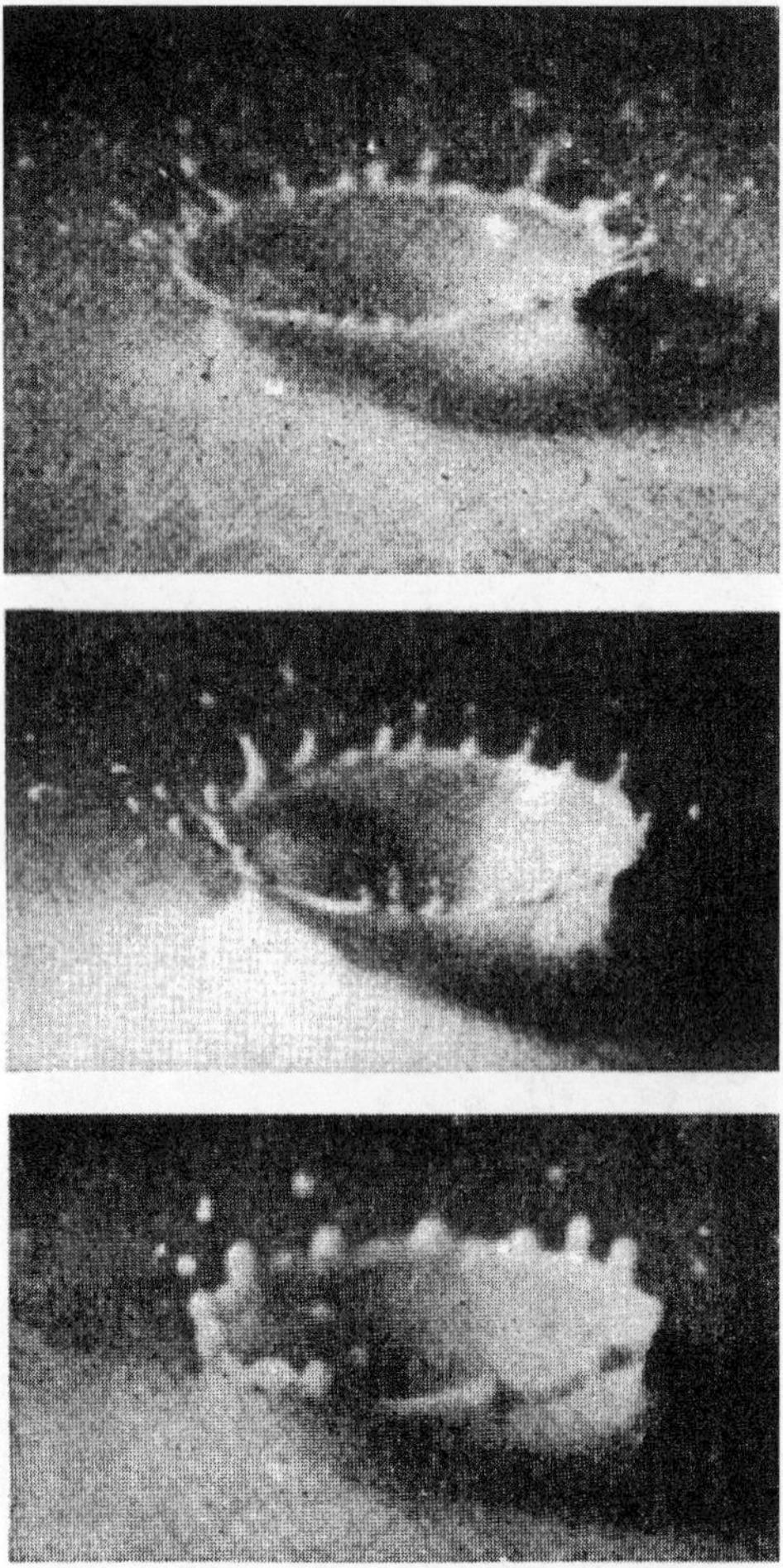

図 2.1　19 世紀末にアーサー・ワージントンが撮影した 1 滴のミルクの飛沫。

「秩序にもとづいた必然的な」ものがあるように思われた。とはいえ、それを記述して説明するには「最高レベルの数学の力が必要になる」と認めざるをえなかった。一九〇八年、ワージントンは自分の撮った写真を『飛沫の研究（*A Study of Splashes*）』と題した一冊の本にまとめた。これは知的情報を提供するための本ではあったが、それと同時に、目を喜ばせるための本でもあった。

画像が最も鮮明になるのは液体が不透明なときであると気づいたワージントンは、水の代わりにミルクを使用した（両者の違いはミルクの粘性のほうが高いことで、そのせいで飛沫の形状が変わる）。ワージントンの一連の写真は、しぶきが一回あがるあいだに続けざまに撮影された連続スナップショットのように思えるが、たしかにそう錯覚するのも無理はない。しかし、そんな速度でシャッターが閉まったり開いたりできるカメラをワージントンはもっていなかった。これは実際には、一回のしぶきにつき一枚の画像でできている。暗い部屋の中で、持続期間が数百万分の一秒の火花を起こし、その閃光で画像をとらえたのだ。この連続写真を撮るためにワージントンがとった方法は単純だった。飛沫がなるべく同じになるように何回もしぶきをあげさせ、そのたびごとに、ほんの一瞬ずつ遅らせたタイミングで火花を起こしたのである。

これらの写真は一般の人々の美的感覚にも訴えるかもしれない――とワージントンも思ったものの、あえてこれを利用したりはしなかった。そういう厚かましさをもっていたのは、のちに同じことをやったマサチューセッツ工科大学（ＭＩＴ）のアメリカ人電気工学者、ハロルド・エジャートンだった。一九二〇年代、発明されたばかりのストロボスコープが急速な反復運動を「凍結」できることにエジャートンは気づいた。ランプの点灯する速度と運動の一巡する速度が同調すれば、それが可能となるのだ。そこで彼は、一秒に三〇〇〇コマを撮影できるストロボ写真装置を開発した。エジャートンの高速度写真が有名になったのは、人目を引くテーマと構成を考えつける持ち前の嗅覚のおかげだった。エジャートンは有名なスポーツ選手や俳優の瞬間写真を撮影した。さらに、彼の象徴的な「リンゴ射撃」は、ウィリアム・テルの伝説を敬意を込めてもじっていると同時に、高速で飛来する弾丸の容赦ない破壊力を明らかにしている。エジャートンの速射レンズに写されると蛇口から流れる水も瞬時に硬直して、固体ガラスの土手のようなものになった。驚異的な写真が満載されたエジャートンの著書『フラッシュ（*Flash*）』（一九三九年）は、あからさまなほどポピュリズム的で、ソファの前のテーブルに置いておくのにちょうどいいような大型豪華本であり、彼のつくった映画『またたくあいだに（*Quikcer 'n a Wink*）』（一九四〇年）は、翌年のアカデミー賞で短篇実写映画賞を獲得した。

しかし、おそらくエジャートンの画像の中でも最も印象的なのは、ワージントンの前例をそっくり真似たものだろう。彼もまた、ミルクの滴がしぶきをあげて滑らかな液体の表面に溶け込むところを撮影したのである。エジャートンの滴はワージントンのよりも鮮明で、規則性や秩序性も明らかであり、自然のパターンの驚異をそのままに映している（図2・2a）。冠のまわりを縁取る尖端部分の間隔はほとんど均等で、そのすべてから一個の小さな球体が吐き出される。[*] じつは雨の構造もこれと同じで、雨粒が池や水たまりに落ちるたび、この知られざるかたちが無数に再現されている。隠れた秩序の象徴となったエジャートンのミルクの飛沫は、立派な芸術作品であるとともに立派な科学研究でもあった。いくぶん下世話な話をつけくわえれば、この画像は一九九〇年代に、イギリスの牛乳販売会社〈ミルク・マーク〉の商標デザインに採用されている（図2・2b）。こうした飛沫の構造には、ダーシー・トムソンも魅了された。古典的な著作『成長と形』（*On Growth and Form*、一九一七年、抄訳『生物のかたち』）において、トムソンは「帆立貝の縁のよう」な「波形状」に縁取りされた縦溝彫りのカップにも似たワージントンのしぶきを、陶工がもっとゆったりしたペースで粘土からつくる形と比較した。この本の一九四四年の改訂版では、巻頭の図版にエジャートンの写真が使われている。まるでトムソンがこう言っているかのようだ――「見よ、これこそ私のテーマである。パターンの謎――日々どこにでもある謎――のすべてがここに詰まっている」。

自然界におけるパターンや形状の類似性を目ざとく見つけられる才能をもっていたトムソンにとって、これらの飛沫の形は、単なる流体の流れの珍しい一形態ではなく、軟組織生物

＊　エジャートンの撮った飛沫の映像はネット上に公開されている。〈http://web.mit.edu/edgerton/spotlight/Spotlight.html〉を参照。今日これを見ると、一九五〇年代の水爆実験の空撮映像との恐ろしいまでの類似に気づかずにはいられない。奇しくもそのドキュメンタリー映像の技術開発には、エジャートン自身が関わっている。

a

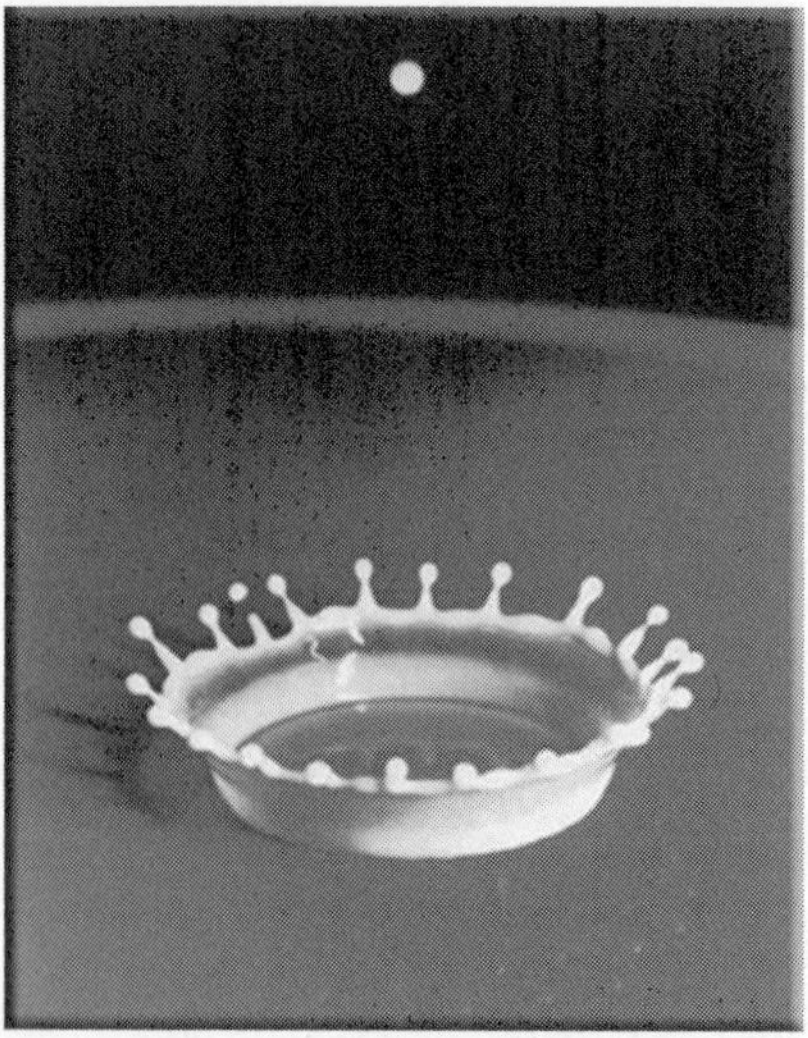

b

図2.2　ハロルド・〝ドク〟・エジャートンがＭＩＴで撮影したミルクの飛沫は、ワージントンの撮影した飛沫よりも鮮明で、構造の対称性をよりくっきりと映している（*a*）。この象徴的な画像は、1990年代にイギリスの牛乳販売会社のロゴマークに応用された（*b*）。（Photo *a*: Edgerton Center, Massachusetts Institute of Technology.）

の形状などにも見られる、もっと普遍的なパターン形成過程のあらわれだった。トムソンによれば、縁に切れ込みの入った椀状の構造は、ヒドロ虫のいくつかの種《しゅ》（クラゲやイソギンチャクと類縁の海洋動物）にも共通しているという（図2・3）。もちろん、それらの生物の形は持続的なもので、文字どおり瞬く間に消えてしまうようなものではない。しかし、「流動的な液体の中ではあっというまに出現したり消滅したりするような現象が、原形質生物のような粘性媒質の中ではゆっくりと持続的にあらわれる可能性は充分に考えられる」とトムソンは言う。そうした生物は、「ワージントン氏があるひとつの実験的手法によって出現のしくみを提示した形態と類似した、あるいは同等の形態を示してもおかしくないのではないか」。

『成長と形』においては随所に見られたことだが、この主張もかなりの部分は希望的観測である。飛沫ができあがるのと同じようにヒドロ虫が成長すると考えるべき妥当な理由はどこにもない。もしそうなら、これがある特

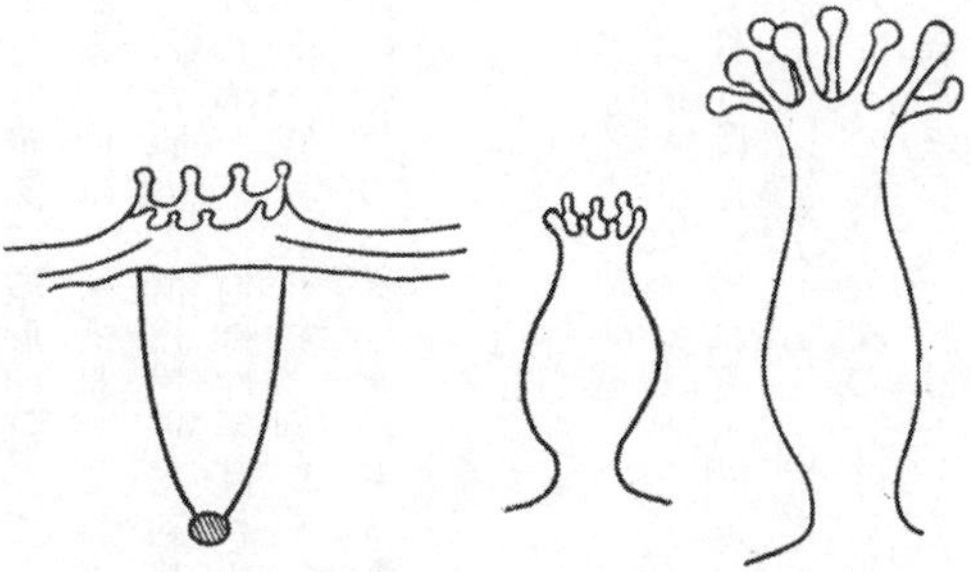

図2.3　ダーシー・トムソンが指摘した、ワージントンの飛沫（左のスケッチ）とヒドロ虫（右のスケッチ）の類似。

定の「スナップショット」にとどめられるのはともかくとして、ワージントンやエジャートンが落とした滴のように噴きあがって砕けて沈下することはないと考えるのは不都合だろう。

いずれにしても、ここで見られるパターンには説明が必要だ。飛沫に波形の冠ができるのはなぜなのか？　驚くことに、これがいまだに不明なのである。何はともあれ、これが対称性を破るプロセスであるのは明白だ。上から見ると、落とされた瞬間の滴は完璧に対称な円になっている。ところが冠ができると縁の先端が突き出しはじめ、その対称性が乱れてくる。しかもなぜかこのプロセスは、ある特徴的な間隔、すなわち波長を生み出す。縁のまわりの各突端の間隔はほぼ等距離なのだ。そこでこのあとは、流体の流れのパターンにおける「波長選択」の別の例を探ってみることにしよう。

離れていく渦巻

飛沫は奇妙で奇抜な、流体のふるまいのちょっとした異分子だ。仮にレオナルドの研究から判断すれば、流体の流れに通底する中心主題は、あまり対称性はないけれども間違いなく組織性を感じさせる別の構造、すなわち渦や渦巻と言えるのではなかろうか（図2・4）。しかし考えてみると、渦は飛沫の冠よりもよほど奇妙で意外なものだ。飛沫の冠は、対称性が破れ、円が揺らいでいく現象の古典的な例である。しかし渦のほうは、わけもなくいきなりあらわれてくるように見える。かろうじて認識できる程度の勾配をゆうゆうと流れていく川を思い描いてみてほしい。その川の水が、勾配に影響されたわけでもないのにいきなり脇

図2.4　レオナルドは渦を流体の流れの根本的な特徴と考えていたらしい。

にそれ、しかも――ますます奇妙なことに――自ら弧を描いて反転し、川上のほうに流れていく（ように見える）のは、いったいどうしたわけなのか？　ぐるぐる回って渦を巻くという、どうしてもそうなってしまうらしい液体の性質は、いったいどこから来ているのか？

この疑問に答えるには、流体の流れを科学的に考える学問が必要となる。それを「流体力学」という（英語では「hydrodynamics ＝水の力学」とも称されるように、この分野ではやはり水が中心主題となる）。流体力学の理論的基盤については本書の最終章で述べるつもりだが、あらかじめ、とくに啓示的な話にはならないことを断っておこう。流体力学の理論は、概念としてはかなり単純なものだが、これを適用するとなると、たいていの場合は（強力なコンピューターの助けがないかぎり）言葉にならないほど難しく、流体がなぜいきなりそのような模様を描き出すのかを直観的に理解する役にもほとんど立たない。しかも、この理論はいまだ不完全で、流体の流れの最も極端な状態にして、最も一般的な状態である「乱流」を決定的に説明できていないのである。一般に日常用語では、「乱」は秩序のとれていないもの、混沌としたもの、予測のつかないものの同義語として使われる。「乱流」もそうした特徴を多かれ少なかれ示している。しかしながら、レオナルドのスケッチ（つねにぐちゃぐちゃした乱流が描かれている）を見るかぎり、その混沌の核心にはつねに秩序がある。流れに生じる渦に関しても、それを生じさせる組織立った動きが乱流にはあるのだ。

さしあたり、ここでは流体の流れについて、レオナルド以降の大半の科学者がやむなくとってきたのと同じ方法で記述したいと思う。観察して、絵に描いて、方程式ではなく散文で説明するという方法である。フランスの数学者ジャン・ルレーは、二〇世紀の流体力学の偉大なる先駆者の一人だったが、彼は自分の考えをまとめるにあたり、パリのポンヌフの橋に立って手持ちの問題に何時間も一心に集中しながら、橋の下をとうとうと流れるセーヌ川がさざなみを立てる様子を眺めていた。そんなことをしていて嫌気がささなかったことこそ、ルレーが天才だった証しである。グラフを描いたり綿密な実験ノートをつけたりするならともかく、流体の流れを観察するとなると、普通の人ならほどなくして、つかみようのないものをつかもうとしているような暗澹たる気分にさせられるに違いない。

ともあれ、ルレーと同じようなやり方でこの問題を考えてみれば、とりあえず出発点を見つける手がかりにはなるだろう。そこで、セーヌ川である。二〇世紀初頭のセーヌ川は、どう見ても世界一清潔な川とは言いがたかった。それがポンヌフの橋脚のまわりを流れている。流れが橋脚にぶつかったところで、水はその両脇に分かれ、この攪乱《かくらん》によって波が生じて、その先の流れは乱流となる。第1章で出てきた用語を使えば、流線がぐるぐると渦を巻くようになるということだ。だが、どうしてそうなるのだろう。少し戻って考えてみよう。もし水がまったく動いていなかったら——たとえば川ではなく、よどんだ池に橋脚が立っていたとすれば——そこには運動も流線もないのだから、当然ながらパターン（模様）が生じるはずもない。そのような穏やかで均一な水が、どうして渦を巻く流れになるのか。では実際に少しずつ水を流していって、流れがどうなるかを見ていこう。

　まずは仮定として、ここに理想的なセーヌ川があるとする。浅い川底の上を水が流れている。話を単純化するために、この川は底辺が平坦で、両脇は平行した垂直な壁になっているとしよう。速度のゆっくりした流れでは、すべての流線が、流れの方向と平行した直線になっている。言い換えれば、その流れに乗っているものはどんな小さな粒子でも、たとえば川の水面に浮かんだ葉っぱ一枚でも、すべて単純な直線軌道をたどることになる（図2・5a）。この「川」の端のほうでは、流体が境界の壁にぶつかってこすれているから、多少は複雑なことが起こっていると考えられるかもしれないが、それでも全体像を大きく変えるほどにはならないだろうし、*いずれにしても、川幅が広いと想定して中央部分だけを見るならば、そんな異変は無視できる。中央部の流線はつねに直線で、流体全体が同調して運動し、同じ方向に同じ速度で流れていく。このような、流線がすべて直線となっている流れのことを「層流」という。この場合、どの深さにおいても流れは均一であり(ここでも水が川底をこする領域は無視できる)、したがって二次元の流線で単純に流れを描写できる。

さて、ではここにポンヌフの橋脚を加えてみよう。といっても科学的に理想化された橋脚だが、要するに円筒形の柱が川の真ん中に立っていると考えてみる(図2・5b)。当然ながら、一部の流線はこれにぶつかって円柱の周囲にそれることになる。この川の流れが非常にゆっくりならば、ことは円滑に推移する。流線は円柱にぶつかったところで分かれるが、円柱の先でふたたび近づきあって、もとの層流に戻る(図2・5b、c)。

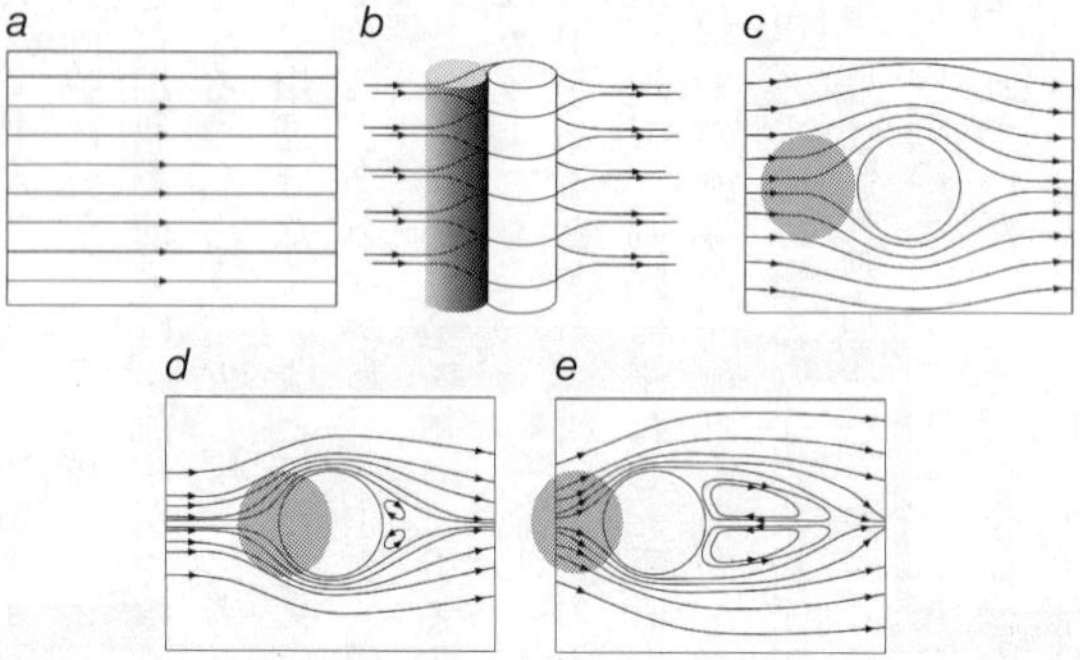

図2.5　川の流線。流体の流れが遅く、安定しているときは、浮遊粒子が直線状の軌道を描く(*a*)。しかし流れの途中に障害物があると、水がそれを迂回しなければならないため両側にそれる(*b*)。流れの速度が遅い場合、流れはどの垂直層でも変化しないままなので、外見上は1個の平面となり(*c*)、やがて脇にそれた流線もふたたび寄り集まる。しかし流れの速度が速いと、障害物の後ろに回転する渦が生じ(*d*)、流れの速度が速くなるほど、渦が大きく引き伸ばされる(*e*)。

結果として、あまり変化の大きくないレンズ形の分裂領域ができあがる。

しかし、流れの速度が速かったらどうなるだろう。その場合、円柱を越したあとに、逆向きに回転する二つの小さな渦ができることになる（図2・5d）。この渦の中の流線は閉じた環状になっているため、そこは本流から外れた小さな孤立領域となって、円柱の後ろでいつまでも渦を巻き続ける。水の流れに乗って運ばれている粒子も、この渦に巻き込まれたら、永久にそこで回り続けることになる。流れの速度がさらに速いと、渦もそれだけ大きくなるが（図2・5e）、渦の外の流れは変わらずに層流のままである。流線はいずれ先のほうで近づきあって、もとの平行な軌道に戻る。

こうした変化がいつ起こるのかを判定する何らかの方法があれば、さぞ便利なことだろう。しかし残念ながら、たとえば二つの渦が生じるのは流れの速さが秒速一〇センチメートルのとき、といったような単純な予測はできないことになっている。というのも、その反応を起こさせるのに必要な最小の値（閾値《しきい》）は、総じて流体の速度以外のさまざまな要因によって

＊通常、流体は壁にぶつかると、その摩擦によって速度が落ちる。流体を何本もの平行な条《すじ》として考えてみると、最も外側の条は摩擦によって完全に止められてしまうかもしれないが、その隣の条は静止した層によっていくらか速度が緩められたとしても、完全に止まってしまうことはないだろう。その隣の条もまた同じで、外側から離れるにしたがって速度が落ちる比率はだんだんと小さくなる。したがって流れの速度は、壁のところではゼロであっても、流れの中央に向かうにしたがって順々に増加していく。まさにレオナルドの言ったとおりである。

決まるからで、ことに円柱の幅と液体の粘度に大きく左右される。しかしながら、流体力学の最も深遠にして最も有益な発見は、あらゆる要素を考慮に入れた「普遍的」なものさしによって流れは記述できるということだ。たとえばこの場合なら、流れが生じている水路の幅が非常に広くて、岸が円柱から非常に遠いところにあり、したがって流れには何の影響も与えていないと仮定する。このとき、渦が初めてあらわれる流れの速度は、速度に円柱の直径を掛けて液体の粘度で割ると、液体の種類にも円柱の寸法にも関係なく、つねに一定となる。この数字には単位がない（すべて相殺されるので）。およそ四という値、それだけである。

このような数字を「無次元数」という。実験方式の細かな違いを考慮に入れずとも、流体の流れを一般論で推測できる、いわば「普遍的なパラメーター」のひとつだ。そして、この流体力学における無次元数は、流体の流れを研究した一九世紀イギリスの科学者オズボーン・レイノルズの名をとって「レイノルズ数」と呼ばれる。この実験パラメーターの組み合わせがすべての単位を相殺して、ただの数字のみを与えているのは幸運な偶然ではない。流体力学における無次元数は、流れに影響を与えるもろもろの力の相対的な寄与をあらわす「比率」なのである。レイノルズ数は、流れを進ませる力（流れの速度によって定量化される）の、流れを遅くする力（粘性のある抵抗物によって生じる）に対する比率をあらわす。実験をしてみると、円柱の寸法と液体の粘度が一定である場合、当然ながらレイノルズ数は流れの速度に正比例して高まる。

そうしてレイノルズ数が四になると、流れのパターンはいきなり変化して二つの渦があらわれる。この新しいパターンは、渦の大きさがだんだん引き伸ばされていくのを別にすれば、レイノルズ数の値が大きくなってもしばらくはそのまま変わらない。しかし、レイノルズ数が四〇になると、新しい現象が生じる。流れが下っていっても流線が平行にならず、波のようなうねりがずっと続くようになるのだ。これは実験でも確かめられる。円柱の手前から色のついた染料を液体中に噴射すると、染料は細長いジェット状になって流れていく。この噴流が、おおむね流線を示している（図2・6a）。レイノルズ数（要は流動率のこと）が上がりつづけるとともに、波形はより顕著になり、波頭がより鋭角的になっていく（図2・6b）。そしてレイノルズ数が五〇前後になると、波頭が丸まって渦巻を描くようになる（図2・6c）。この驚くべき、非常に美しい模様《パターン》は、アール・ヌーヴォーの特徴的なトレサリー模様を容易に想起させるものだ。こうして流れの後流は両側に交互に渦をつくりつづける。

　これに似たような構造は、すでに見たとおり、レオナルドの素描に早くもあらわれていたのだが、おそらく公式な科学文献で報告されたことは長らくなかった。ようやく一九〇八年にフランスの物理学者アンリ・ベナールが「運動する障害物の後方にあらわれる回転中心の形成」と題した論文を発表するが、このベナールの研究を知らないまま、一九一一年に円柱後流の研究を行なったのがドイツの技術者ルートヴィヒ・プラントルだった。プラントルはこの流れについての理論を立てており、その理論によれば、後流はよどみのない（ちょうど図2・5cのような）なめらかなものになるはずだった。しかし、プラントルについていた博士課程の学生カール・ヒーメンツがその理論をもとに実験を行なってみると、障害物の後

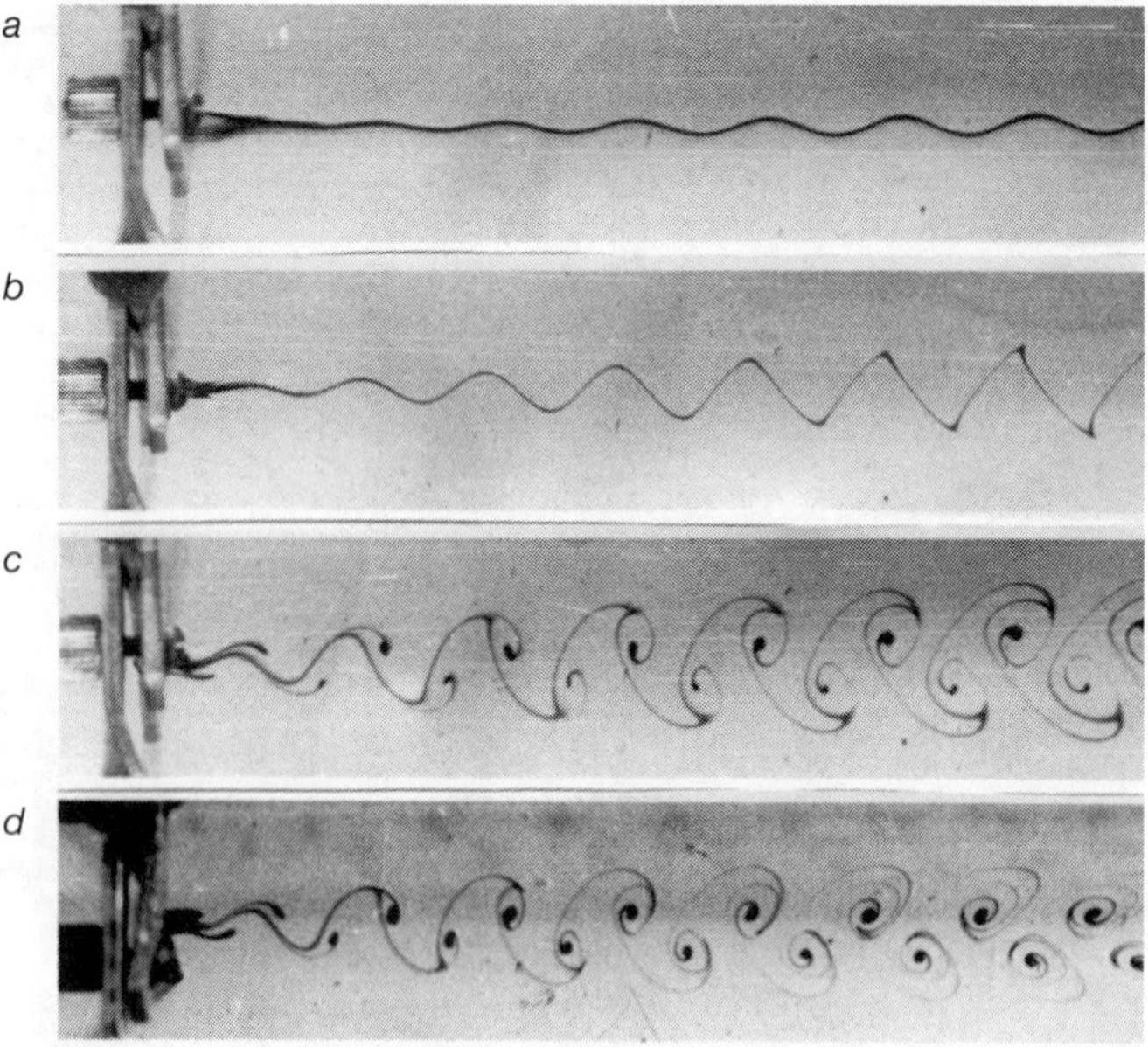

図 2.6　レイノルズ数 40 前後に相当する流動率では、この噴射した染料の軌跡にあらわれているように、円柱を越したあとの流れの軌跡が波形に揺れはじめる。流れの速度が大きくなると、この波形の揺れが一連の渦をつくりだす。これを「カルマン渦列」という（*c*、*d*）。レイノルズ数がおよそ 200 以上になると、渦列が壊れて乱流後流を描くようになる。（From Tritton, 1988）

方の流れには振動が生じてしまった。ありえない、とプラントルはヒーメンツに言った。それはきっと円柱のどこかに突起があるからだろう、というのである。そこでヒーメンツは円柱を磨き直したが、結果は同じだった。「それなら水路が完全な対称ではないのだろう」とプラントルは取り合わず、気の毒なヒーメンツはさらに装置に改良を重ねさせられた。

ちょうどそのころ、テオドール・フォン・カルマンというハンガリー出身の技術者が、ゲッティンゲン大学のプラントルの研究室に留学に来ていた。見かねたカルマンはヒーメンツを慰めるようになり、毎朝の挨拶代わりにこう聞いた。「ヒーメンツ君、流れは安定したかい」。そのたびにヒーメンツは元気のない顔で、「あいかわらず振動していますよ」とため息まじりに答えるのだった。やがてカルマンは、いったいどうしてそうなっているのかを自分で解明してみようと思い立った。数学の天分に恵まれていたカルマンは、状況を記述する方程式を考案し、その式の帰結として円柱後方の渦が安定する場合があることを発見した。この業績により、後流に交互に生じる一連の渦――プラントルの疑いに反して、現実に流れの根本的な特徴であった渦――は、現在、「カルマン渦列《うずれつ》」と呼ばれている。

だが、この渦はどこから生じているのだろう？　これらは円柱の表面を通過した流体の層から発生し、障害物による抵抗を受けて、回転する性質（渦巻運動状態）を獲得する。この過程は円柱の「左」側と「右」側のあいだできわめて協調的に働き、片側で一つ渦が放出されるあいだに、もう片側で形成過程が開始されている（図2・7）。渦列は自然界のさまざまなところに存在する。気流が高圧域のような何らかの障害物を通過すれば、やはり渦列が

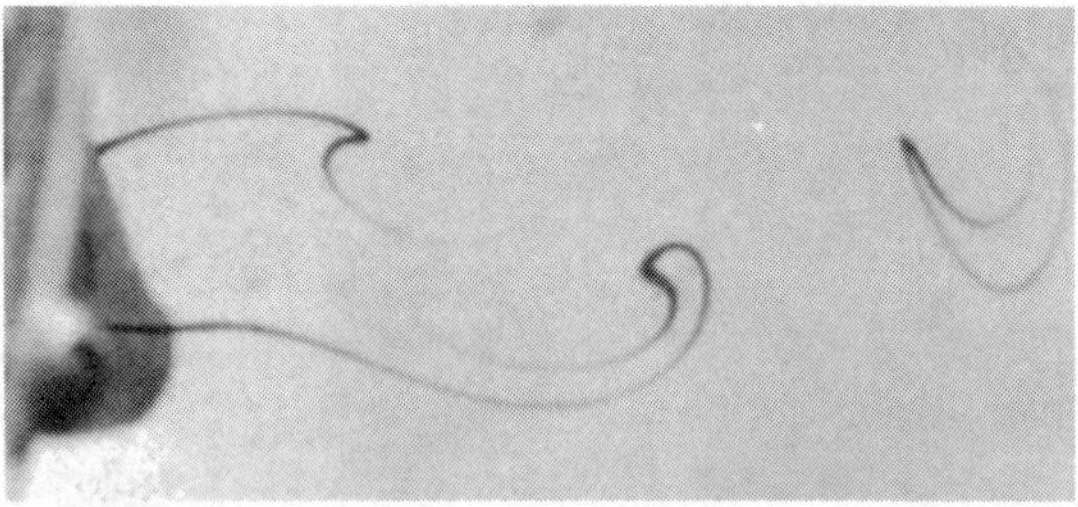

図 2.7　「渦放出」（渦離脱ともいう）から生じるカルマン渦列。障害物を通過したあとの後流に沿って、回転する渦が両側から交互に放出されて（離脱して）、また形成されていく。この図では、反対側の渦が放出された直後に新たな渦がひとつ形成されている。（From Tritton, 1988.）

雲に刻まれる（図2・8）。水中で立ちのぼる泡の後流にも渦列は発生し、渦が放出されるたびに泡を左右交互に押しやる。シャンパンの泡が立ちのぼるときにたいていジグザグの軌道を描くのは、まさにこのためである。また、空中を飛んでいる虫の翅端からも渦は放出され、そのおかげで虫は空気力学の通常の限界に打ち勝てるようになっている。実際、虫は羽ばたきするたびに翅《はね》を回転させて、それによって生じる渦巻から微少な推進力を得ているのだ。

流動率がもっと大きくなれば、渦列の渦は規則性を失い、円柱の後流はすっかり混沌に陥ったようになる。しかし実際のところ、流れの秩序性は現れたり消えたりするもので、下流に立った観察者が流れを見ていれば、それなりに秩序正しい渦列がときどき不規則な乱れを連続して起こしながら通り過ぎていくのを観察することになるだろう。ただしレイノルズ数が二〇〇を超えたときに遠い

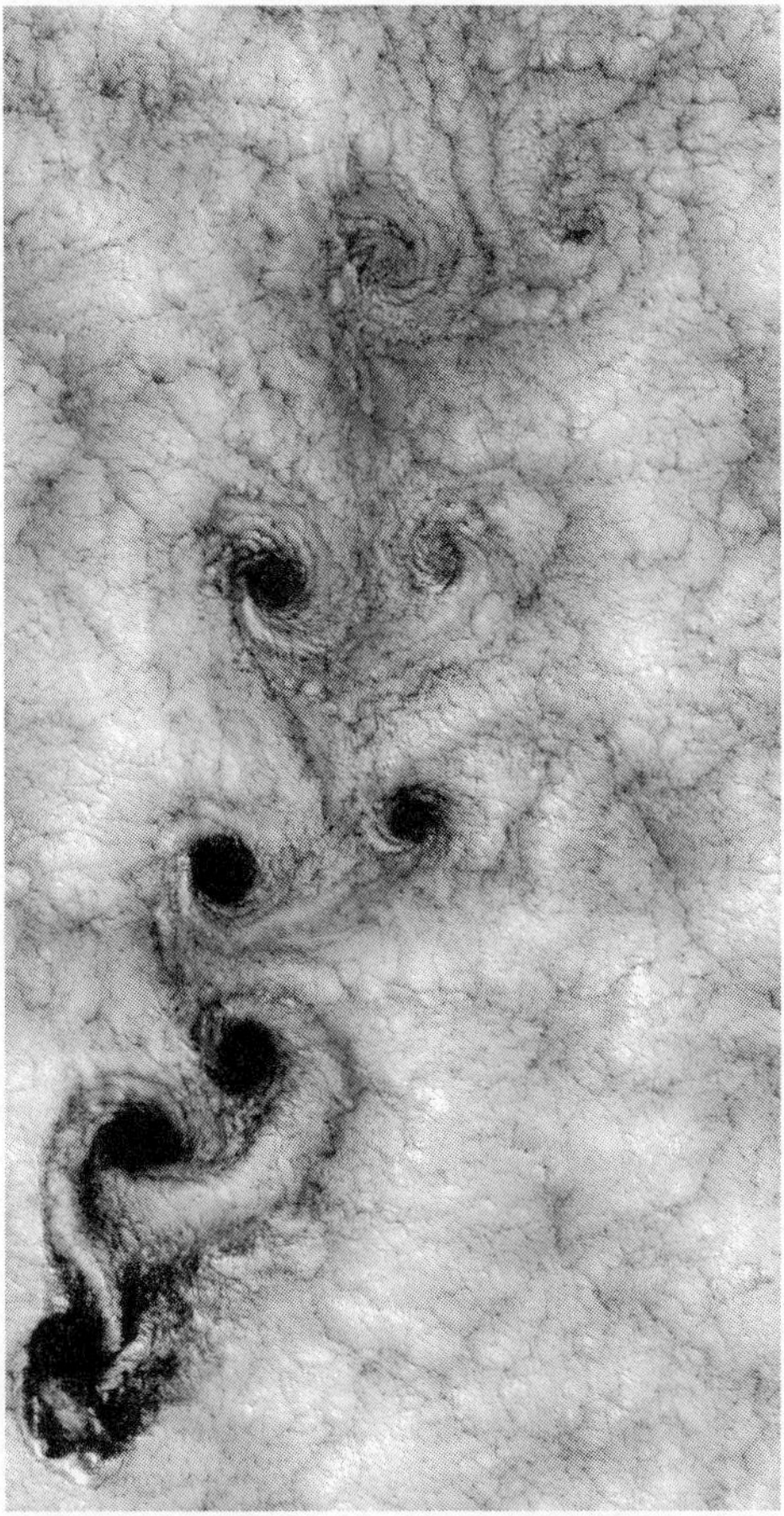

図 2.8　大気流の乱れが原因で雲にできた渦列。（Photo: NOAA/University of Maryland Baltimore County, Atmospheric Lidar Group.）

下流から観察すると、秩序正しい渦列は永久に消滅したらしいと気づくことになる。この場合でも、円柱に近いところではやはり渦列ができているが、下流に行くにしたがって乱雑になってくる。そしてレイノルズ数が四〇〇になると、その近場のまとまりでさえ失われ、後流は完全に乱れた状態となる。これこそが橋脚の周囲を通過する河川の水の典型的な状態であり(河川《かせん》のレイノルズ数はたいてい一〇〇万以上なのだから)、ゆえにルレーはどうがんばっても、濁ったセーヌ川のパターンをほとんど識別できなかったのである。

不安定な出会い

図2・6aに示したような、なめらかな層流が波形のパターンへと変わっていく様子は、パターンを形成する系に共通して見られる特徴である。その系に一定以上の推進力がかかると、突如として揺れがあらわれるのだ。こうした波形の不安定性については、『かたち』でもいくつか例を紹介した。液柱の断片化や、化学反応における振動現象の出現などがそれである。では今回の場合、波は何ゆえに生じているのだろう?

言ってしまえば、これは「剪断《せんだん》不安定」の一例である。流体の二つの層がすれ違うとき、両者がこすれあって、そこに「剪断力」が生じる。円柱のすぐ後ろの後流の末尾では、そこで流れが阻害されるため、流体の流れの速度が緩められる。ちょうど水泳選手がレーンを遮断する障害物をよけながら泳がなくてはならなかったとき、何もないレーンを泳いでいける競争相手より、プールの向こう端に到達できる時間が遅くなるのと同じだと考えればいい。

つまり隣りあった流体層が異なる速度で動いているわけで、そのため両者の境界に剪断力が生じる。これにより、たまたまそこに生じた波紋が拡張される場合があるのだ。

隣りあった液体層が異なる速度で流れているだけでなく、逆方向に流れていると考えると、この状況はより明らかとなる。＊境界面に波形の膨らみが生じたところを想像してみよう。その膨らみが隣の層に張り出しているところでは、その部分の液体が「圧縮」されて流れが速くなる。川の流れが狭い岩間に入ったときに速度を増すのと同じことだ。一方、膨らみができた層は、その膨らみによって幅が広がるために流れが遅くなる。こちらは川が広大な氾濫《はんらん》原に注《そそ》ぎ込み、幅が広くなって、流れが緩慢になるのと同じである（図2・9）。一七三八年、数学者のダニエル・ベルヌーイは、流れが速ければ速いほど、その流れの方向の横にある液体によって加えられる圧力が弱まることを証明した。浴室でシャワーを浴びるとき、カーテンがつねに張りついてくるのもこのためである。水の噴射が皮膚とカーテンとのあいだの空気の層を動かすため、そこの圧力が下がり、カーテンが外側の気圧によって内側に押しやられるからだ。

要するに、膨らみの出っ張っている側では圧力が低く、くぼんでいる側では圧力が高いと

＊　これはまったく違う話のように思えるかもしれないが、そうではない。前者の場合、流れの速い層から見ると、流れの遅い層が後ずさりしているように感じられるということだ。自動車を運転しているときに隣の車を追い抜くと、その追い抜いた車が自分の背後に後退しているように感じられるのと同じことである。

いうことだから、膨らみは外側に押しやられて、いっそう目立っていくようになる。言い換えれば、正のフィードバックがあるということだ。膨らみが大きくなればなるほど、その大きくなる性質も増すわけである。こう聞くと、剪断流動の境界面にできる膨らみはすべて自己拡張するように感じられるかもしれないが、実際のところは、必ずしもそうではない。液体の粘度（流れに対する液体の抵抗力をあらわす尺度）によって、剪断力（ここでは二つの液体層の相対速度によって決まる）がある一定の臨界閾値を超えるまでは、不安定性が減衰させられるからである。しかも膨らみの自己拡張は、波動が特定の波長にあるときに最大となるので、この波形パターンはかなり「選択的に」できるものであると言える。それ

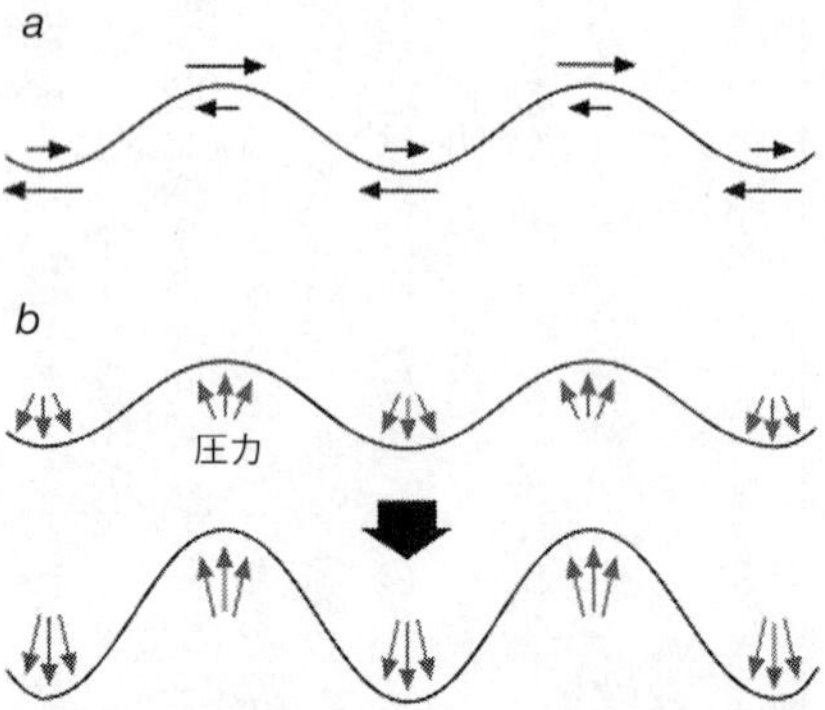

図2.9　流体の２つの層がすれ違う剪断流動の場合、その境界面には波形の不安定性が生じやすい。膨らみの出っ張っている側では、流れの速度が緩慢になり、逆にくぼんでいる側では、流れの速度が上昇する（*a*）。そのため隆起部を外側に押しやる圧力に差が生じ、波紋をいっそう大きくする（*b*）。最終的に、これらの波が最大限まで高くなると、丸まって渦を巻き始める。これをケルヴィン＝ヘルムホルツ不安定性という。

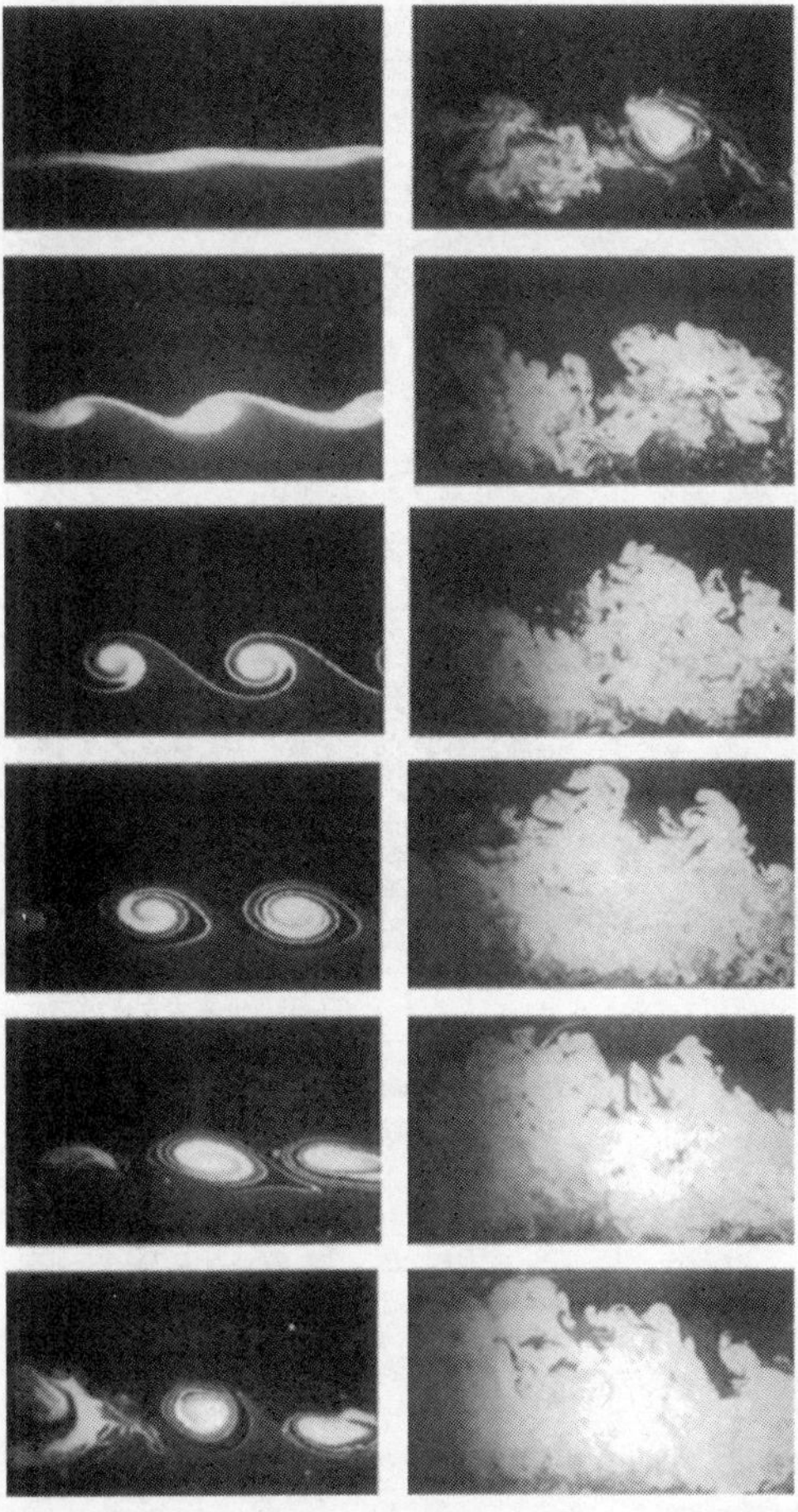

図2.10　剪断流動におけるケルヴィン＝ヘルムホルツ不安定性の発達。２つの流れの境界面に蛍光染料を流すことで再現できる。波がしだいに丸まって渦となり、相互作用を経て、分断し、乱流を生じさせる。図は左側の上から下へ、次いで右側の上から下への順で、発達過程を示している。（Photo: Katepalli Sreenivasan, Yale University.）

a
b
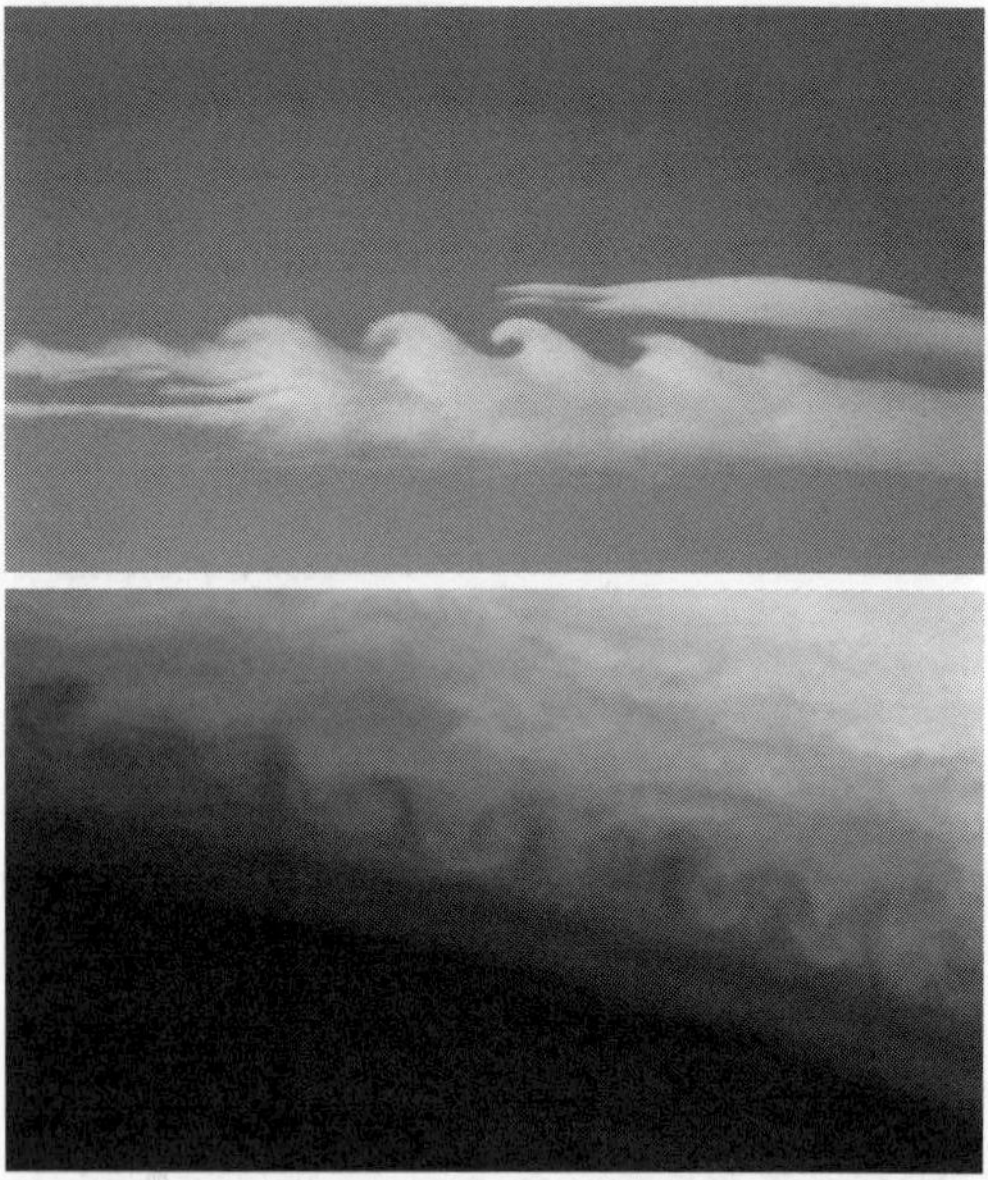

図2.11　大気中に見られるケルヴィン＝ヘルムホルツ不安定性。雲にも（*a*）土星の大気にも（*b*）その実例を見ることができる。（Photos: *a*, Brooks Martner, NOAA/Forecast Systems Laboratory; *b*, NASA.）

らもろもろの条件にかなった結果、剪断流動が一連の規則的な波を生み出すのだ（図2・10）。

この剪断不安定を研究したのが、一九世紀の二人の偉大な物理学者、ケルヴィン卿とヘルマン・フォン・ヘルムホルツである。彼らにちなんで、この過程は「ケルヴィン＝ヘルムホルツ不安定性」と呼ばれる。波が大きくなるとともに構造が発達し、やがて波頭が引っぱられるように丸まって、一連の渦をつくりだす。* このケルヴィン＝ヘルムホルツ不安定性も、大気中で働くパターン形成メカニズムのひとつで、雲や大気層にその実例を見ることができ（図2・11a）、私もロンドン上空で目にしたことがある。また、NASAの探査機カッシーニは、土星の大気中、細長いガスの帯がすれ違うところに発生した顕著な実例をとらえている（図2・11b）。

排水口と渦巻

剪断不安定はこのように、流体を揺り動かして渦巻をつくらせることがある。こうした流れの形はスケールもじつにさまざまで、身のまわりの小さなもので言えば、浴槽の水が排水口のまわりで螺旋《らせん》状に回転するのもそうであり、反対に、巨大な竜巻やハリケーンの恐ろしい回転運動もそうである（図2・12）。浴槽の渦巻は昔から科学者を悩ませてきた。たとえばレオナルドはこの渦巻について、こう記している。「出口に向かって穴があくように渦巻ができる。この穴に、水の底辺に向かって下降した空気が充満する」。レオナルドの考えでは、この渦巻は過渡的な現象であるはずだった。水は空気より重いので、いずれは壁が壊れるはずだからである。

＊　これはカルマン渦列の渦ができる仕組みと同じではないことを強調しておきたい。図2・6に示されている波形は、たしかに剪断不安定の一例だが、これらの渦は円柱の端から生じているのであって、下流の波の波頭から生じているのではない。

この回転はどこから生じているのだろうか。フランシス・ビーゼルというフランスの水力工学の専門家が一九五五年に発表した説によると、ごくわずかな回転運動でも、それが「流体の質量全体に拡散した」場合、じょうご型に凝縮して流出するようになる可能性があるという。「実験結果は、これがいたって予測不可能な現象であることを示している」ばかりか、「これはきわめて永続的な現象でもあり、阻止するのは非常に難しい」という。いずれにしても、そもそもの回転がなければ、いきなり無から回転が生じるわけはない、とビーゼルは述べている。

よくある考えかたにしたがえば、この浴槽の渦巻は、地球の自転が起こしているということになるだろう。しかしながら、たしかに地球の自転が大気中に生じる巨大なサイクロンの渦の方向を制御しているのは事実でも（そのため北半球では反時計回りに、南半球では時計回りに回転する）、浴槽に生じるような微小なサイクロンに対しては、地球の自転が及ぼす影響などとてつもなく弱いはずである。ビーゼルの主張によれば、やはり浴槽の渦巻の原因が地球の自転にあるとは考えがたく、なぜなら常識には反するものの、地球上のどの場所においても、浴槽の渦巻は右回りにも左回りにも回転するからだという。

だが、これは本当にそのとおりなのだろうか？　一九六二年、マサチューセッツ工科大学のアメリカ人工学者アッシャー・シャピロが、自分の研究室で反時計回りの渦巻を恒常的に生成していると発表した。初めに水を二四時間安定した状態に置き、残存していた回転運動をすべて消失させたあと、栓を抜く――すると反時計回りの渦巻ができるというのだ。この

a

b

図 2.12　流体中の渦巻は、浴槽の排水口から海の大渦（*a*）やハリケーン（*b*）まで、さまざまなスケールで生じる。（Photo : *b*, NASA）

主張は大きな論争を巻き起こした。その後の研究者たちの見解では、この実験は実施されたときの厳密な条件にきわめて左右されやすい、ということになっており、結局この論争はいまだ決着していない。

とはいえ、液体の最初の小さな回転がどうして荒々しい渦に発達するかは、すでにわかっている。これは水が出口に向かって寄り集まるときの、水の運動によるものである。原則として、この寄り集まりは完全に対称である。水はすべての方向から排水口に向かって等しく内側に動いてくるからだ。しかし、この対称の状態からの逸脱が少しでも生じると(そういう逸脱はランダムに起こりうる)、流体の流れの作用によって、逸脱が拡大する可能性がある。流れはある領域から別の領域へと、摩擦を介して伝わる性質がある。だからコーヒーの表面に息を吹きかければ中身をかきまぜられるし、海に風が吹きつければ水面に流れが生じる。ひとつの流れがまた別の流れを起こすのである。こうして少しの回転がよりいっそうの回転を喚起し、それがまたいっそうの回転を喚起して……となるわけだが、この過程を持続するには、発生直後の渦に絶えず勢い(運動量)を与え続ける必要がある。ブランコに乗せた子供をずっと揺らしておくには、つねに子供を押し続けなければならないのと同じことだ。この運動量を与えるのが、排水口への水の流入だ。つまり直線状の運動の運動量が、回転の運動量に変換されるのである。

排水口の渦巻は、「対称性の自発的破れ」の一例と言える。放射状に寄り集まる、円形の対称性をもった流れが、非対称のねじれをもつ流れに発展して、回転を促す微小な推進力の性質に応じて時計回りか反時計回りで回転を続ける。シャピロのあいまいな実験を度外視すれば、この最初の一押しはランダムに起こるようであり、浴槽の渦巻がどちらに回転するかに明確な基準はない。

一方、海洋の渦巻は、『オデュッセイア』のカリュブディスからノルウェーのメールストロムまで、さまざまな神話や伝説を生んできた。回転する水に働く遠心力が渦の表面を逆さの釣鐘形に押し広げ、円の中心付近で引き起こされた波紋も加わって、おなじみの螺旋状の外観をつくりだす（図2・12a）。メールストロムや英仏海峡のサンマロの渦など、これらの構造のいくつかは、岸に近い部分の潮の流れによって引き起こされている。したがって、それらは水夫にとってまさに脅威だ。エドガー・アラン・ポーが「メエルシュトレエムに呑まれて」でノルウェーの漁師に語らせた恐ろしい描写（「途方もなく周囲が広く底しれぬほど深い漏斗《じょうご》の中途に、船はまるで魔法にでもかかったようにひっかかっているように見えた」［小川和夫訳］）は、単に絵画的な意味だけでなく、基本となる流体力学の点においても不気味なほど正確である。おそらくポーはこの情報を現実の経験から得ていたのではあるまいか。

渦は緩やかに流れる流体だけでなく、猛烈に荒れ狂う流体にも出現する。一見すると、そうした流れは無秩序で予測不能だが、もともと流体には自らを制御して渦のような明確なコヒーレント構造にまとまろうとする性質がある。これを実証したのが、オランダのユトレヒト大学の二人の物理学者、ゲルトヤン・ヴァン・ヘイストとヤン＝ベルト・フロールだ。彼らは揺れの激しい噴流から、双頭の渦（専門的に言えば「双極渦《そうきょくうず》」）が生じうることを示してみせた。彼らは水深が深くなるにしたがって塩分が増している水に一条の有色染料を噴射した。このように塩分濃度に勾配があるということは、深いところほど水の密度が高くなっているということだから、それによって流体中の上下方向の変動が抑えられ、流れを基

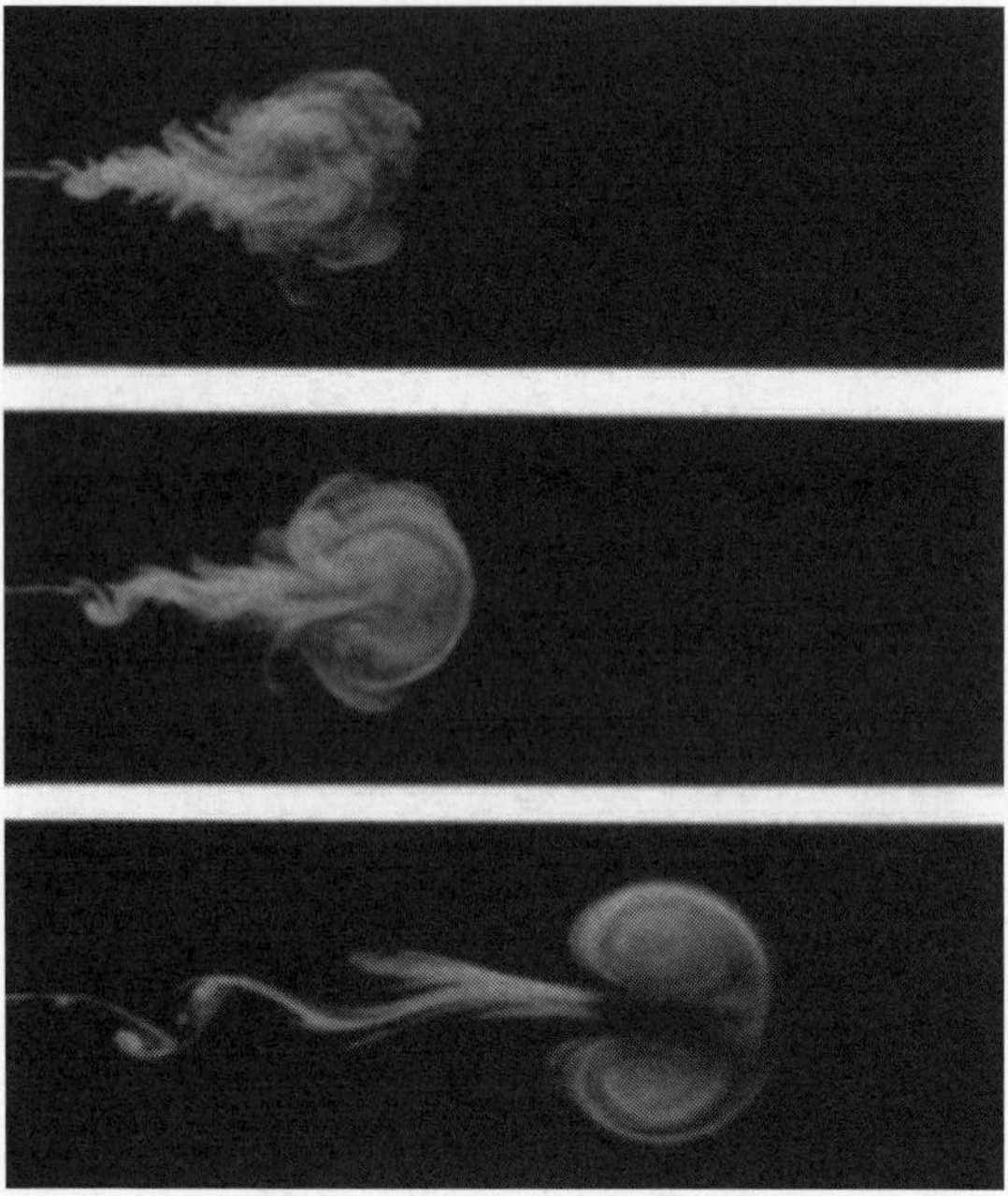

図 2.13　層状流（密度勾配によって流れが基本的に２次元になる）に注入された激しく揺れる乱流噴流も、やがて自らまとまって双極渦というコヒーレント構造になる。（Photos: GertJan van Heijst and Jan-Bert Flór, University of Utrecht.）

本的に二次元にできる。つまり各水平層が同じように流れることになる。そこに噴射された流れの最前部は、最初こそ無秩序に流れていたが、やがて逆向きに回転する二つの丸い構造にまとまっていった（図2・13）。さらにヴァン・ヘイストとフロールは、この双極渦がどれだけ強固なものかを証明するために、二つの双極渦を反対方向からぶつけあわせ、双方が頭から衝突するようにしてみた。当然、めちゃくちゃな乱れが生じると予想されるかもしれないが、意外にも二つの渦は、まるで卵の黄身のようなぬるりとした弾性を示した。衝突後、それぞれの渦は反対側から来た噴流の渦と一対になり、混じりあうことのないまま新たな方向に進んでいったのである（口絵1）。

巨人の眼

自然界の乱流に見られる最も有名で、最もドラマチックな渦巻のひとつは、過去一世紀以上にわたって旋回を続けてきている。あらゆる大渦の頂点に立つ、木星の「大赤斑《だいせきはん》」がそれである。幅は地球とほぼ同じで、長さは地球の三倍にもなる。木星の南半球で、毎時五六〇キロメートル以上にも達する速さで吹き荒れている暴風が、この大渦の正体である（口絵2）。一般に、大赤斑は一七世紀、イギリスでロバート・フックが、そしてイタリアでジョヴァンニ・ドメニコ・カッシーニが発見したと言われている。しかし、この二人が本当に現在の大赤斑を観測したのかどうかは定かでない。一六六五年にカッシーニが発見を報告した斑点は、その後、一七一三年までは観測されているが、以後は観測記録がぷつりと途絶え、そして一八三〇年に現在の大赤斑が観測されているのだ。木星では、このような渦巻が現れたり消えたりしており、一九三八年には大赤斑の南側に三つの白い斑点が見つかって、一九九八年まで存在していたが、その後は一点に融合している。*大赤斑も、一九世紀に観測されて以来、しだいに縮小しつつあるようで、おそらくは、この木星の目玉もいつかふたたび閉じられる日が来るのだろう。それにしても、この構造はどうして生じたのだろうか。そして乱流の破壊的な力で引っぱられながら、どうしてこれほどまでに長いあいだ、それに逆らってこられたのだろう。

雲に覆われた木星の上層大気に色がついているのは、その複雑な化学組成のためだ。木星の大気はおもに水素とヘリウムからなり、そこに水やアンモニアなどの化合物でできた雲がかかっている。これらすべてが木星の自転によって攪拌《かくはん》され、ぐるぐると回りながら混じりあっていく。そうしてできる模様は、人間が斑点のことを考え始める前からずっと存在していた。木星の大気は、異なる色で区別される一連の細長い帯域に分かれている（口絵3）。それらの帯はいずれもジェット気流で、緯線に沿って流れているが、向きは自転方向と同じものもあれば逆のものもある。このような「帯状ジェット」は地球にもある。熱帯で東向きに流れている貿易風や、もっと高い緯度で西向きに流れているジェット気流がそれである。木星では、東向きに流れる帯状ジェットと西向きに流れる帯状ジェットの両方がどちらの半球にも存在する。これらの帯がどうしてできたのかは現在でも議論の残るところだが、小規模な渦が木星の自転によって引っぱられ、各緯度のジェット気流に混ぜ合わされた結果ではないかとも考えられている。

木星の大気の実験モデルでも、対流から同様の帯状構造が生じうることが証明されている。この実験を行なったピーター・オルソンとジャン＝バティスト・マンヌヴィルは、流動する大気の代わりに水を使い（密度が同じなので）、それを直径二五センチと三〇センチの同心球のあいだに閉じ込めた。内側の球は冷たい不凍液で冷やしてあり、外側の球は、流れのパターンが外から見られるように透明なプラスチックでできている。木星の重力効果は、両方の球を回転させて遠心力を生み出すことでシミュレーションされた。そして最後に蛍光染料を水に流す。これで紫外線のもとで流れのパターンが見られることになる。その結果、はたして、木星モデルの周囲に対流運動による細長い帯があらわれた。こうしたロール状の縞模様は対流パターン全般の特徴なのだが、それについては次の章で述べよう。

さて、木星の大気に存在する特徴的な斑点は、二つの帯状ジェットの境界線に形成される。そこはすなわち、逆方向に流れているガスの運動が激しい剪断流を生むところだ。大赤斑は、上の流れと下の流れのあいだでボールベアリングの玉のように回転している（図2・14）。そこで考えなければならないのは、このような一個の大きな渦が、こうした乱流に必ず存在

＊　二〇〇五年から二〇〇六年のあいだに、この斑点は赤色に変わった。おそらく強度が増したために大気の深層部から何らかの赤い物質を取り込んだためと思われる。この斑点には「中赤斑」という名称がつけられた。

する普遍的な特徴であるのかということだ。カリフォルニア大学バークレー校のフィリップ・マーカスは、流体の薄い環帯における流れの数値計算を行なってきた。そこでは中央に穴のあいたワッシャー形の円盤が、木星の片方の半球の二次元投影として用いられている。これが回転することで剪断流を生じさせ、中心からの半径方向の距離が順々に大きくなる一連の流体の環が互いにすれ違うようになるという仕組みだ。マーカスが実験した結果、流れに乱れが生じるぐらいに剪断力が高いと、循環する流体中にときおり小さな渦があらわれる。それが剪断流と同じ向きに回転していれば、大赤斑の例と同じように、しばらくは消えずに存在する。しかし剪断流と逆向きに回転していると、引っぱられて崩壊する。流れの中に最初から大きな渦を存在させた場合でも、その流れに沿って回転している渦は存続できるが、逆向きに回転する渦は、たちまち引き伸ばされて分裂する。

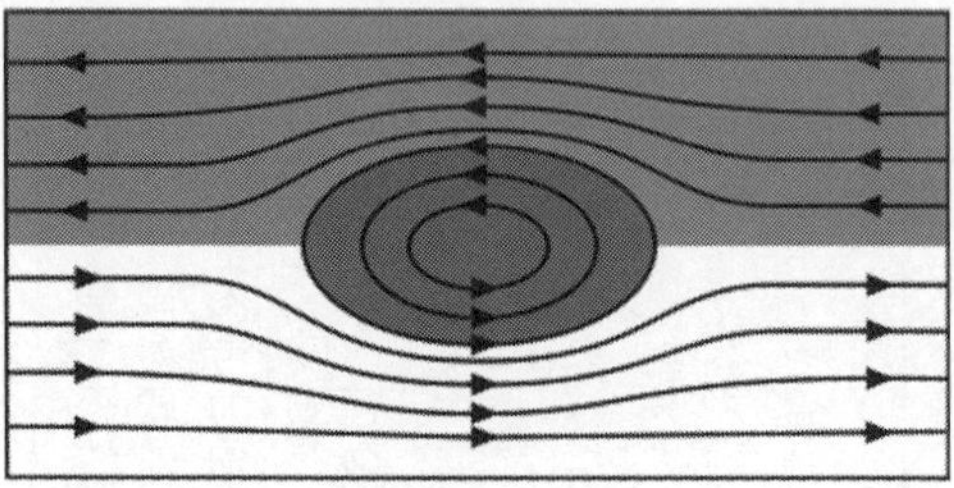

図 2.14　木星の大赤斑は、木星の周囲をぐるりと回る逆向きの帯状ジェットのあいだで回転している。

存続できた渦は、やがて、乱流の影響で逆向きに回転するようになった無数の小さな渦を飲み込んでしまう（口絵4a）。一方、二つの大きな渦が、どちらも最初の流れに沿った「正しい」回転をしている場合には、その二つがたちまち融合して一つの渦になる（口絵4b）。

これらの計算結果からわかるのは、ひとたび形成されれば、一個の大きな渦はこの種の流れにおける最も安定した構造になるということだ。だが、そもそもこの構造はどういう場合にあらわれるのか。マーカスの計算に触発されて、テキサス大学オースティン校のジョエル・ソメリア、スティーヴン・メイヤーズ、ハリー・スウィニーが、こうした流れを実際に生成して調査するための実験を考案した。まずは回転する環状の水槽が用意され、その水槽の底辺に中心から等しい距離でいくつもの穴をあけ、そこからポンプで水を注入できるようにした。水槽の底には排水口も設けられ、そこから流水がふたたび外に出られるようになっている。普通の水槽にただ水を満たすのではなく、こうしたポンプ式の装置を使うことにより、異なる半径での注水と排水によって引き起こされる流れと、水槽の回転によって引き起こされる流れとの相互作用から、木星に見られるような互い違いに回転する帯状ジェットを再現できるようにしたわけだ。

そして実験の結果、水槽の中の帯状ジェットの境界部分に、安定した渦があらわれた。それらの渦は、正多角形のそれぞれの角にあたる位置にあった。つまり渦が五つなら五角形を、渦が四つなら四角形を、渦が三つなら三角形をなしていた。渦の数は、剪断力（ポンプ注水の流量によって操作された）が強まるとともに減っていき、最終的には大きな渦が一個しか

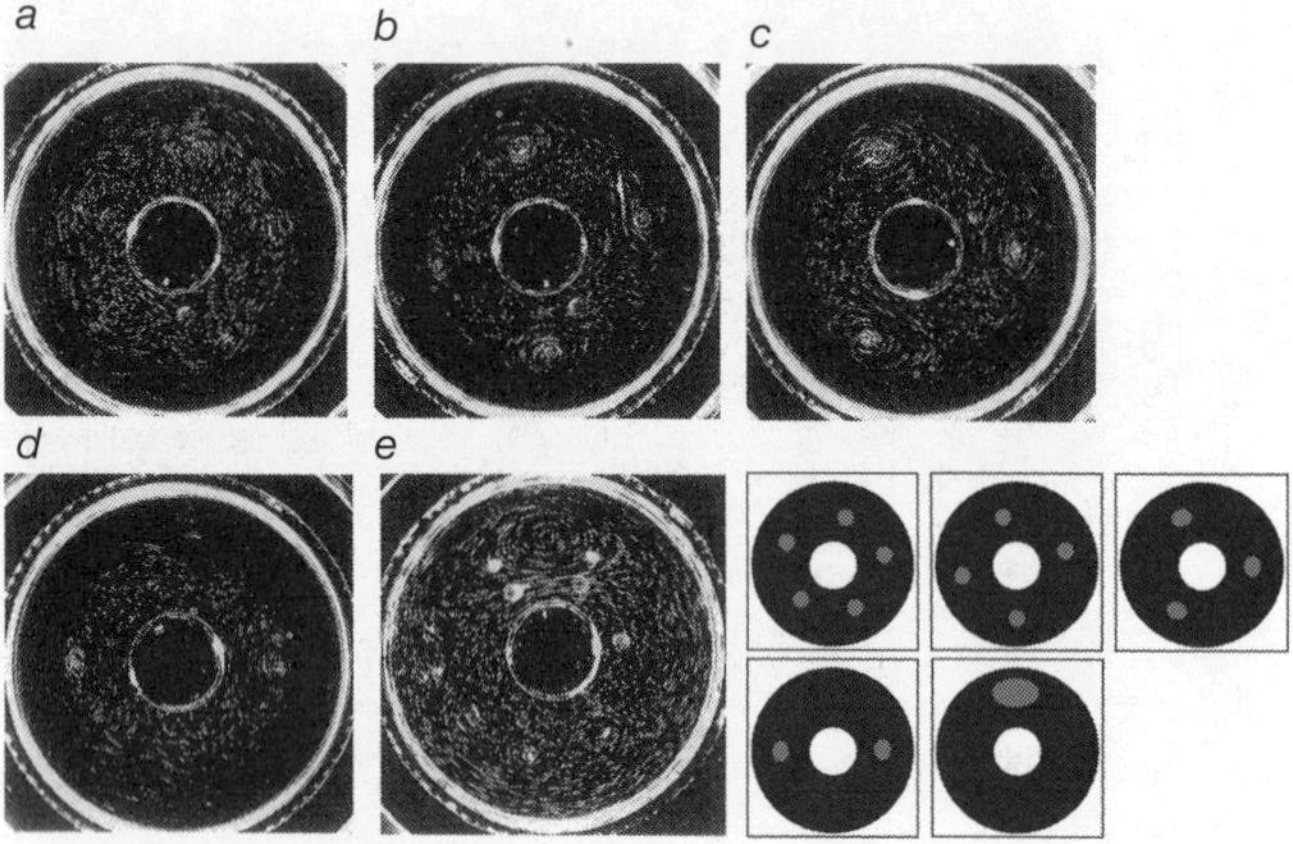

図2.15　木星の大気流の実験シミュレーション。帯状ジェット構造を模するため、回転する水槽にポンプで流体が注入される。流れの中に組織立った渦が自発的に生じ、そのまま存続する。剪断流が強くなるにしたがって、渦の数が5個（*a*）から1個（*e*）に減少する。各画像の位置をわかりやすく示したものが右下の絵。（Photos: Harry Swinney, University of Texas at Austin.）

できなくなった（図2・15）。乱流のうっすらとしたでたらめな波動から自発的に生じたこの渦は、その後も安定した状態を保ったまま、周囲の流れから多かれ少なかれ孤立していった。この渦の内側に注入された染料は、そのまま渦に取り込まれ（口絵5）、渦の外側に注入された染料は、巻き込まれることなく流れていった。ときおり、流れの中に同じように回転している別の小さな渦もあらわれるが、しばらくすると別の同様の渦と融合するか、あるいは最終的に大きな渦に飲み込まれた。要するに、マーカスの計算と同じ結果になったのである。そして実際の木星においても、これと同じプロセスが見られている。一九八〇年代初頭、NASAの宇宙探査機ボイジャー一号

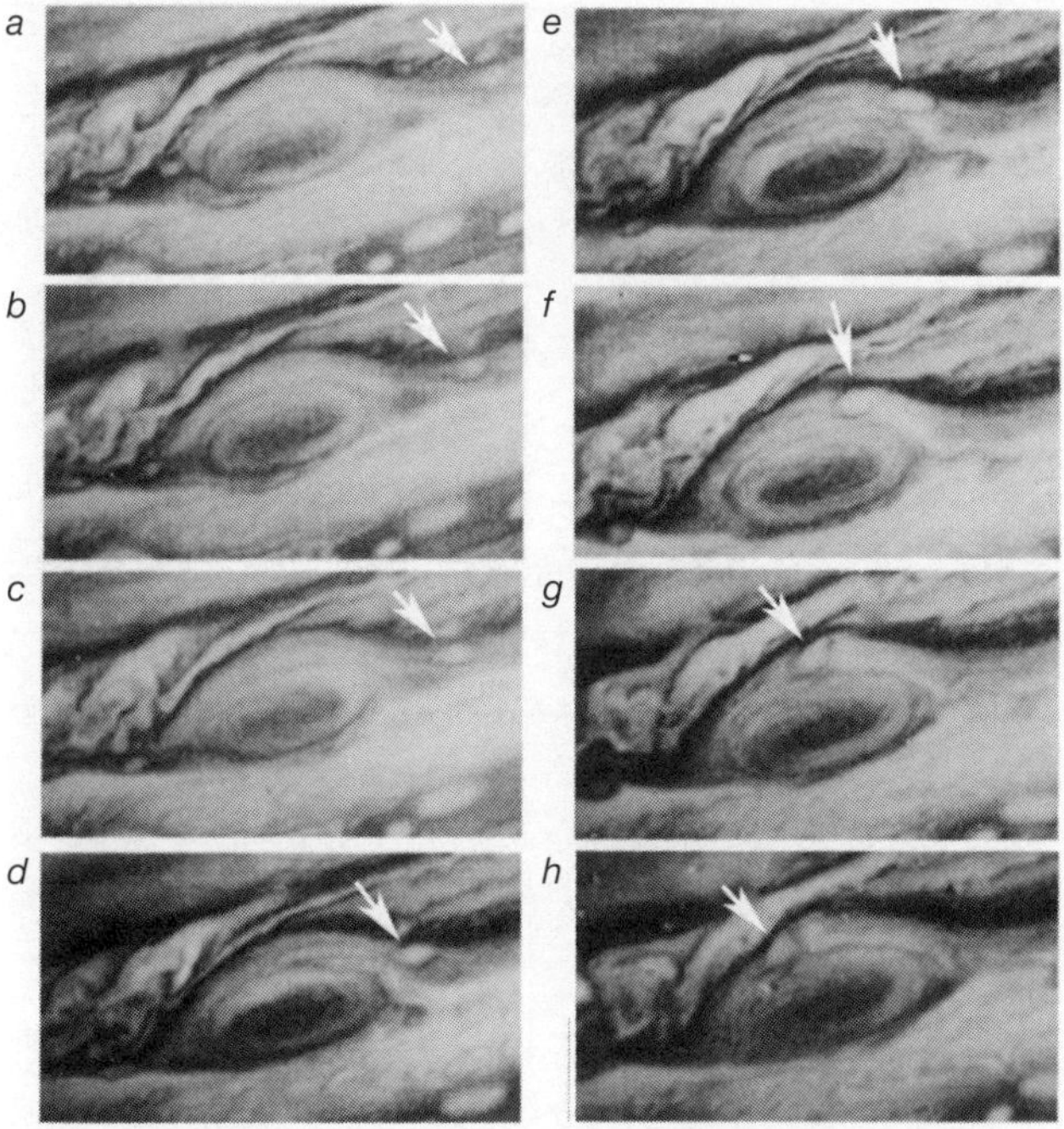

図 2.16　木星の剪断流に生じた小さな渦を大赤斑が吸収するところ。この一連の画像は約2週間のあいだに撮影されたもので、右上の隅から入ってきた1個の小さな斑点（白い矢印の部分）が大赤斑の周囲の軌道に引き寄せられ、最終的に大赤斑に吸い込まれる。（Photo: NASA.）

と二号が木星を通過したさいに、いくつかの小さな白い斑点が東方から大赤斑に接近し、大赤斑の周囲に「軌道に乗った」ようにとらわれたあと、最終的に融合された様子を何度も撮影している（図2・16）。したがって木星の充血した眼は、この星の荒れ狂う空の根本的な特徴と考えてしかるべきだろう。たとえ現在の大赤斑がいつか消滅しても、また新たな大赤斑が生まれてくるに違いない。

渦の多数の辺

渦は丸いとはかぎらない。三角形もあれば四角形も六角形も、それ以外の正多角形もある。この驚くべき発見は、一九九〇年に、カナダのモントリオールにあるコンコルディア大学の研究者、ゲオルギオス・ヴァティスタスによってなされた。ヴァティスタスは円筒形の水槽に水を入れ、その水槽の底にとりつけられた円盤を回すことによって回転する水の層をつくった。円盤の回転速度が増すにつれ、水中でかきたてられた渦の中心部が円形ではなくなっていき、外周に多くの丸い突起ができるようになった。最初は二つ、次に三つ、また次に四つと、しだいに増えていく（図2・17）。これは要するに、なめらかな円形だった渦の壁が波形に変化して、外周に沿った波の数がしだいに増えていき、それらの波頭が「角」になるということだ。渦の壁からこうした波形の不安定状態になる場合があることは、すでに一九世紀にケルヴィン卿によって示唆されていた。ヴァティスタスは、渦巻銀河の回転するガスや塵の雲と流体中の渦との類似性から、こうした多くの突起をもつ渦の中心部が存在するということが、銀河の中心核の問題にも解決をもたらすのではないかと考えている。どうやら一部の銀河には、高密度な中心核が一個だけでなく、複数存在しているらしいのだ。たとえばアンドロメダ銀河には中心核が二つあり、三つ以上の中心核をもつ銀河もある。

奇妙なことに、空間に浮遊する回転中の液体の滴《しずく》にも、似たようなパターン形成が「逆の順序」で起こる。ベルギーの物理学者ジョゼフ・アントワーヌ・フェルディナン・プラトーの石鹸膜についての実験は『かたち』で見たとおりだが、彼は一八六〇年代、回転している滴があまりに速く回っている場合、二つの丸みからなる「ピーナッツ」のような形状に変形することを発見した。プラトーもまた、これが天文物理学を連想させることに興味をもった。この滴は高速で回転する恒星や惑星に似ているのではないかと思ったのである。そのプラトーの実験（水とアルコールの混合液に浮遊した油の滴が使われた）を、より洗練されたかたちで行なったのが、イギリスのノッティンガム大学のリチャード・ヒルとローレンス・イーヴズで、二人は強い磁場を用いてブドウの実ほどの大きさ（直径一四ミリメートル）の水滴を空中に浮揚させた。それから、その水滴に電流を通して一種の「液体モーター」をつくりだし、水滴を回転させた。すると、回転が速くなるにともなって、水滴には、三つ、四つ、五つと、つぎつぎに丸い突起が生じた。端的に言うならば、三角形、四角形、五角形へと変化したのである。おそらく、冥王星の軌道の先にあるカイパーベルトに存在する、高速で回転する小惑星のような天体（そのうち一部のものは、無数の破片が重力によって緩やかに結びつけられている）にも、やはり三つの丸みができているのではないかと思われる。だとす

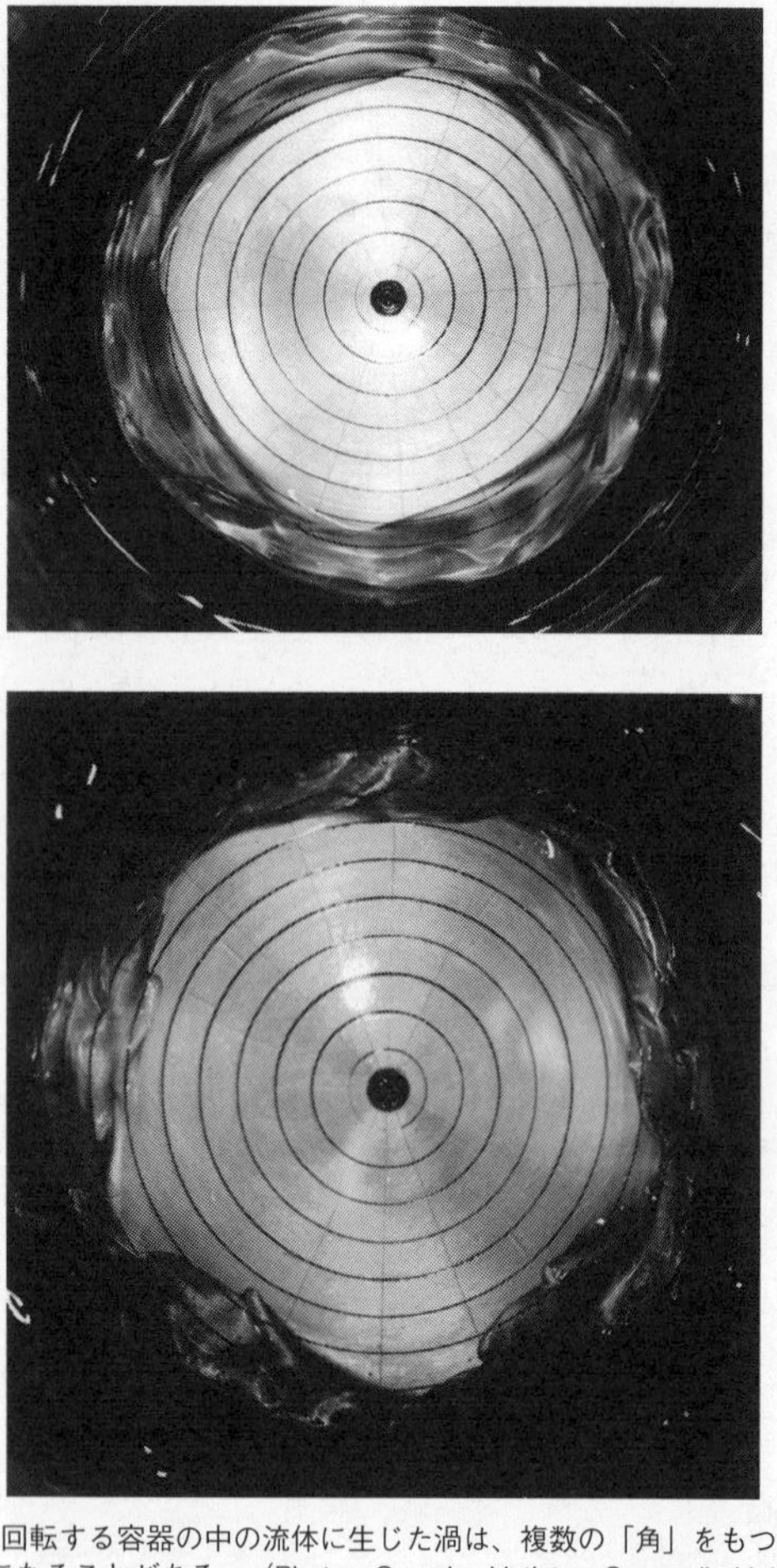

図 2.17　回転する容器の中の流体に生じた渦は、複数の「角」をもつ多角形のような形になることがある。（Photos: Georgios Vatistas, Concordia University.）

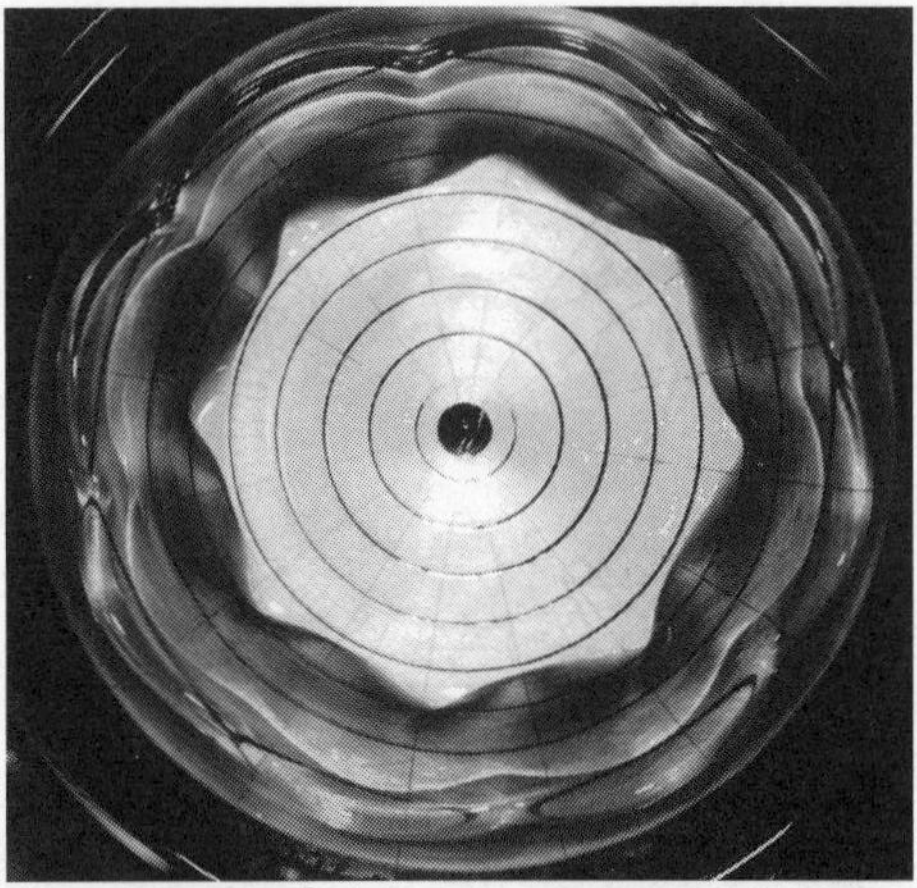

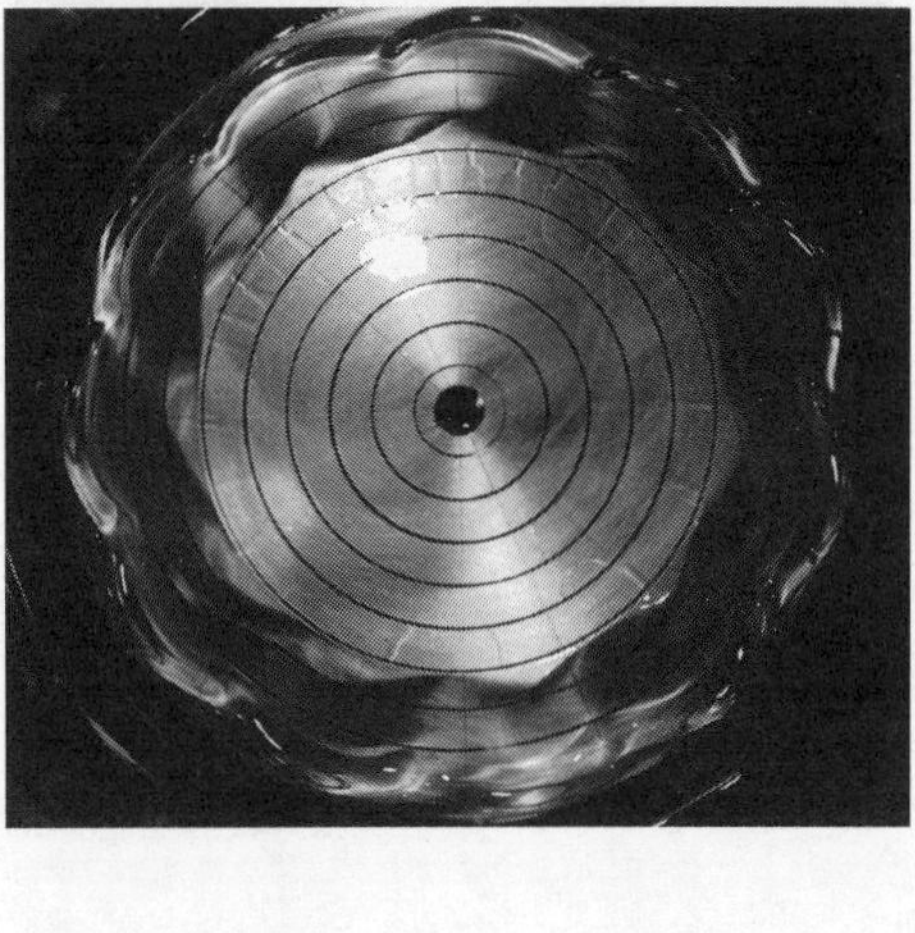

図2.18　ハリケーン・アイヴァンの「四角形」のアイウォール。

れば、渦にしても滴にしても、回転は対称性を破らせて、最初は円だった物体を「角」のある物体に変えることができるわけだ。

　多角形の渦は、たしかに自然界に存在していると思われる。ハリケーンの目には、ときおり多数の辺が存在し、三角形から六角形までさまざまな形をとっている。たとえば二〇〇四年にグレナダとジャマイカを破壊したハリケーン・アイヴァンは、アメリカ東海岸に接近したとき、ほぼ四角形の「アイウォール」［訳注：「目の壁」、すなわち低気圧の目の周囲の乱層雲］をもっていた（図2・18）。また、土星の北極は、この巨大な惑星の大気中に浮かぶ驚異的な六角形構造に取り巻かれている。これは一九八〇年代に宇宙探査機ボイジャーによって発見された（図2・19）。これらの構造は、バケツの中の渦巻く水に見られる構造とはたして同じものなのか？　その答えはまだ明らかでない。この比較が成り立つのは、それぞれの流れが似たようなレイノルズ数をもっている場合だけであり、惑星のような巨大なスケールでのレイノルズ数は、実験室で扱えるスケールでのレイノルズ数よりもたいてい大きな値をもっている。したがって土星の北極がなぜ六角形に取り巻かれているのかも、まだ完全にはわかっていないのである。

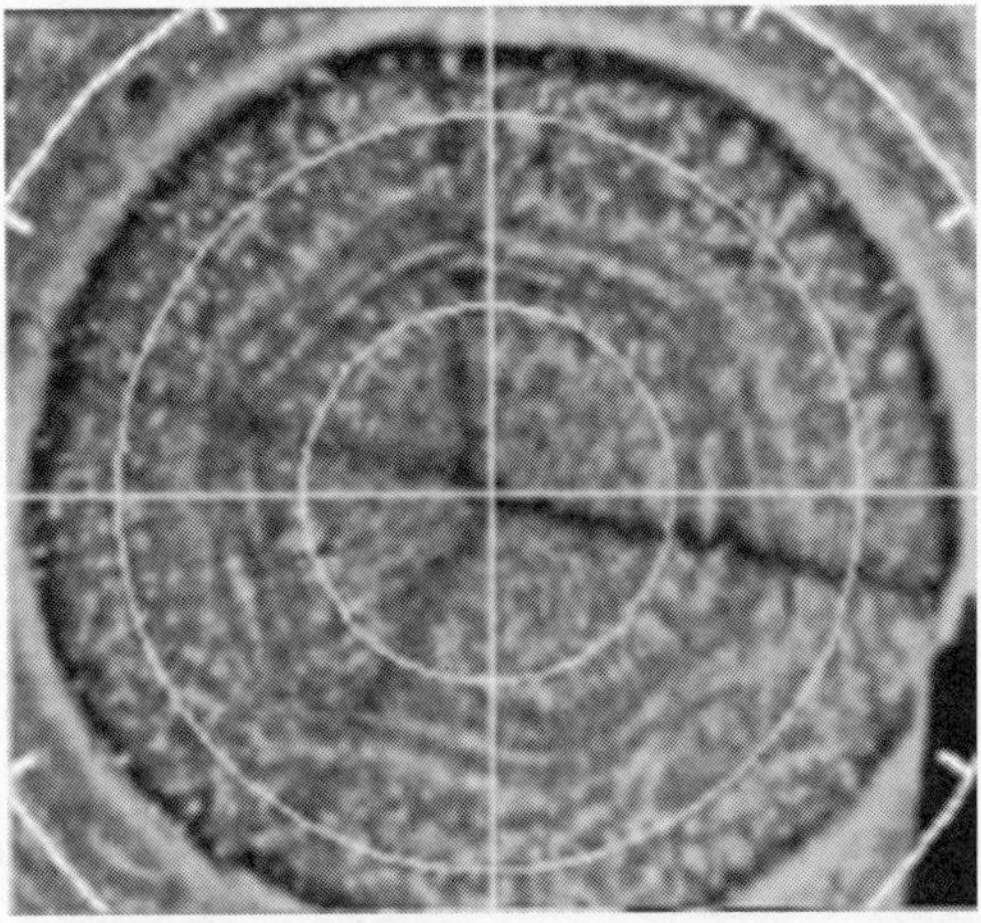

図2.19　土星の北極にある六角形。これはずっと変わらない土星の大気流の特徴だが、その発生経緯はいまだ仮説の段階にある。（Photo: NASA.）

3 ロールに乗って
対流はいかにして世界を形づくるか

パターン形成に関する古典的な実験のひとつが初めて公式に記述されたのは、一九〇〇年のことで、その実験を行なったのはフランスの物理学者アンリ・ベナールだった。しかし、世の人々はそれよりもずっと昔から、この実験を無意識のうちに台所で行なっていたはずだ。『かたち』の冒頭で説明したように、浅い鍋にひいた油をゆっくり熱していくと、油は六角形の小胞《セル》をつくって、その中で回転しはじめる（図3・1）。この模様をはっきり見えるようにするには、鍋に粉末状の金属をふりかけてみるといいかもしれない。薄片が流れに乗って浮いたり沈んだりするたびに、ちらちらと光って見えるだろう（もちろん料理をするときであればお勧めできないが）。

ダーシー・トムソンもベナールの発見を歓迎したが、トムソンによれば、そうした「セル状渦巻」(tourbillons cellulaires) は、ドイツ人医師ハインリヒ・クインケがずっと前に観察していたという。

液体はある特定の不安定状態にある。液体のそこかしこに、ごくわずかでも偶然に過度の熱が加えられると、それだけで流れが生じ、系はきわめて不安定な、非対称なものになるからだ。……〔しかし〕最初の時点で液体が運動していようと静止していようと、いずれは対称で均一な状態に到達する。セルはしだいに均一な方向に近づくが、六角形がほとんどを占めるセルの中には、まだ四角形や五角形や七角形のものもある。……最終段階に達すると、セルは一定の大きさをもつ六角形の角柱になり、その大きさは温度、および液体層の性質や厚さによって決まる。なぜかといえば、分子力が一定のセルのパターンをもたらすだけでなく、「固定したセルの大きさ」ももたらすからである。……明るく光る物質（グラファイトや蝶の鱗粉《りんぷん》など）を懸濁《けんだく》物質に用いれば、美しい視覚効果が得られ、濃い影がセルの輪郭や中心部をくっきりと浮かびあがらせる。

この記述はエレガントなだけでなく、鋭い洞察を示してもいる。乱雑なカオス状態となっていそうなところに意外にも幾何学的な秩序があり、しかもそのパターン構造の大きさは、しかるべき選択過程を経て決定されていることを、トムソンは指摘しているわけだ。ここから彼は、さまざまなところに存在する六角形パターンについて考えるようになった。生体細胞の層にも、石鹸の泡にも、海洋微生物の殻にあいている孔《あな》にも、空をまだら模様にする「うろこ雲やいわし雲」にも、六角形があらわれている。

図3.1　流体の層を下から均一に熱すると、対流セルが生じる。セルの内部では、高温で低密度の流体が上昇し、低温で高密度の流体が下降する。（Photo: Manuel Velarde, Universidad Complutense, Madrid.）

ベナールの発見を理解するためには、まず初めに、トムソンの言う「ある特定の不安定状態」において、熱せられた液体に何が起こっているのかを具体的に知っておかなくてはならない。液体層のどこかに少しでも過度の熱が加えられると循環流が生じる、とトムソンは言っている。じつはそれは、「対流」のせいなのである。

流体は一般に、低温のときよりも高温のときのほうが密度が低い。* 流体の分子はいずれも熱エネルギーによって上下左右への小刻みな運動をしており、したがって高温であればあるほど、動きが活発になる。そうなると各分子にはより多くの空間が必要となるから、温められた流体は拡張して、密度が低くなるのである。

これを踏まえたうえで、あらためて鍋の流体が下から熱せられた状態を考えてみよう。流体の低層部分は、その上の部分よりも高温で低密度になる。つまり、この部分の流体は浮揚性が高いということで、泡のように浮き上がっていく性質をもつようになる。そして同じように、高層部の低温で高密度の流体は、逆に下降する性質をもつようになる。この密度の不均衡が対流の生じる原因であり、暖房のきいた部屋の中で塵がヒーターの上のほうに舞い上がるのも、やはり同じ原理である。普通なら見えない空気の動きが塵によって描き出されているわけだ。

しかし、鍋の低層部の流体が一様に同量の軽やかさをもっていて、高層部の流体が一様に同量の重々しさをもっているなら、両者はどうやって場所を入れ替えられるのか？　どう考えても、この二つの層はすれ違えないのではあるまいか？　系に均一性——対称性と言ってもいい——があるかぎり、対流はどうしたって起こりえない。これを解決するには、その対称性を破るしかない。

そこでベナールが何を発見したかというと、均一な流体がセルに分断し、そのセルの中で液体が上から下に降り、また上に昇って下に降り、と循環しつづけている様子だった。ベナールの見たセルは多角形だったが、もし鍋底の加熱率が対流をかろうじて起こせる程度のものだったら、セルはたいていソーセージ形の巻物（ロール）になる（図3・2）。上から見ると、これらの存在によって流体が縞模様に見える（図3・3a）。隣りあったロール状のセルは反対方向に循環しているので、各セルの境界では上昇する流れと下降する流れが交互に生じている。これらのセルがあらわれた時点で、流体の対称性は破られているわけだ。それまでは、流体の一定の深さの水平面ではどの点もほかの点と同じだった。しかし対流が生じると、そうはいかない。そこを微小な水泳選手が泳いでいたとすれば、つぎつぎと異なる場所で異なる状況におかれる自分に気づくことになるだろう。あるときは下から上昇する液体によって浮揚させられ、つぎはセルの天井の流れにのって運ばれ、そのつぎは下降する液体によって引きずりおろされるのだ。そしてダーシー・トムソンが認めたように、このロール状のパターンには特徴的な大きさがある。セルの横幅は流体の深さとほぼ同じなのである。

一九一六年、イギリスの物理学者レイリー卿は、この対流パターンの突然の出現は何が原因なのかをつきとめようとした。下の水が上の水より高温になると、たしかに密度は不均衡になるが、それですぐに対流が生じるわけではない。むしろロールセルは、上下の温度差がある一定の閾値《しきい》を超えないかぎりあらわれない。この閾値は、流体の性質――粘性がどれだけあるか、密度が温度の変化にともなってどれだけ急速に変わるかなど――によって違うだけでなく、流体の深さによっても違ってくる。こう聞くと、先行きはいかにも多難に思える。対流がなぜ生じるのかを理解することが目的だとすれば、その答えは、実験の細かい条件に

＊　これはおおむねそのとおりだが、意外や、その珍しい例外が水である。これは水の風変わりな性質を示す特徴のひとつで、水が最も高密度になるのは最も温度の低いとき――つまり氷点にあるとき――でなく、氷点よりも高い、摂氏四度のときなのである。とはいえ、室温から水を温める場合なら、この特異さはとくに考える必要もない。摂氏四度以上では、水は「ノーマル」にふるまい、温度が上がるとともに密度が低くなる。

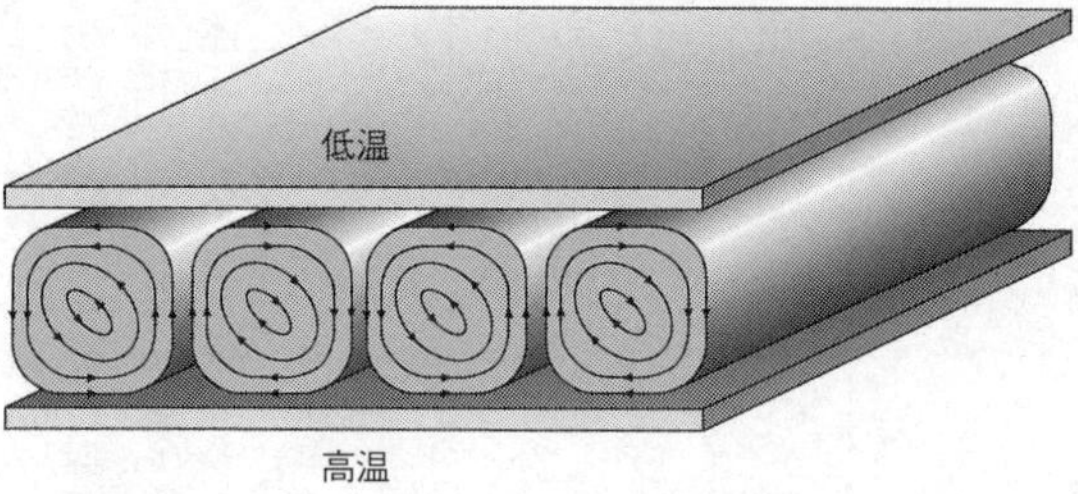

図 3.2　高温の下部プレートと低温の上部プレートにはさまれた流体に生じるロールセル対流。セルの断面はほぼ正方形で、隣りあったセルは反対方向に循環している。

厳しく左右されるように思われるからだ。

　しかしレイリーは、対流の臨界閾値を定めるさまざまな要因が、対流が発生するかどうかの普遍的な基準となる一個の量にまとめられることを証明した。このパラメーターは、今日《こんにち》ではレイリー数と呼ばれ、レイノルズ数と同じように単位がない。これは流体力学のもうひとつの無次元数なのである。そしてレイノルズ数と同様に、レイリー数も力の比率を規定する。厳密に言えば、対流を促す力（すなわち流体の揚力で、ある程度までは上と下との温度差によって決まる）と、対流を阻む力（流体の粘性から生じる摩擦力と、流れがまったくなくても温度の不均一を均等化できる、流体の熱伝導力）との比率である。下が上より高温になってもすぐに対流が起こらないのは、流体の運動が摩擦によって阻まれるからだ。この抵抗を打破できるほどに推進力（すなわち温度差）が大きくなった場合だけ、対流セルがあらわれる。これはレイリー数が一七〇八のときである。

　レイノルズ数を用いて流体の流れの特徴を知る場合と

同じように、レイリー数との関係によって対流の問題を扱うことの利点は、この数字だけを気にすればそれで済むことである（厳密にはこれ「だけ」ではないのだが、それについてはあとで述べよう）。大きさも形状も異なる二つの容器に入っている二種類の流体は、もしもレイリー数が同じなら、同じような対流で循環する。つまり、そのレイリー数によってどのような対流が生じるかが決まっているので、その流体が水であろうと油であろうとグリセリンであろうと、いっこう

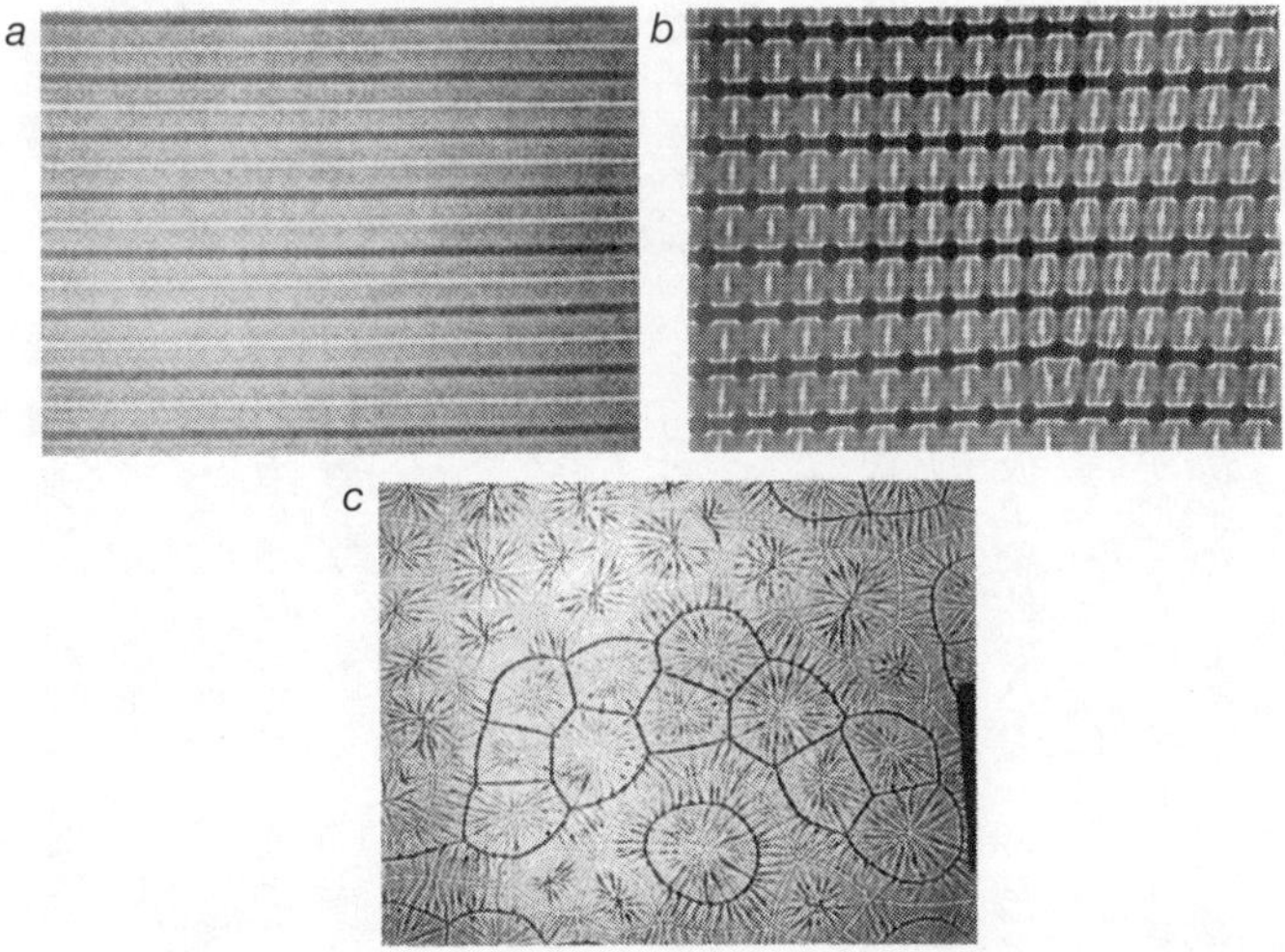

図 3.3　対流のパターンは、推進力——要は容器の上部と下部の温度差で、レイリー数という値で測られる——が増すとともに形状の複雑さが増していく。最初は単純なロールセルがあるだけだが（*a*）、レイリー数が高くなるとロールセルが垂直方向にも発達して、ほぼ正方形のセルからなるパターンに変化する（*b*）。さらにレイリー数が高くなると、パターンは不規則（乱流）になり、時間とともに変わっていく（*c*）。（From Tritton, 1988.）

に気にする必要がないわけだ。さらにレイリーは、対流が生じた時点であらわれるロールセルの幅が流体の深さとほぼ（完全にではないが）同じという特徴があり、したがって角ロールの断面はほぼ正方形になっていることも証明した。

このレイリー数が臨界値の一七〇八を大きく超えて万の単位まで達すると、対流のパターンは急激に変化して、基本的に二つのロールが直角に交わるようになる（図3・3b）。レイリー数がさらに高くなると、ロールのパターンは完全に崩れ、セルがランダムな多角形となる「スポークパターン」を示すようになる（図3・3c）。ロールと違って、このスポークパターンは定常でない。セルは時間の経過にともなって絶えず変形していく。まさに対流が乱流となっている格好だ。

詳しくは第6章で述べるが、流体力学の理論から得られる流れの記述の方程式は非常に難しく、ある程度の単純化した仮定をしないかぎり解けそうにない。レイリーは対流の解析において、まさにその「単純化した仮定」を行なった。二つの平行なプレートに隙間なく挟まれた、自由表面がまったくない流体（図3・2のような状態）を想定したのである。この状況で起こる対流を、現在では「レイリー＝ベナール（型）対流」と称する。さらにレイリーは、温度とともに流体の密度だけが変化するものと（仮定条件のひとつとして）考えて、他の属性はいっさい変わらないことにした。もちろん、ほとんどの流体において、それはありえないことである。たとえば温度が高くなれば、粘度が低くなって流れやすさが増すのだが、その変化はすべて無視することにしたわけだ。そして最も大きな要件として、レイリーは温度勾配——流体層の下部から上部への温度の変わり方——がつねに一定で均一であると仮定した。しかし、高温の流体の小さな塊《かたまり》は上昇するとともに熱を上部に伝え、低温の流体の塊は下降するとともに下部を冷やすわけだから、言い換えれば、流体の運動はその運動の推進力（温度勾配）を変化させていることになる。レイリーはこれをどう扱えばいいかわからなかったのだ。

結果的に、レイリー数が臨界値よりも高くなると（つまり加熱が激しくなると）、もはや対流セルは独特の安定した形状をとれなくなることがわかった。ロールの幅が閾値にあったときよりも広くなったり狭くなったりするのだ。物理学の専門用語では、こうした異なるパターンを「モード」と称する。これはさしずめ、オルガンのパイプやサクソフォンの管の中で励起《れいき》される音響振動の違いのようなものと言えよう。たとえばサクソフォンに力いっぱい息を吹き込むと、それだけ多くの音響モードが励起され、音の響きが豊かになる。対流に対するレイリーの処置も、ある特定のレイリー数でどれだけのモードが励起されるかを計算する方法を示しているわけである。

これらすべての仮定を踏まえると、レイリーの理論は驚くほど有効である。どういう状態のときに対流が始まるかだけでなく、対流セルがとりうる最大、最小の大きさまで予言してくれる。だが、この仮定の範囲内だと、セルの形状については何も予測できない。セルのかたちがロール状になるかどうかさえわからないのだ。さらに言えば、ある特定の対流モードが本当に安定しているかどうかを知るためには、考えられるかぎりのあらゆる攪乱《かくらん》（たとえばヘビの「身震い」のようなロールセルの振動など）が消滅するのか拡大するのかを知っておかなくてはならない。そうしたあらゆる攪乱にあったときのさまざまなモードの安定性をつきとめるのは決してたやすいことではなく、レイリーが採用したものよりもずっと複雑な数学的解析が必要となる。一九六〇年代から七〇年代にかけて、ドイツの物理学者フリードリヒ・ブッセのチームが、その難しい計算を行なった。その結果、平行な一連のロールを破壊する可能性をもった、ありとあらゆる不安定性が発見された。ブッセはそれらの不安定性に、ジグザグ、スキュド・バリコース（斜め方向への異常拡張）、ノット（結び目）といった、それぞれの状態を説明する記述名をつけた。これらはロールセルの選択肢を定めるものであり、ロールセルの許容される大きさとレイリー数にはるかに厳密な制約を与える。

実際、レイリー＝ベナール対流の実験において、まっすぐなロールセルはむしろ例外的なものである。普通、これが見られるのは、細長いトレーに入った流体の中だけなのだ。その場合でさえ、ことによるとロールは形が崩れ、両端部分で奇妙な事態が生じる（図3・4）。この両端部分の変動は、系の他の部分のパターンにも深刻な影響を及ぼすことがある。したがって、対流を起こしている流れがどのようにふるまい、全体にどのような新しいパターンがあらわれるかを理論から予測するのは、非常に難しいことなのである。

円形の容器内では、平行に並んだロールがときどき観察される（図3・5a）が、それもたいてい歪んでいって、かつてのパンナム（パンアメリカン航空）のロゴのようなパターンに変わってしまう（図3・5b）。これは、一般にロールの安定度が高くなるのは境界壁に一

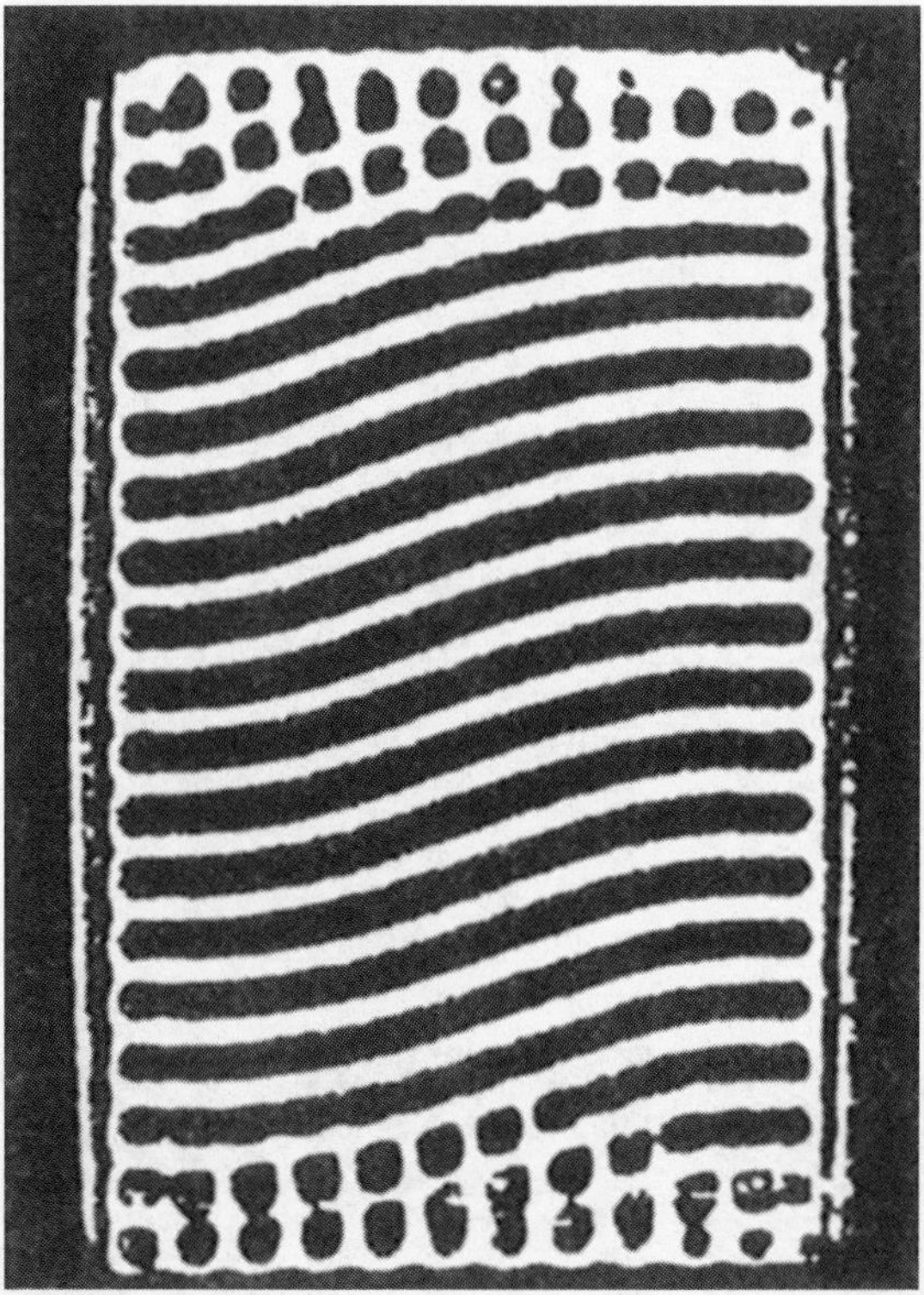

図 3.4　長方形の容器内での対流セル。平行なロールセルもたいてい容器の縁によって歪められる。ここではロールにわずかに波形のうねりがあり、容器の両端部分で分裂して正方形のセルに変わる。（From Cross and Hohenberg, 1993, after LeGal, 1986.）

定の角度でぶつかるときなので、その条件を満たそうとしてロールの両端部分が折れ曲がるからである。このロールがとりうるもうひとつの選択肢は、周囲の形状に同化することだ。つまり自ら丸まって同心円になることにより、どこの境界ともまったくぶつからないようにするのだ（図3・5c）。あるいはロールが多角形のセルに分裂することもある。これは二つ以上の交差するロールの列が組み合わさったものと考えられる。正方形や長方形や六角形のパターン（図3・6）はいずれも観察されており、とくに六角形はしばしば見られるパターンだ。これらはすべて、ブッセの複雑な計算によって予言される。

このように、対流を起こしている流体がとりうるパターンはじつにさまざまなので、ある実験でどんなパターンが生じるかを予測するのは容易ではない。ある一定の条件のもとで生じうるパターンが原則として複数存在するとき、そのどれが選

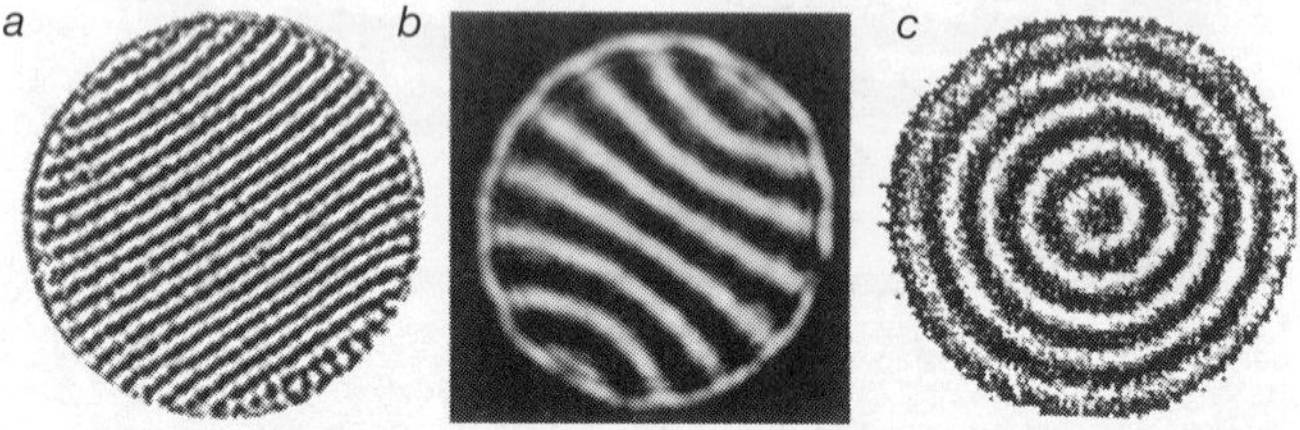

図3.5　円形の皿の中では、ロールセルがさまざまな形をとる。平行な形を維持することもある（*a*）が、緩やかにカーブしてパンナムのロゴのようなパターンになり（*b*）、ロールが壁にぶつかる角度を小さくすることもある。あるいはセルが同心円の形をとって（*c*）、交差する部分がまったくない状況になることもある。（*a*）の流体は二酸化炭素ガス、（*b*）はアルゴンガス、（*c*）は水である。（Images: *a* and *c*, David Cannell, University of California at Santa Barbara; *b* from Cross and Hohenberg, 1993, after Croquette, 1989.）

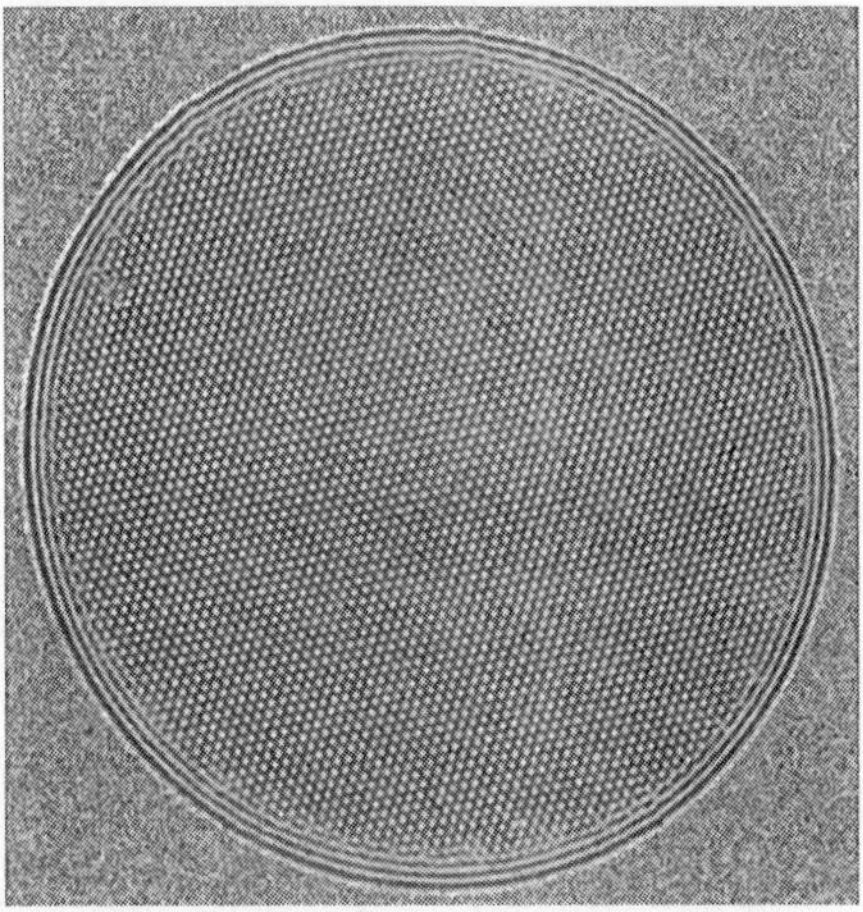

図3.6　この図における二酸化炭素ガスの対流のように、ロールセルの断面が正方形や六角形のパターンを示すこともある。（Image: David Cannell, University of California at Santa Barbara.）

ばれるかは、系がどう用意されているか――すなわち初期条件と、それらが特定の実験パラメーターに達するまでの変化状況によって決まる。つまりパターン形成は、その系がどういう経歴をたどったかに左右されるのである。

対流パターンは時間とともに変化することもある。円柱状の容器の中では、これまでにあげた規則的なパターンは、むしろ珍しいくらいだ。このときの対流セルは、たいていの場合、ミミズ状の細長い縞が絶えず位置を変えながら寄り集まった不規則なネットワークを形成する（図3・7a）。言うなれば、変幻自在の指紋のようなパターンだ。これらのパターンは乱雑だが、にもかかわらず、識別可能な特徴を備えたパターンの痕跡を明らかに保持している。

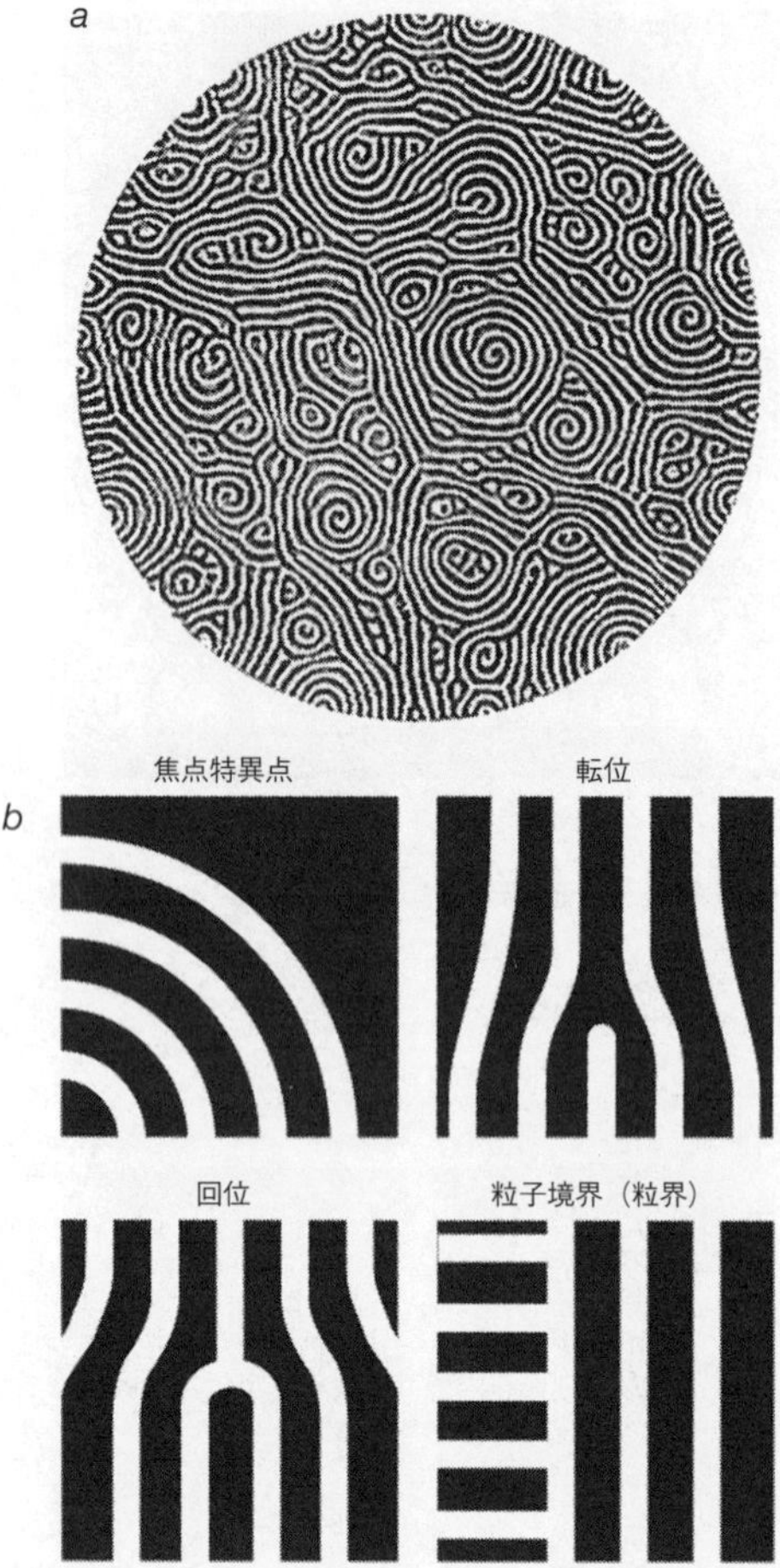

図 3.7　対流ロールはねじれたりちぎれたりして、時間とともに絶えず変化する乱雑なパターンに変わることがある（*a*）。特徴的な「瑕」のタイプのいくつかは、（*b*）のようなパターンで識別できる。（Image: *a*, David Cannell, University of California at Santa Barbara.）

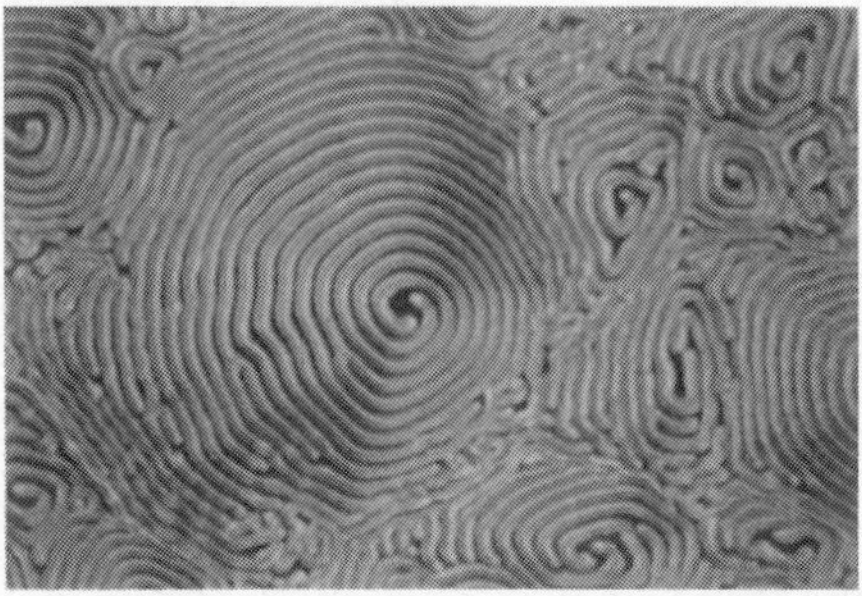

図3.8　液晶によって形成されるパターンにも転移などの瑕が見られる。この図では、棒状の分子が互いにさまざまな方向で結びついている液体中の各領域が、個々の「セル」にあたる。これらの領域の区別は、物質に偏光をあてると明らかになる。この図における曲がりくねった各領域の幅は、わずか1000分の数ミリメートルという細さだ。（Photo: Michel Mitov, CEMES, Toulouse.）

たとえば波形のロールがすべて多かれ少なかれ一定の角度で境界に交わろうとする傾向などがそれである。このパターンのひとつの見方は、平行に並んでいた一連のロールが多数の「瑕《きず》」によって乱され、その部分でずらされたり壊されたりしていると見なすことだ。それらの瑕はいくつかのタイプに分類される（図3・7b——そのすべてがaに見つけられるはずである）。これらはいずれも結晶の物理からはおなじみのもので、結晶でも原子の並んだ列の中に似たような欠陥が生じている。こうした瑕は液晶にも見られ、棒状の分子が流木のように寄り集まっている（図3・8）。さらに、同じような瑕は本物の指紋に生じる皮膚のゆがみによるパターンにも見ることができる（『かたち』図6・20参照）。これらの曲線的なパターンの中核は、図3・5cに見られるような同心円からなっている場合もあるが、だいたいは渦巻状になっている。対流の渦巻きは一個のコイル状のロールセルからなっている場合も、または二個以上の互いに絡みあったコイルからなっている場合もある（図3・9の例は、中心部に注目するとわかるとおり、二重コイル構造になっている）。カリフォルニア大学サンタバーバラ校の研究者たちは、こうした渦巻きを最高一三本の腕があるものまで見つけている。

表面の問題

対流を起こしている液体の中に、アンリ・ベナールは縞模様ではなく多角形があらわれているのを見た。たしかにレイリー＝ベナール対流には六角形のパターンがあらわれるのであり、これは三つのロール状のパターンが交差している部分だと考えることができる。

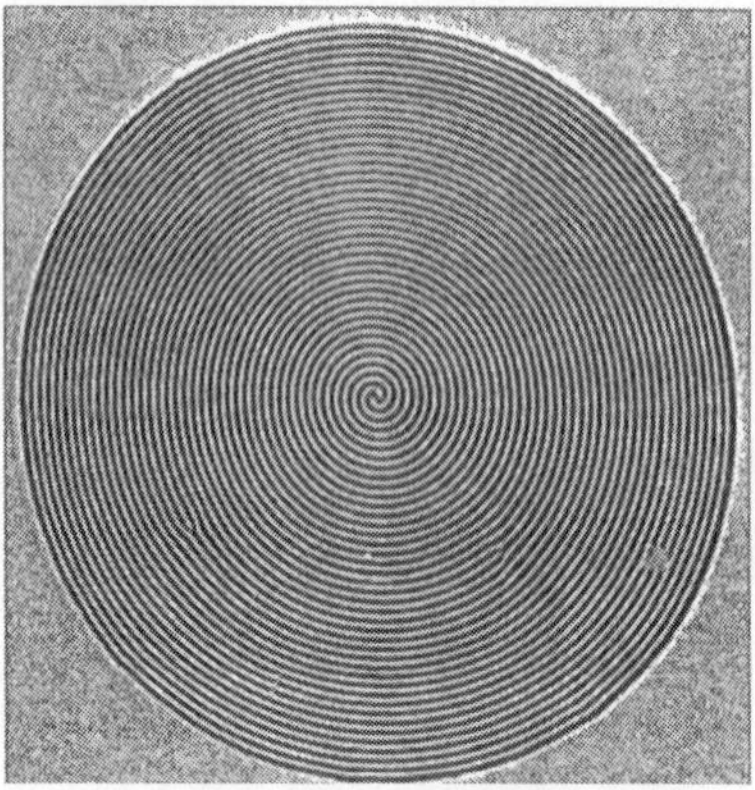

図3.9　渦巻状の対流は同心円のロールセルとそっくりに見えるが、個々の渦巻状セルが交わるパターンの中核に瑕があるところが違っている。加えて、この渦巻には別の瑕も含まれている。そのうち2つは明らかで、パターンの中心部の左下と右下にあらわれている。この渦巻構造は静止しているわけではなく、ゆっくりと回転している。（Image: David Cannell, University of California at Santa Barbara.）

だが、ベナール自身はレイリー＝ベナール対流を厳密な意味では研究していない。なぜならレイリーの理論は二つのプレートのあいだの空間をびっしり満たしている流体に適用されるのに対し、ベナールの扱っていた層の浅い流体は、空気に触れる自由表面をもっていたからだ。この表面には表面張力があり、したがってその影響がパターン形成に決定的に及ぶ可能性がある。

液体の表面張力は温度によって変化する。一般には、液体が冷たいほど、その表面張力が大きくなる。液体表面の温度が場所によって違えば、低温領域の強い表面張力が高温の液体を引き寄せることになる。言い換えれば、液体は温かいところから冷たいところへと表面を伝って流れていく。そして揚力が引き起こす対流によって生じる高温の流体の上昇は、表面に温度差をもたら

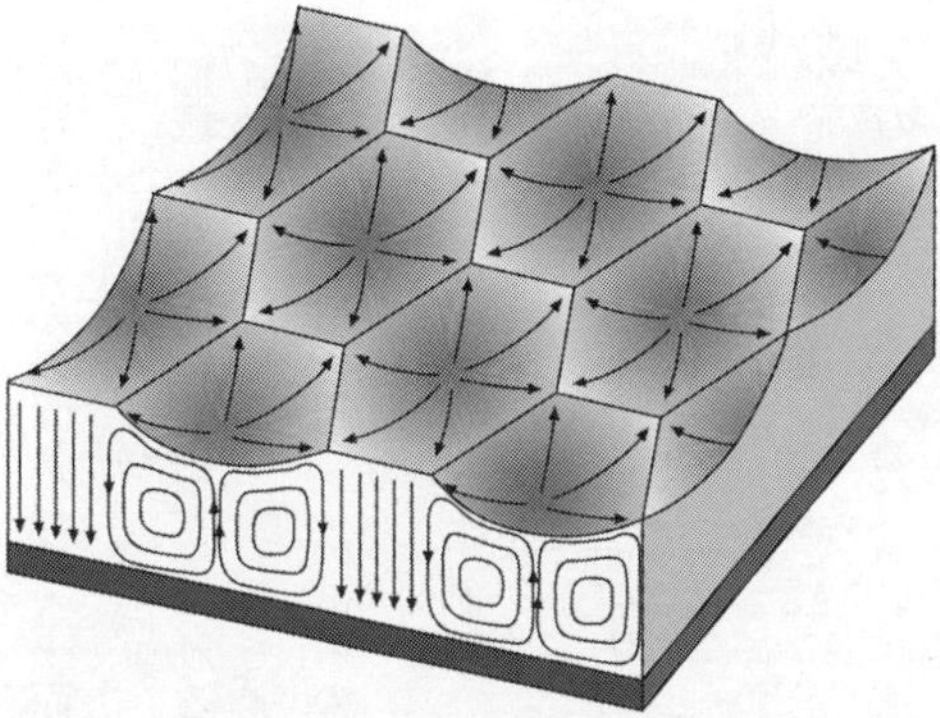

図3.10　自由表面をもった液体の中ではマランゴニ対流が起こる。このときにもレイリー＝ベナール対流において見られたような六角形のセルが生じるが、パターンの形成発端が違っている。こちらの六角形は、液体表面の温度差による表面張力の不均衡が原因で生じるのである。その不均衡により、セルの中心部から周縁部へと液体が引っぱられて、液体表面にしわができる。

すきっかけとなる。上昇プルーム（上昇流）の中心部の上では、流体がほかのところより高温になるからだ。その結果として生じる表面張力の不均衡が上昇プルームの中心部からすべての方向に向かって同じだとすれば、表面張力の引き寄せる力はすべての方向で等しくなるわけだから、表面張力による流れは起こりえない。だが、この表面張力の水平面での均衡にほんのわずかでも偶然の乱れがあれば、対称性を破る変化過程が始まって、いずれ表面に流れが生じる。流体が表面を伝って表面張力の高い領域へと横向きに引っぱられると、その空いた部分を埋めるためにさらに別の流体が下から引き上げられる。したがって、このときにも上下がくるくると入れ替わる循環が始まるのだが、これを引き起こしているのは表面張力であって揚力ではない。

表面張力の差異によって引き起こされる流体の流れは、一九世紀にイタリアの物理学者カルロ・マランゴニによって研究され、今日では彼の名をとってマランゴニ対流と呼ばれている。表面張力の違いによって流れが実際に生み出されるかどうかは、表面張力の引きの強さと、粘性抵抗や熱拡散による抗力の強さ（これが表面張力の違いを中和する）とのつりあいで決まる。したがってマランゴニ対流には臨界閾値があり、その値を決めるのが、拮抗《きっこう》する二つの力の比率をあらわすマランゴニ数という無次元数だ。

ベナールの実験における対流をつかさどっているのはマランゴニ効果であり、これが対流の流れを維持し、対流セルのパターンを確定する。つまり、この場合はレイリー理論による対流開始の予測はできないということだ。しかも、この場合に最も安定するパターンはロールセルからなるパターンではなく、六角形のセルからなるパターンである。このセル内では、高温の流体が中心部で上昇し、そこからマランゴニ効果によって表面をなぞるように外側に引っぱられ、六角形の周縁部でふたたび下降する（図3・10）。表面張力の差によって液体の表面にはしわができる。一見すると不思議だが、このとき表面が押し込まれるのはセルの中央の部分（つまり流体が上昇するところ）で、表面が浮き上がるのが端の部分（流体が下降するところ）となる。

要素の再配列

ダーシー・トムソンは、空が雲でまだら模様になる理由を対流パターンで説明できるのではないかと考えていた。たしかにそれは正しかった。大気は対流によって絶えずかきまわされており、その結果として生じるのが雲だからだ。大気が放射によって上層から熱を失う一方、太陽光は地面に吸収され、熱で下層が温まるにしたがって放射される。この暖かい空気が上昇するときに、たいてい地表面から蒸発した水蒸気もいっしょに昇っていく。空気が冷えるにつれ、水蒸気は凝縮して太陽光を反射する水滴となり、それがぎっしりと固まって白い毛布のようになり、吹き飛ばされて波のようにうねったり、薄いシーツのように広がったり、あるいは寄り集まってさまざまな奇妙なかたちを形成し、地上の人々に何かの前兆ではないか、いやUFOではないかなどと誤解させる。

大気循環が自然発生的にパターンをつくりだすと、続いて雲が生じる。温かくて湿った空気が対流セルの端の部分から上昇したところでは、水蒸気がそれぞれのセルの境界で凝縮するが、中央の部分では乾いた冷たい空気が下降する。その結果、中央部の何もない空を囲んで網目状に発生した雲が一連のセルの列を描きだす（図3・11a）。大気循環が逆の方向で起これば、てっぺんで分散する中心部のプルームにのって暖かい空気が上昇し、中心部の雲の塊が雲のない周縁部で網状に切り分けられているセルができあがる（図3・11b）。さもなくば、対流セルがロール状になって、「雲の道」と呼ばれる平行な列をつくりだすこともある（図3・11c）。レイリーの対流理論では、こうした大気の運動を正確に記述することは不可能だ。流体のふるまいに関してレイリーがとった仮定のいくつかは、空気によってかなり大きく破られてしまうからである。たとえば雲の道を生じさせるロールセルは、その横幅がたいてい深さよりも大きくなっている。しかしレイリー＝ベナール対流では、ロールセルは基本的にほぼ正方形とされているのである。

もっとはるかに大きいスケールでは、熱帯と極地との温度差によって巨大な大気対流セルができあがる。これらのセルは、構造が単純でも一定でもなく、しかも地球の自転によって歪められる。にもかかわらず、これらは熱帯の貿易風や、中緯度の温帯に常時吹いている偏西風といった、大気循環の特徴的な現象を生み出している。一七世紀、イギリスの天文学者エドモンド・ハレーが、熱帯で温められた空気による対流が大気の循環を促しているという説を初めて提出した。それからしばらくのあいだ、科学者は各半球に一個ずつある対流セルが熱帯で温かい空気を上昇させて極地に運び、そこで空気が冷やされて下降するのだと信じ

a

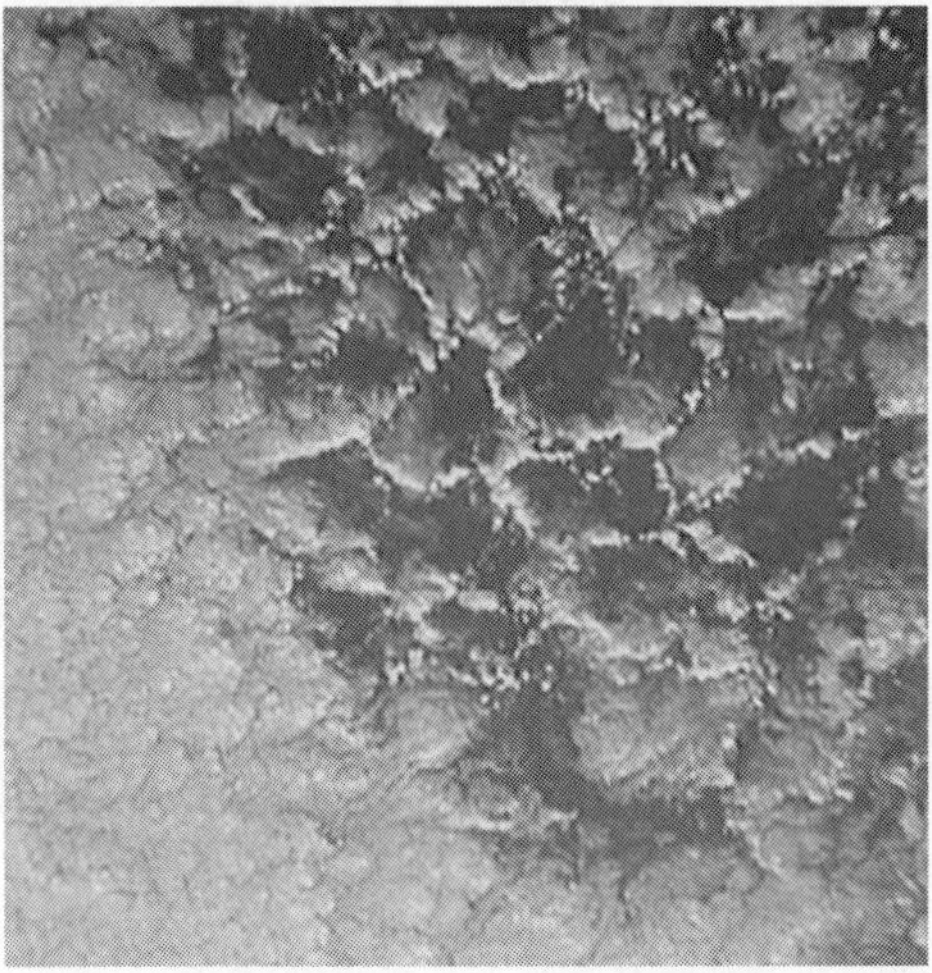

b

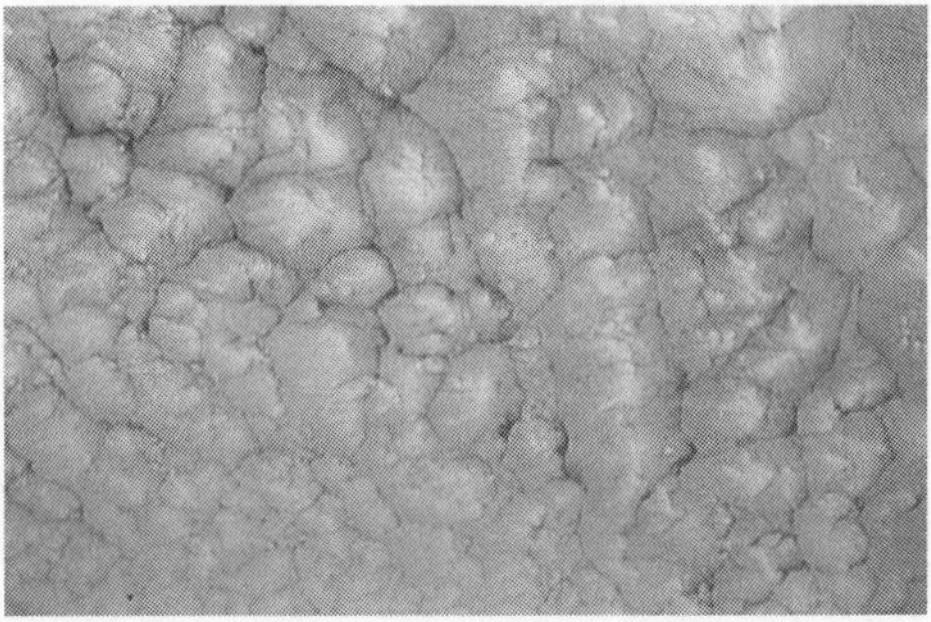

図3.11　雲の中の対流セルはさまざまな形をとる。中央が開けているもの（*a*）、閉じているもの（*b*）、あるいはロールセル（いわゆる雲の道）になっているもの（*c*）もある。（Photos: NOAA.）

c

図3.11

ていた。しかし現在、これは必ずしも正しくないことがわかっている。実際には、各半球での下層大気の平均的な循環には三つの識別可能なセルが存在するのだ。ひとつはハドレーセルといい、赤道から緯度三〇度前後までのあいだを循環している。もうひとつはフェレルセルといい、中緯度で反対方向に循環している。そしてもうひとつが極セルで、極地をハドレーセルと同方向に循環している（図3・12）。極セルとフェレルセルはともにハドレーセルよりも弱く、一年中はっきりとあらわれるわけではない。北半球のハドレーセルとフェレルセルが接するところでは、地球の自転の影響で強い西寄りのジェット気流が生じる。

そして海洋も、対流パターンによって搔き乱される。大気と同じように、海水も熱帯で温められ、極地で冷やされる。その影響で熱

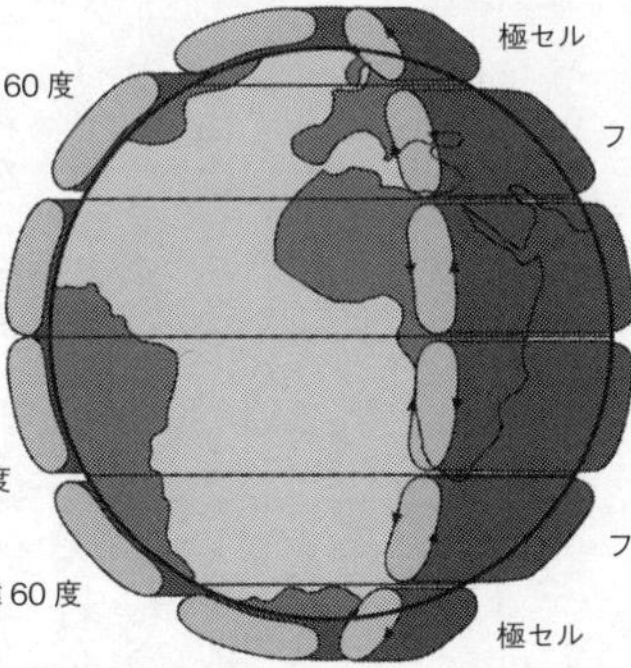

図3.12　地球の大気内の大規模な対流は、南北それぞれの半球にある3つのロール状のセルにまとめられる。赤道から緯度30度前後まではハドレーセル、中緯度ではフェレルセル、極地では極セルが循環している。

帯から高緯度域へと伸びた巨大なベルトコンベヤーによる循環が確立され、北大西洋の対流セルのてっぺんでメキシコ湾流にのった温かい水が極方向へと運ばれていく。この流れとともに熱が伝えられることによって、北ヨーロッパは温帯でいられる（図3・13）。ただし、この循環に関わっているのは熱だけではない。海水の密度は、そこに溶け込んでいる塩の量によっても変わってくる。海水は塩辛いほど密度が高いのだ。そして塩分の度合いを左右するのが蒸発である。蒸発によって水蒸気が飛ばされると、あとにはその分だけ塩辛い水が残る。さらに、塩分濃度は氷結にも左右される。氷には大量の塩分は含められないからだ。したがって、海洋対流の大規模なパターンは熱帯での蒸発と極地での氷結の双方に影響されることになる。その二つのプロセスがあわさって、いわゆる「海洋熱塩循環」を生み出し、地球の気候を現在のように定めているわけだ。

対流は空や海をつくりあげているだけでなく、長い時間をかけて、この固い地球の岩も形づくっている。私たちの住む惑星は、上部よりも下部のほうが熱い流体で満たされた巨大な対流容器である。そう、まさに地球は流体なのだ。地殻と中心核のあいだにある岩石のマントルは、非常に高温であるため、きわめて緩慢な流体のように流れることができる。地球の溶融した中心核は、地表から三〇〇〇キロメートルほど下のマントルの底で摂氏約四〇〇〇度ほどの温度を生み出している。それに比べて、マントルの上部（深さは一〇〇キロメートルからわずか一〇キロメートルあまりまでさまざまだが）の温度は数百度しかない。加えて、マントルには多量の放射性物質が含まれており、それらがしだいに崩壊して核エネルギーを放出することにより、流体マントルを内部から加熱してもいる。マントルの粘性《ねんせい》はきわめて高いが、それでもマ

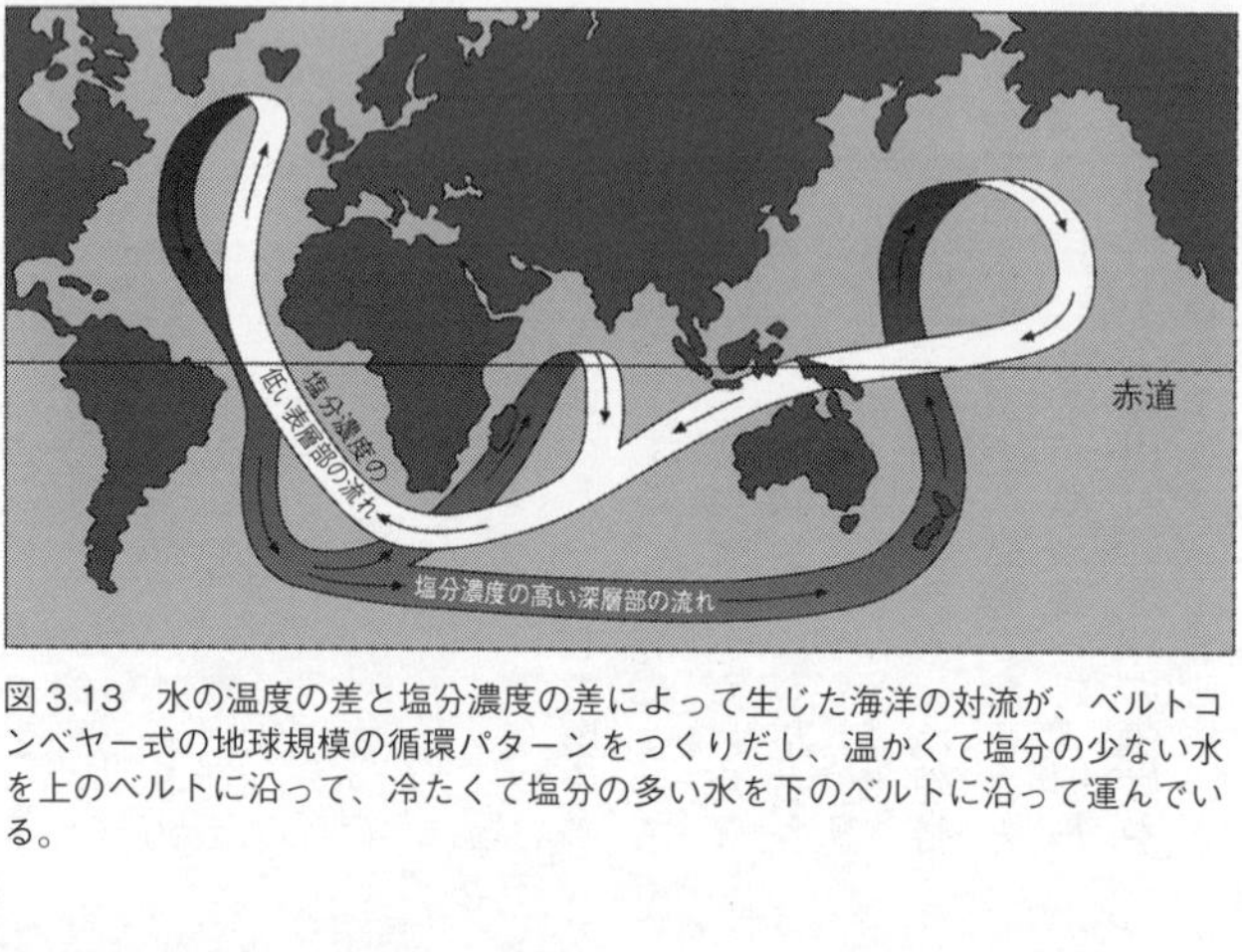

図 3.13　水の温度の差と塩分濃度の差によって生じた海洋の対流が、ベルトコンベヤー式の地球規模の循環パターンをつくりだし、温かくて塩分の少ない水を上のベルトに沿って、冷たくて塩分の多い水を下のベルトに沿って運んでいる。

ントルのレイリー数は数千万なので、激しく乱れた対流が生じる。ここでは整然と並んだロール状の対流などありえようもなく、パターンは地質学的な時間をかけてゆっくりと変わっていく。地球物理学がおもしろいのはそれだからこそで、地球の表面の地図がつねに変わっていくために、私たちの惑星には地史があるのだと言ってもいい。地球の硬い外殻をなしている構造プレートは対流セルの最上部を揺れ動き、地球深部の過去の運動をなぞるようにして位置を変えていく。マントル対流は大陸のモザイクのかたちを絶えず変えていきながら、ときには新しい海を切り開き、ときには激しい衝突を扇動したりする。たとえば現代の東アフリカで起こっているように、プレートの中央で新たに高温のマントルが勢いよく噴出してくると、外殻が引き裂かれ、その割れ目に巨大な地溝帯が形成される。あるいは複数のプレートが互いに押し込まれたところでは、外殻がねじまげられてヒマラヤ山脈のような山岳地帯ができあがる。プレートが寄り集まれば、片方のプレートがもう片方のプレートの下に突っ込んでいく「沈み込み」と呼ばれる過程が生じ、沈んでいくプレートのきしみと震動が地震となって地表で感じられることもある。これらの例のいずれにおいても、構造プレートは決して受け身ではない。循環する対流セルのてっぺんにこれらが存在していることが、その下の運動の形状や配置に影響を及ぼしているかもしれないのである。

地球の構造が一組の平行なプレートでも円筒形の容器でもなく、球体であることも、マントル内の対流パターンをいっそう複雑にしている。球体の内部で対流を起こしている流体のパターンは、低いレイリー数ではよく調べられないし、ましてや運動が乱雑ならなおさらである。しかもマントルがどういう構造をしているかさえ、じつはよくわかっていないのだ。地震によって放出される衝撃波は、地下六六〇〜六七〇キロメートルを境界にして地表面に向かって跳ね返ることがあり、これがマントルを二つの同心外殻に分断すると見られている。大半の地質学者は、その深さでの強烈な圧力と温度によって、この境界でマントル物質の結晶構造に変化が生じると考えている。対流セルはこの境界をまっすぐ突き破っているのだろうか、それともマントルの上層と下層で独立して循環しているのだろうか？

この文字どおり「深い」疑問を実験によって探るには、かなり複雑な過程が必要となり、しかも多くの間接的な推論に頼らなければならない。したがって、現在マントル対流についてわかっていると思われていることの大半は、コンピューター・シミュレーションから推定されたものだ。シミュレーションにおいて、マントルは小さく区画された格子（グリッド）に見立てられる。そうすると全体の流れのパターンが複雑であっても、各区画内での流れは比較的単純であると仮定され、計算もかなり容易になるからだ。シミュレーションがどのような結果になるかは、そこにどのような仮定を入力するかによって決まる。対流が層になっているかいないか、一部の物質が層のあいだを通過できるかできないか、放射性崩壊によってどれだけの内部熱が供給されるか、対流の上部に硬い構造プレートが想定されているかいないか、といったことである。

しかしいずれにしても、あるひとつの結論はかなり普遍的なものだと思われる。すなわち、マントル対流の上昇流と下降流は、種類が異なるということだ。下降していく流体はマントルスラブと呼ばれるシート状の構造をとり、沈み込み帯の深部まで突っ込んでいく。だとすると、海底の割れ目からマグマが湧き上がって新しい海洋地殻が形成される場所――たとえば大西洋をほぼ極から極まで縦断する大西洋中央海嶺や、南米大陸の西岸沖を走る東太平洋海膨《かいぼう》などをつくったところ――が、マントルスラブの対向流ではないかと考えたくなる。つまり、同じシート状の流れが揚力によって上昇するのだろうという考えだ。しかし、じつのところ、それは対流パターンが生み出す固有の特徴ではない。むしろ、それらの例に見られる高温岩体は、地表の割れ目から離れたところの地殻の運動によって、比較的浅い部分から受動的に引き上げられてきたものだ。カップに入ったコーヒーの表面に強く息を吹きかけると、水平に流れていった表面の液体に代わって下のほうの液体が引き上げられるのと同じことである。むしろ揚力によるマントル対流の基本的な上昇構造は、プルーム、すなわち上昇する高温のマグマでできた円筒状の柱だと見られている。このプルームが地表にぶつかるところがホットスポットであり、そこが火山活動の中心部になっている。

マントルプルームに関しては、グリセリンやシリコーンオイルなどの粘性流体を浅く満たした水槽内で地質学的な対流プロセスをシミュレーションすることによって実験的に研究されてきた。これらの実験によると、対流プルームはマッシュルームのような形状をしており（図3・14a）、頭部が幅広で、末端部は渦巻状にねじれ、そこから流体を内部に取り込む。プルームの頭部は、前述した乱流噴流の双極渦《そうきょく》（図2・13）を三次元化したような形状をしている。水にインクを一滴落とすと、ダーシー・トムソンの『成長と形』で描かれているよ

b a

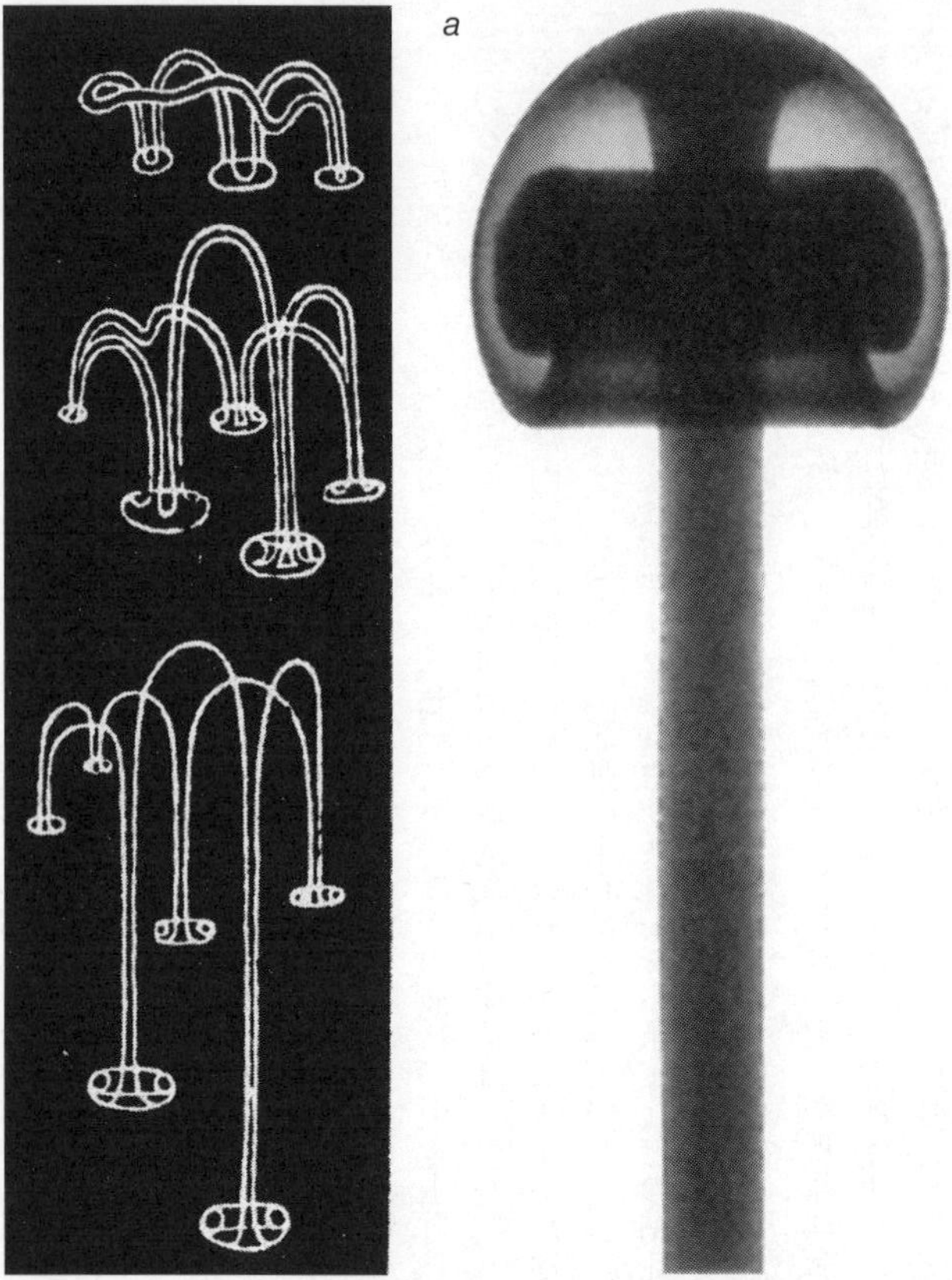

図3.14　レイリー数の高い粘性流体内の対流は、マッシュルーム形の上昇プルームを生み出す（*a*）。このような特徴的な形は地球のマントル内にも存在すると考えられている。プルームが地殻を突き破ると、そこに火山活動が生じる。ダーシー・トムソンは水中を下降するインクの滴に、これを逆さまにした形状が見られることを確認した（*b*）。また、*Syncoryme* など、一部のクラゲ類にもこの形状があらわれているという（*c*）。（Photo: *a*, Ross Griffiths, Australian National University, Canberra.）

c

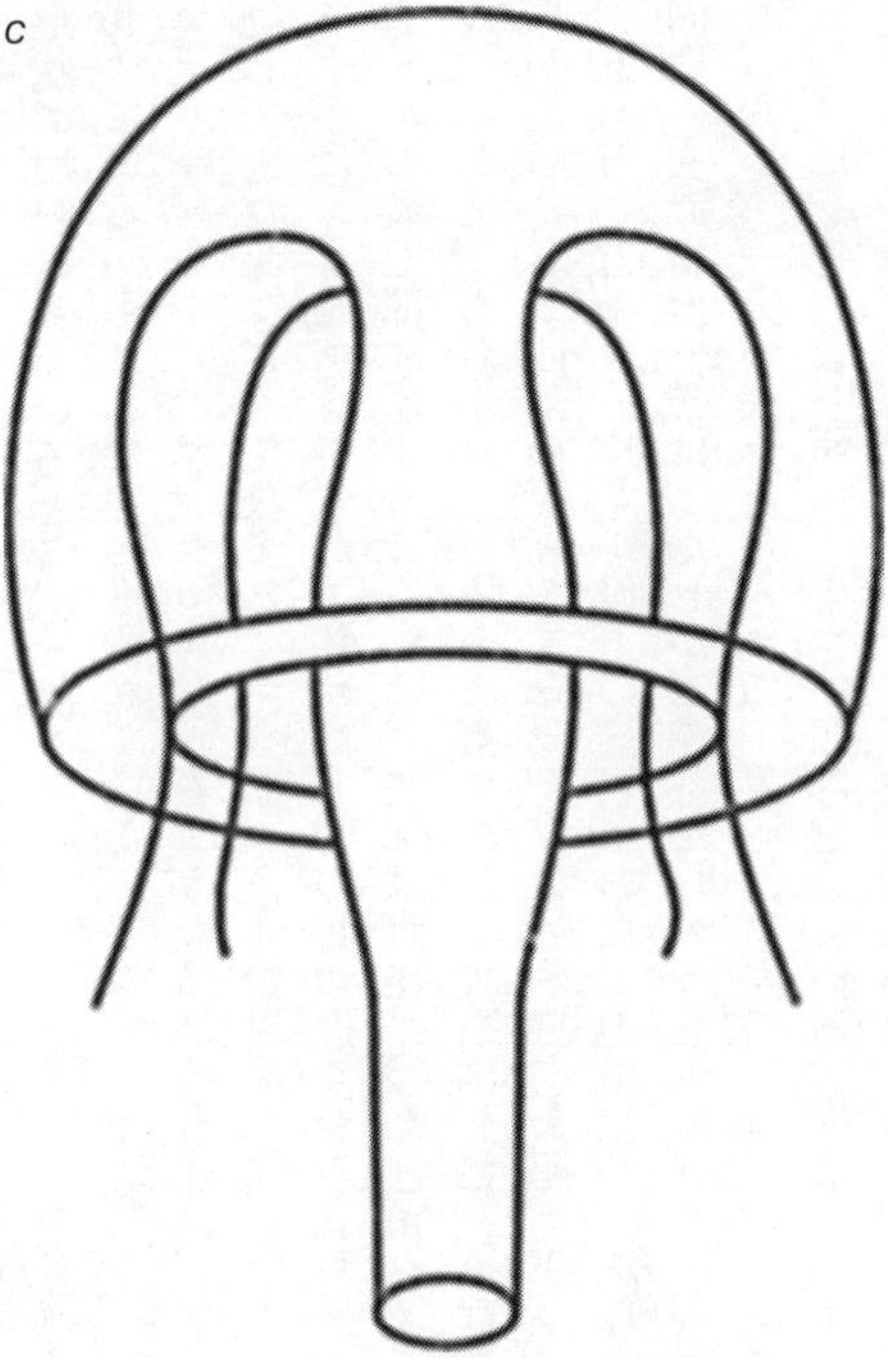

うに、このプルームを逆さまにした形状が見られることがある（図3・14b）。これもまた、乱流液体が自らまとまって秩序ある固定した構造をつくりだす場合があることの、もうひとつの証左だろう。トムソンは、こうした釣鐘状の形がクラゲなどの軟らかい海生無脊椎動物の形状に反映されていると考え（図3・14c）、ことによると流体の流れがその一因として関わっているかもしれないと推測していた。

マントルプルームのマッシュルームのような頭部の直径は、プルームがどれだけの距離を移動してきたかによって決まる。マントル全体で対流が起こっているとする説で考えられているように、もしプルームが下部マントルの底辺近くから立ち昇っているとすれば、それがマントルの最上部に達するころには、頭部は直径二〇〇〇キロメートル前後になっているだろう。そして、これがはじけるとともに溶岩が大噴出して、玄武岩の広大な「氾濫原《はんらん》」ができあがる。インド西部のデカン・トラップは、約五〇万平方キロメートルにわたって広がった、五〇万立方キロメートル以上の溶岩からなる地帯だが、地球上のあちらこちらに見られる同様の玄武岩の一帯は、たしかに深部からのマントルプルームが浮上してきた証拠なのかもしれない。一方、浅いところから上昇したプルームは、ホットスポットとして表面に出てくるときに、それよりずっと小さい頭部をしている。構造プレートが海のホットスポットを通過するさいに、マグマの小さな塊が一時的に噴出すると、ハワイ諸島のような一連の島がつくりだされる。

それにしても、マントル対流の上昇流と下降流が示す様相はどうしてこんなにも違っているのか。その一因は、流体に内部熱源（すなわち放射性崩壊）があることかもしれない。だが、この疑問に対する答えは、対流がマントルの全体で起こっているのか、それとも層に分かれて起こっているのかによっても違ってくる。コンピューター・シミュレーションでは、上部マントルで個別に対流が起こっている場合には上昇流と下降流がともに同じようなロール状になり、一方、マントル全体で対流が起こっている場合には、シート状の下降流が形成されるという結果も出ている。この問題はいまだ解決しておらず、証拠も一貫していない。たしかにマントルスラブは前述の深さ六六〇キロメートルの境界を貫通して、上部マントルと下部マントルをつないでいるようにも見える。しかし、下降しているスラブにとって、それは見えない境界というわけでもなさそうだ。一部のスラブは、まるで容易には突破できない壁にでも突き当たったかのように、そこでそれまでの下向きの進路からそれてしまうようなのである。さらに言えば、地表の火成岩の化学成分を見るかぎり、マントルのある部分は一貫して別の部分から切り離されていなければならないように思われる。しかしマントル全体で対流が起こっているならば、各成分はすべて一緒くたにかきまわされているはずなのだ。現在出てきている一般的な見方は、この両方の種類の対流が起こっているとするものである。研究者のポール・タックリーがカリフォルニア工科大学にいたときのチームで行なったマントルのシミュレーションでは、流れのパターンが高温のプルーム状の上昇流と低温のシート状の下降流にまとまっていった。そして上昇プルームは、マントルの底辺からまっすぐ最上部まで突き進むことができた。しかし、下降する低温のシート（マントルスラブ）はたいが

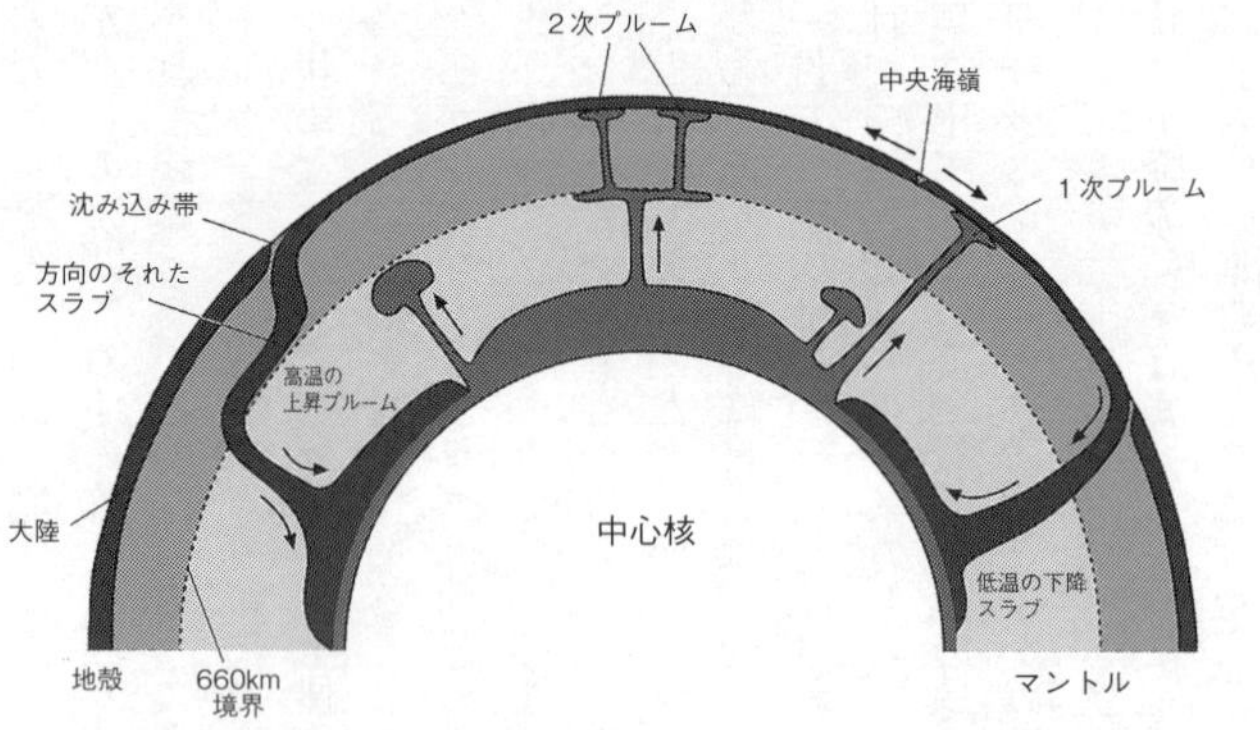

図 3.15　地球のマントル内の対流は、中心核の熱によっても、あるいはマントル内で放射性元素が崩壊するときの放射熱によっても引き起こされる。たいていの場合、対流は上昇する高温で緩慢な岩石のプルームと、下降する低温の岩石のスラブを生み出す。循環のパターンは、深さ約 660 キロメートル地点でマントルの化学成分の変化によって変更されるようであり、ここが流れの障壁に（おそらくは部分的にだが）なっている。

い六六〇キロメートルの境界のところで止まり、そこに低温高密度の流体が水たまりのように広がっていった。この広がった低温の流体の塊がある程度まで大きくなると、いきなりなだれのように流れ出して下部マントルを突き抜け、太い柱のような形をとって下降したあと、中心核の上で広範囲に広がった。現在、この深さ六六〇キロメートルの境界での一時的な滞留と貫通は、上昇プルームでも起こりうると見なされている（図3・15）。

いずれにしてもたしかなのは、地球深部での対流パターンがどういうものであれ、それはベナールの皿の中で見られたような、一定したものでも秩序のとれたものでもないということだ。

氷と炎

対流は、もっと小さなスケールでの地質学でも、やはりものごとを組織化する力になっているようだ。その特徴的な多角形のしるしが、アラスカやノルウェーの凍《い》てついた荒れ地の岩石にも石化されているのかもしれない。こうした遠隔地では、地面が天然のストーンサークルや、石のラビリンス、ネットワーク、群島、縞など（図3・16）、直径がたいてい一メートル前後の特徴的な模様に覆われることがある。スウェーデンの地質学者で極地探検家のオットー・ノルデンショルドは、二〇世紀初頭にこうした「模様のついた地面」の例に出くわして、これらは地中の水が季節によって氷結と解氷を繰り返すことにより、循環流が生じた結果なのではないかと考えた。

凍った地面が温まると、地中の氷が地表面から下に向かって溶け出す。つまり液体の水は温度が高ければ高いほど、地表に近いところにある。たいていの液体の場合、これは密度が単純に深さに比例して高まるということであり、それが安定な配置である。しかし水はほかの液体と違うところがある。水の密度が最も高いのは氷点（摂氏零度）にあるときでなく、摂氏四度にあるときなのだ。したがって、地表近くで氷点より数度上まで温められた水は、その下のさらに冷たい水よりも密度が高いことになるので、透過性のある多孔質の土壌を通して対流が始まる（図3・17）。温度の高い水が沈んだところで、凍結帯の最上部の氷（いわゆる解氷前線）が溶けるとともに、対流セルの上昇部分では冷たい水が上昇して、解氷前線がもちあげられる。このようにして、対流のパターンがその下の凍結帯に刻み込まれる。こうした多角形のパターンは、北方の湖でも、水が湖底まで凍りつくぐらいに水深が浅かった場合には見ることができる（図3・18）。

コロラド大学ボルダー校のウィリアム・クランツのチームは、地表に一定の秩序をもって石が積み重なる理由を、どうすればこのプロセスで説明できるかを調べてきた。彼らの説によれば、地表下の石が波形になった解氷前線の谷間に寄り集まったのち、農民にとってはおなじみの、土壌が凍ったときに起こる「凍上」というプロセスによって地表にもちあげられる。したがって、いったん氷結したのちに解氷した地面には、地下の対流パターンをそのまま描き出した配置で石が散らばるのだ。クランツらは、水が多孔質土壌を通して循環するときにどういう対流パターンが生じうるかを計算した。その結果、平坦な地面では多角形（とくに六角形）の模様があらわれやすく、一方、傾斜した地面では対流セルがロール状になるので、石が列をなして並ぶようになるとわかった。

カリフォルニア大学サンディエゴ校のマーク・ケスラーとブラッドリー・ワーナーは、このプロセスのさらに詳細なコンピューター・モデルを考案し、どれだけ多様な模様ができうるか、また、ある模様が別の模様に変わる可能性もあるのかどうかを調べてみた。それによると、地面が地表から下に向かって凍っていくとき、地中に石が多く含まれているほうが、ただの土だけの場合よりも氷結の進みが速いという。土には水分が含まれているので、それが氷結を遅くするからだ。そうした影響の結果、最終的に石は上方向だけでなく、ほかの石が集まっている領域に向かっても押されていき、土は下方向に押されるとともに、やはり土が固まっている領域に向かっても押されていく。こうして石と土が分離する。さらに石の領

a

b

図3.16　北方のツンドラ（凍土帯）では、地中の水の氷結と解氷が原因で対流の流れが生じる。冷水の密度が温度変化とともに変わるからだが、こうした現象はほかではおよそ見られない。この循環のしるしは、地表の石の多角形セルに見ることができる。たとえばノルウェーのスピッツベルゲン島西部のブロッゲンハルヴォイア半島にある石のリング（*a*）や、アラスカのタングルレイクス地方の縞模様（*b*）など。（Photos: *a*, Bill Krantz, University of Colorado; *b*, from Kessler and Werner, 2003.）

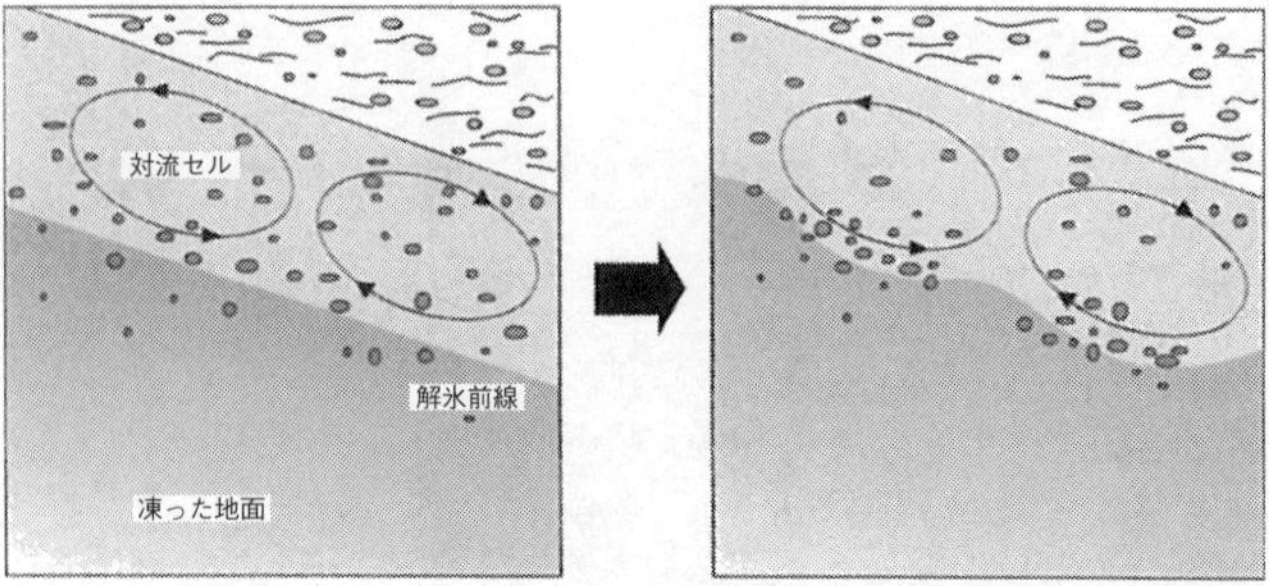

図3.17　対流セル内の水が土壌を通して循環すると、そのパターンが、まだ凍っている土のすぐ上の「解氷前線」に転写される。解氷前線の谷間に石が集まり、それが土壌の「凍上」によって地表にもちあげられる。

域は、押しつぶされて平たく伸ばされもする。そして土壌が圧縮しにくい場合には、いっそうその傾向が強くなる。ケスラーとワーナーのモデルを見ると、地中の石がどれだけ集中しているか、地面に傾斜がどれだけあるか、石の領域がどれだけ平たく伸ばされやすいかによって、できあがる模様が決まってくる。こうした要因の変化によって、石の並びは穴のようになったり、島のようになったり、縞になったり多角形になったりする（図3・19）。これらの模様は、『かたち』で見た動物の毛皮の模様を強く連想させる。そして興味深いのは、多角形のネットワークも、やはり『かたち』で見たのと同様の多角形の壁の接合ルールにしたがっているように思われることである。石鹸の泡が結びつくときは（『かたち』の第2章）、三つの泡がともに約一二〇度の角度をなして三叉に交差するのが望ましく、四つの泡が四つの壁で交差するのは不安定となる。それが今回も見られるということは、普遍的なパターン形成のルールが働いていることを強く示唆するものである。

対流はさらに大きなスケールで、太陽の表面にもあらわれているのかもしれない。太陽光は、太陽面に近い厚さ五〇〇キロメートルの水素ガスの層から来ている。ここの温度はおよそ摂氏五五〇〇度である。このガスが下からも内側からも熱せられ、その熱を表面から宇宙空間に向かって放出する。したがって、私たちのまわりの空気より一〇〇〇倍も密度が低いにもかかわらず、ここには対流による流れがある。レイリー数がきわめて高いので、乱れが激しく、どんな構造もできないだろうと想像されるが、意外や太陽面の写真を見ると、光球はグラニュール（粒状斑）と呼ばれる明るい多角形の領域と、そのまわりの黒い縁取りでまだら模様になっている（図3・20）。この

図3.18　ノルウェーの湖のほとりで地下水が氷結と解氷を繰り返すことによって生じた対流セルが、湖底の岩石に描き出されている。（Photo: Bill Krantz, University of Colorado.）

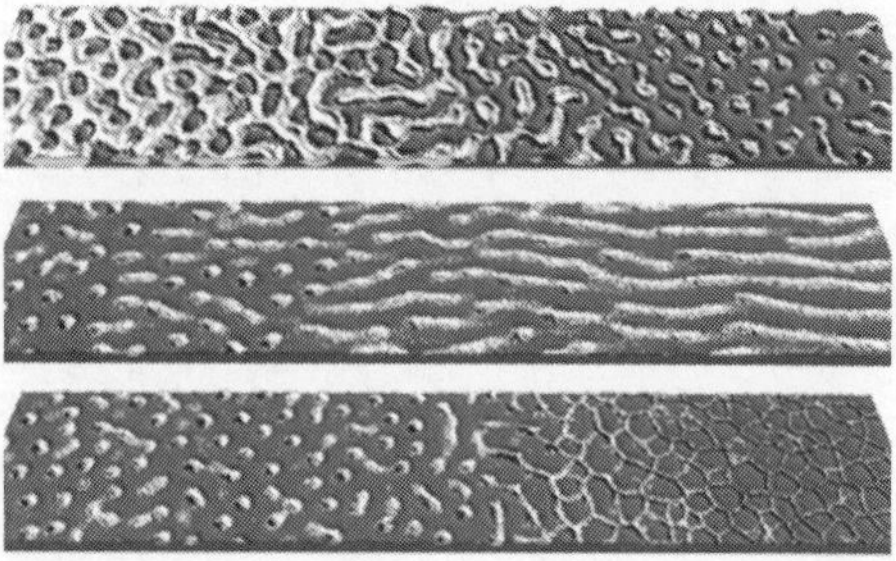

図 3.19　ケスラーとワーナーの考案した「土壌分級」のモデルからは、さまざまな石の模様があらわれる。上の図では、左から右にいくにしたがって、土に対する石の比率が下がっている。真ん中の図では左から右にいくにしたがって地面の傾斜が増えており、下の図では、石の領域が平たく伸ばされる傾向が強まっている。（From Kessler and Werner, 2003.）

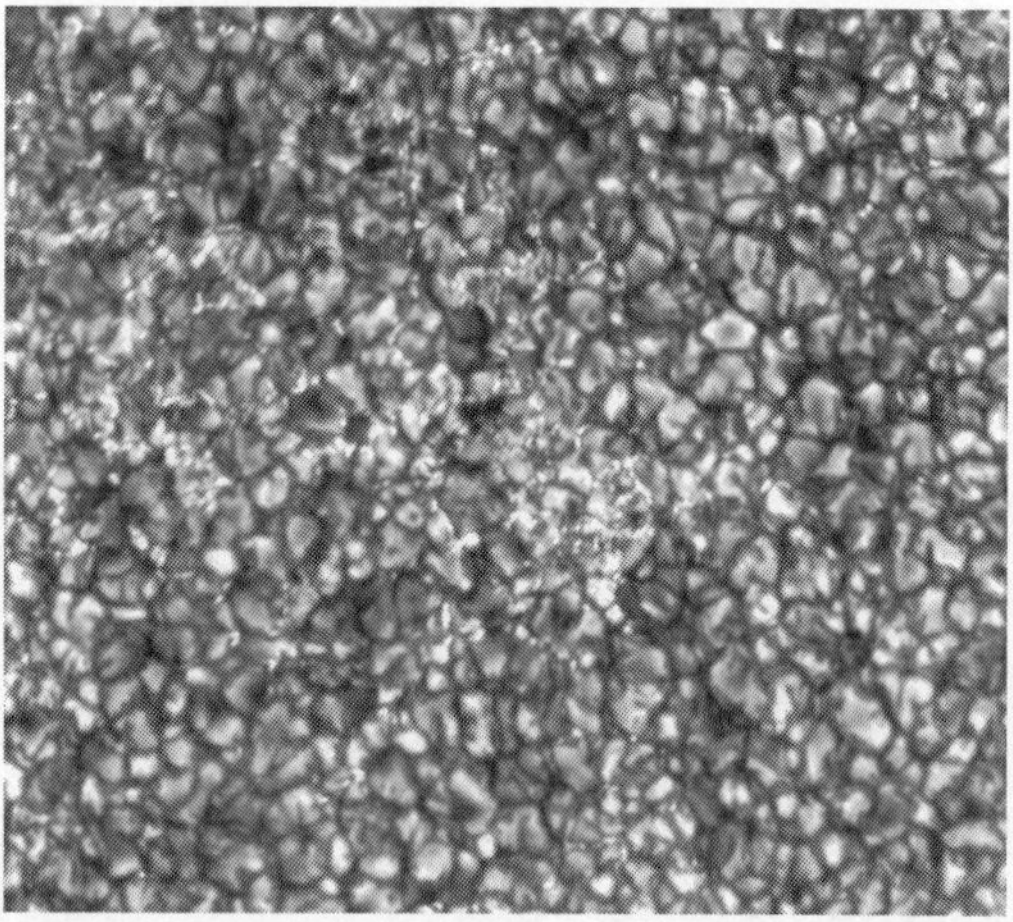

図 3.20　太陽の光球に見られるグラニュール（粒状斑）は、きわめて乱れの激しい対流セルである。（Photo: The Swedish Vacuum Telescope, La Palma Observatory, Canary Islands.）

グラニュールは、対流セルの最上部なのである。明るい中心部が上昇流で、暗い縁取りは低温の下降流のあらわれだ。グラニュールの大きさは、直径約五〇〇キロメートルから五〇〇〇キロメートル、最大のものは地球とほぼ同じぐらいの大きさになる。模様は絶えず変化しており、各セルは数分間しか存続しない。しかし、これだけ激しい乱流の中にも対流セルが存在するからには、対流パターンについてはいまだ知られざる点がたくさんあるということだろう。

4
砂丘の謎
粒子が寄り集まるとき

かのT・E・ロレンスと同様に、もともとは軍務のために砂漠に行ったラルフ・アルジャー・バグノルドが、やがて砂漠のために軍隊に居続けるようになったのであろうことは想像に難くない。バグノルドはまぎれもなく優秀な軍人だったようだが、おそらく彼の心は半分ほどしか仕事に向けられていなかったに違いない。その最も不似合いな状況にあってさえ、彼は科学的探究心を抑えられなかったのだ。技師としての訓練を受けていたバグノルドは、一九一五年にイギリス陸軍工兵隊の一員としてエジプトとインドに配属され、そこで砂漠の魅力にとりつかれた。一九二〇年代に入るころには賜暇《しか》のたびに「砂の海」を探検するようになり、一九二九年には、ナイル川の西にあるという伝説の都市ゼルズラを探す遠征隊に参加した。ちなみにこの遠征隊を率いていたのは、マイケル・オンダーチェの小説『イギリス人の患者』のモデルとなったハンガリー貴族、ラースロー・アルマーシだった。

オンダーチェの小説の中で、アルマーシはこう言っている。「バグノルドに関してはすべて許した。なにせ砂丘のことをあれだけ書いてくれたのだから」。たしかにそれこそバグノルドのなしたことであり、それだけの優れた理解と洞察があったから、彼の『飛砂と砂丘の理論』は一九四一年の出版以来、数十年にわたって砂丘形成研究のスタンダードとなった。リビアで見たことに触発され、さらにイギリスでの風洞実験のことを知ってから、バグノルドは新たな試みに着手した。砂漠の風に吹かれた砂粒が、指ほどの大きさのさざなみから何キロメートルにも及ぶ波状のうねりまで、さまざまな構造にまとまるのはどうしてなのかを説明しようとしたのである。

砂丘のパターンが突きつける基本的なジレンマについては、私が書くよりもよほど雄弁なバグノルドの記述をそのまま引用しよう。「混沌と無秩序が見られるどころか」とバグノルドは書いている。

その単純すぎるほどの形に、正確きわまりない反復に、そして幾何学的な秩序に、観察者は驚嘆せずにいられない。結晶構造ならともかく、もっと大きな規模でそのようなものが自然界に存在するとは、誰しも知りえないことである。ところによっては数百万トンもの巨大な砂の堆積が、整然とした組成を崩さぬままに、広がりながら、形を保ちながら、ときには増殖さえしながら、粛々《しゅくしゅく》と大地の表面を動いていく。そのさまは、奇怪なほど命あるものに似ていて、想像力豊かな者にはそこはかとなく胸騒ぎを覚えさせる。

バグノルドがここで言っていることは、現代の専門用語こそ使われていないが、要は砂丘に「自己組織化」の能力があるということだ。風そのものには、砂でできた縞模様や三日月形や、その他もろもろの幻想的な形をつくる能力はなく、もちろんその大きさを定める能力もない。砂漣《されん》や砂丘は無数の粒子が結託してできたものであり、砂粒が風に運ばれ、ぶつかって積み重なり、なだれのように斜面を流れ落ちる、その相互作用の中から模様があらわれる。砂丘の形成は、最も多産なパターン創造過程のひとつであるだけでなく、ある種の原型のようなものでもある。構成要素をそれぞれ仔細に検分しても何も見えてこないのに、それらの各部分が相互に作用している系には、そうしたパターンが思いがけず潜んでいることのまたとない見本であるからだ。そしてこれから見ていくように、これらのパターンのいくつかにもすでに見てきた特徴的な、普遍的とも思えるような特質がやはり見られるのは、決して偶然の一致ではない。

粒や粉には、非常に奇妙なところがある。これらは固形物である――砂のほとんどは固い結晶構造をもつ石英だ――が、にもかかわらず、流れる。砂は人間の体重も支えられるのに、これをカップから注《そそ》ぐこともできる。この二面性の恐ろしくも顕著な例が、地震のときにしばしば見られる。たとえば一九八九年一〇月にサンフランシスコ湾岸のマリーナ地区を襲った大地震では、サンアンドレアス断層のセグメントがずれると同時に地区の多くの家屋《かおく》が倒壊し、奇跡的に死者こそ出なかったものの、数億ドルに相当する被害がもたらされた。しかしベイエリアのほかの地域では、これほどひどい破壊は生じなかったのである。マリーナ地区だけが悲惨な目にあった原因は、ここが砂の多い埋立地に建設されていたことだった。その湿った砂土《さど》が、地震をきっかけに、糖蜜のようにどろりと流れるスラリー［訳注：液体と不溶性の固体粒子が混ざった流動体］と化した。この粒状体《りゅうじょうたい》特有の性質は、その名も液状化といい、地震学者や土木技師にはおなじみのものだ。これは粒状体が物質の独特の状態であることを最もドラマチックに示す実例のひとつだと言えよう。

技術者や地質学者にとって、こうした粒状体のふるまいは一刻の猶予もなく解明すべきものだ。それは地震の危険を測定するためばかりではない。あらゆる種類の工業製品の材料は、セメントから薬剤、朝食用シリアル、釘やナットやボルトにいたるまで、たいてい決まって粒状粉《りゅうじょうふん》のかたちで扱われる。地質学の世界でも、粒状性はいたるところに存在する。地すべりのふるまいも、堆積物の運搬も、砂漠や海岸や土壌や砂利道の形状と発達も、すべて粒状性がからんでいる。粒子のふるまいを予言する昔ながらの経験則はあるにしろ、もっと根本的な理解を得るには新しい物理の発明が不可欠であり、それをようやく科学者が認めるようになったのは、つい最近のことなのだ。

粒子には奇妙なことが起こる。種類の異なる粒子を一緒くたにして振ると、混ざりあうこともあれば、逆に分離してしまうこともある。音波を砂のあいだに通してみると、くねくねと曲がってしまう。砂山の下の圧力が最も小さいのは、山が最も高いところである。しかし背の高い砂の柱の底辺にかかる圧力は、柱の高さにかかわらず一定であり、ゆえに砂時計は

図 4.1　砂のさざなみは、風が粒子を拾いあげて移動させるとともに形成される自己組織化パターンである。（Photo: EVO.）

優良な計時器となっている。柱が小さくなっていっても、砂は変わらず一定の比率でこぼれおちていくからだ。

砂の移動

砂漠は必ずしも砂地ではなく、あらゆる砂が砂丘に積みあがるわけでもないが、やはり一般の人にとって典型的な砂漠のイメージは、世界の砂漠の二〇パーセント以下にしか見られない砂丘（口絵6）なのだろう。この砂の海はほとんど不毛に等しいが、きわめて美しく、その美しさは恐ろしくも神々しくもある。北アフリカでは、砂漠は「アッラーの庭」だと言われる。生物がいっさい存在しないので、神が平穏にそぞろ歩ける場所だということだろう。

砂漠の砂丘は、幅が数メートルのものから何キロメートルにも及ぶものまで多岐にわたり、いくつかの砂丘がまとまって複合巨大砂丘になっていることもある。これは北アフリカでの呼び名をとって「ドラア」とも呼ばれ、最大数キロメートルにわたって広がっている。

さらに、砂丘はさまざまな形をとる。あまりにも多様であるうえに、各地域でそれぞれの言語から派生した特有の名称をつけられているので、地形学者でも記録をつけるのに苦労するほどだ。最小規模だと、一般に人間の腕ぐらいの幅の小さな尾根がさざなみのように砂の地面に並んでいる（図4・1）。これらの砂漣は、波頭の間隔が〇・五センチほどしかあいていないこともあれば、数メートルあいていることもある。バグノルドは、どうして風に運ばれた砂がこのようなさざなみ模様に積みあがるのかを説明しようと模索した。今日《こんにち》の専門用語で言えば、彼が言わんとしたのは、正のフィードバックによる「成長不安定性」の一例だということだ。そのせいで小さな乱れがしだいに大きくなっていくのである。

まずは、ただの平坦な砂地があると考えてみよう。そこに絶え間なく風が吹いている。風はひっきりなしに粒子を拾いあげては、別のところに落としていく。風がつねに同方向に吹いていれば、しだいに平地はひとかたまりで風上に移り、砂漠の境界はそのようにして変わっていく。だが、このとき粒子はランダムに再配分されるのか？　それなら地表はずっとなめらかなままだが、本当にそれだけなのか？

普通はそう考えるのかもしれない。だが、バグノルドの考えた成長不安定性は、平坦なものにさざなみを起こしやすくする仕組みなのだ。こう考えてみればいい。まったくの偶然で、ほかのところよりも少しだけ多く砂が落とされたところには、小さな隆起が生じる。粒子のばらまきが本当にランダムなら、当然こうなるはずである。隆起の風上の側（上流側という）は、いまや周囲の地面より少しだけ高くなっている。そのため、この隆起は吹いてくる風からの砂をつかまえやすくなる。これを図解したのが図4・2aで、風に運ばれた粒子の軌道を示す直線が、隆起の上流側の表面に対しては、同じ範囲をもつ地面の水平な部分に対してよりもたくさん交差している。これはつまり、上流側の斜面がさらに高くなっていくということだ。反対に、隆起の風下側（下流側）では交差する直線が少なく、いわば「衝突陰」ができるため、砂の積みあがる比率が全体の平均値よりも低くなって、斜面は平らになるどころか、傾斜がさらにきつくなる。このように、隆起はひとたび形成されると、続いて自己拡張するようになるわけだ。

これだけ見ると、いずれ平地はそこかしこにランダムにできた隆起でいっぱいになるように思える。しかし、砂漣のパターンは決してランダムではない。ひとつひとつのさざなみは決まった間隔で、つまり特定の波長で並んでいる。これはどうしてなのだろう？　じつのところ、あるひとつの隆起の形成は、それをきっかけとして風下側に別の隆起の出現を呼ぶ。そのため、稜線の連なりが平地全体に伝播していくのだ。これが生じるのは、風に運ばれた粒子が砂漠の地面にぶつかったときに跳ね返るからである。その跳ね返った砂の粒子が風に乗って、さらに何度か地面で弾みながら風下に運ばれる。この過程をサルテーション（躍動）という。粒子は最初に地面に衝突するときに、そこでささやかな粒のしぶきを起こして、ほかの粒子も跳ね散らかす。これらの粒子もやはりサルテーションによって運ばれる。

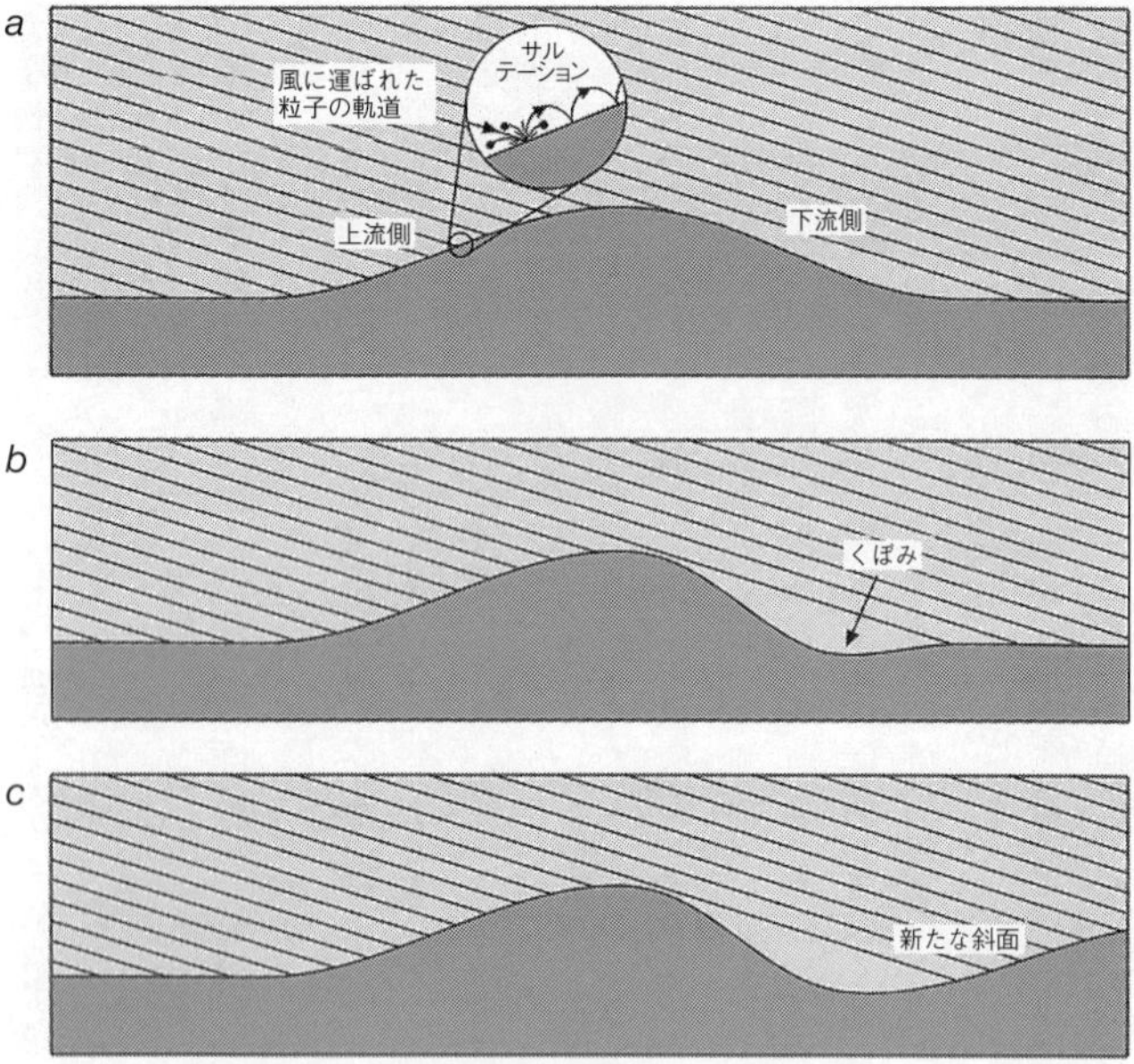

図 4.2　砂漣の形成には、不安定性の伝播がからんでいる。風に運ばれた粒子は砂漠の表面に斜めに降りそそぐ。表面が傾斜しているところでは、隆起の風下側（下流側）よりも風上側（上流側）に多くの粒子が突き当たる（*a*)。各粒子は表面にぶつかったところで、その面からまた別の粒子をばらまき、何度か弾みながら風下に向かって進んだあと、静止する。この過程をサルテーション（躍動）という。サルテーションをした粒子が斜面の頂に積み重なっていくと、斜面の下流側のふもとでは、落ちてくる粒子がほかのところより少なくなり、結果的にくぼんでいく（*b*)。このくぼみが発達すると、最初の隆起の風下に、また新たな上流斜面ができる。こうして新しいさざなみが形成されていく（*c*)。

サルテーションは、本来は表面を平坦化するプロセスにほかならない。地表にぶつかった粒子はふたたび四方にばらまかれるからだ。しかし、砂漣《されん》が形成されはじめていると、サルテーションによって運ばれる風下の粒子の比率は一定ではなくなる。平坦な地表では、サルテーションによって風の吹く方向に躍動する粒子の流れが生じる。しかし、隆起の下流側の斜面では、そもそも粒子の衝突回数が少ないので、この斜面のふもとで衝突が起こり、粒子を弾ませながら風下に（図4・2でいうと右側に）運んでも、その運ばれていった粒子に代わって逆方向から（図でいうと右側から）弾んで入ってくる粒子がないということになる。したがって、こちら側の斜面のふもとはしだいに穴があいたようにくぼんでいき、その右側に新しい上流斜面が発達するようになる（図4・2のbとc）。つまり全体として見ると、ある隆起はすぐ横の風下に、自分の衝突陰からまた別の隆起を生み出すわけだ。こうして一個の隆起が一連のさざなみに発達する。バグノルドが言ったように、「平坦な砂の表面は不安定にならざるをえない。ほんのわずかなきっかけでも、いったん歪みが生じると、それはサルテーションという局所的な砂の除去作用によって顕著化する性質をもっているからだ」。

さらにバグノルドは、砂漣に特有の波長がある理由についても考えている。この波長は、サルテーションをした粒子が静止するまでにどれだけの距離を移動したかの標準的な値によって決まる（そして、その標準値は粒子の大きさや風速や風の角度によって決まる）のではないかとバグノルドは考えた。しかし今日では、この粒子運搬プロセスのもっと複雑な側面のバランスが波長に反映されているのではないかと見られている。実際、どんな分野のさざなみでも、たいてい波長にはそれなりの幅があるのだ。

いずれにしても、バグノルドの単純な仮説には盛り込めなかった要素がいろいろとあった。現在ではコンピューター・モデルによって、そうした複雑な要素を最初から取り入れることがずっと容易になっている。たとえばノースカロライナ州にあるデューク大学のスペンサー・フォレストとピーター・ハフが考案したモデルでは、砂地面への粒子の衝突をスプラッシュ・ファンクション（跳ね飛び関数）というもので記述している。これは衝突で放出された粒子の数と、その速度を規定するものだ。平坦な砂の地層に特定の速さと角度で多数の粒子がいっせいに「撃ち込まれる」と、すぐに砂漣が形成されはじめる（図4・3a）。これらのさざなみは横断面が三角形になっていて、最初にあらわれた場所にそのまま立っているのではなく、列をなして風の吹く方向に地表上を移動していく。これは現実の砂漠での動きと同様のふるまいだ。さざなみは、いかなる意味でも風に「吹き飛ばされ」たりはしない。むしろ、砂漣の同期した動きこそがサルテーション固有の結果である。

この動きによって、さざなみの大きさの違いは確実に均一化されていく。小さなさざなみは大きなさざなみに比べ、運ばれるべき包含《ほうがん》物質が少ないので、それだけ高速で移動する。だが、小さなさざなみが大きなさざなみに追いつくと、小さなほうが大きなほうから砂を「盗む」ため、やがて両者は大きさがほぼ同じになり、ひいては速度もほぼ同じになる。この時点で、さざなみの幅は個々の粒子の数百倍になっている（図4・3b）。

これらのシミュレーションでは、粒子が堆積するとともに、必然的に砂の地層が少しずつ

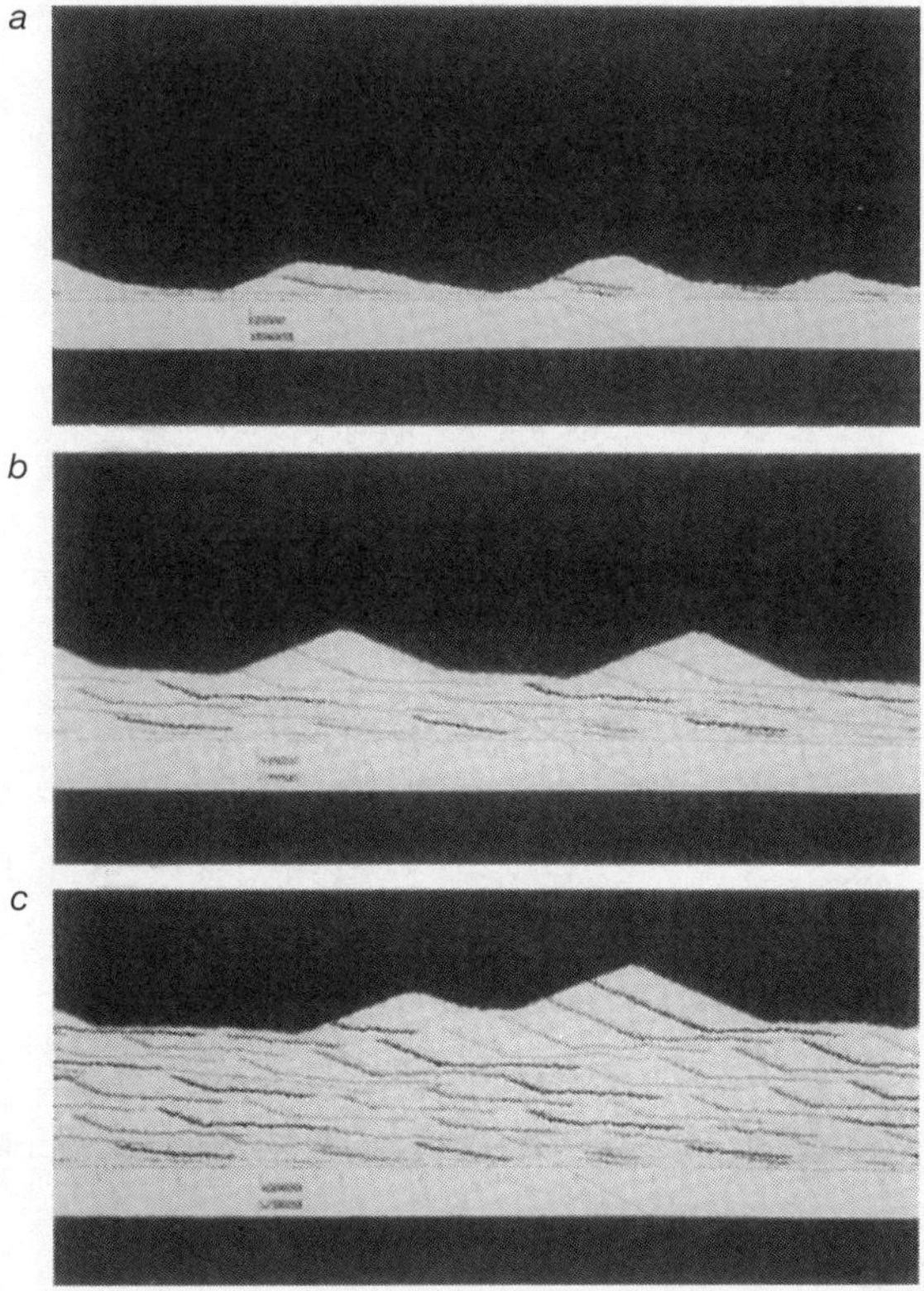

図 4.3　風に運ばれた砂が堆積するさまを描いたコンピューター・モデルで、自己組織化した砂漣が形成されていくところ。最初は平坦だった地表にランダムな凹凸ができると、そこから砂漣が生じる（*a*)。砂漣はサルテーション（風下方向への粒子の躍動）によって左から右に移動する。小さなさざなみは大きなさざなみより速く動くので、さざなみが衝突して粒子のやりとりをし、そのうちに両方のさざなみが大きさも速度も間隔もほぼ均等になる（*b*)。一定の間隔で注入された「染色」粒子は、異なる層によって形成されるパターンを描きだす（*b* と *c*)。（Images: Peter Haff, Duke University, North Carolina. Reproduced from Forrest and Haff, 1992.）

厚みを増していく。現実にも、そうした地層が保存されて後世に残っていることがある。地中にしみこんだ水から沈殿した鉱物が膠結《こうけつ》物として粒子のあいだの隙間を埋め、砂の地層を恒久的な岩盤にするのだ。こうした堆積岩を、風成砂岩という(英語では aeolian sandstone といい、aeolian は「風に運ばれる」という意味で、ギリシャ神話の風の神アイオロスに由来する)。フォレストとハフのコンピューター・モデルでは、風に運ばれる粒子を一定の間隔で人為的に着色することによって、「染色」堆積層をつくり、それをマーカーにして、厚みを増していく地層に堆積物がどのように配分されていくかを示すことができた。その結果、堆積率によってさまざまなパターンがあらわれた(図4・3のbとc)。実際にも、何らかの環境変化によって(たとえば化学組成に変化があって、砂の成分の色が変わったりしたときなど)異なる時期に堆積した物質が区別できるようになった場合には、天然の風成砂岩に同じようなパターンが認められる。

砂丘の行進

上から見ると、小規模な砂漣も、一面に広がる曲がりくねった砂丘(図4・4)も、ともに指紋のような縞模様をしている。これは対流や、『かたち』で見た化学的「活性因子＝抑制因子」のパターン(『かたち』図4・2)にもあらわれていた(とくにさざなみの末端や、分岐した部分を見ていただきたい)。ドイツのチュービンゲンにあるマックス・プランク研究所の生物学者ハンス・マインハルトによると、実際にこうした砂のパターンの形成は、パ

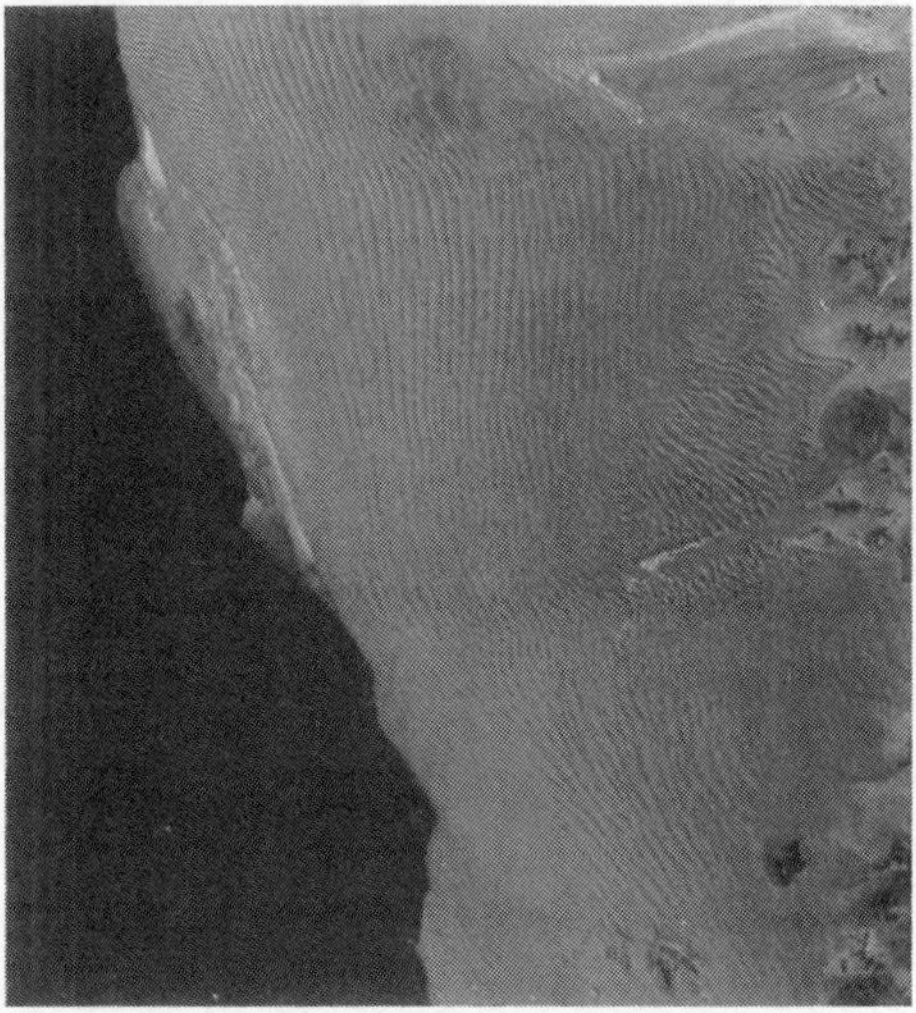

図 4.4　アフリカ南西部のナミブ砂海に見られる線状砂丘。左右約 160km の幅で広がっている。(Photo: Nick Lancaster, Desert Research Institute, Nevada.)

ターン特性の短期的な「活性化」（起動）が長期的な阻害（抑制）と拮抗《きっこう》する活性因子＝抑制因子のシステムと同種だという。小高い砂の丘は、風に吹かれた粒子の堆積によって形成される。砂漣や砂丘は大きくなるにつれ、空気中からより多くの砂を取り込んで、その成長をいっそう促進する。ただし、砂丘は大きくなることで風から砂を奪うと同時に、風下の地面に覆いかぶさるようにもなり、その両面で近傍に別の砂丘が形成されるのを抑制している。この二つのプロセスのバランスが、砂丘と砂丘とのあいだの一定の平均距離を確立する。とはいえ、このパターンは静的なものではない。砂漣と同じように、砂丘も絶えず動いており、粛々と、のたくるように移動していく。一定のパターンが持続しているあいだも、個々の構成要素は変化している。

おそらく最も見慣れたタイプの砂丘は、砂漣と同じく波のような形状をした砂丘だろう。わずかにうねった直線状の頂《いただき》が、風の方向に対して垂直に伸びている。このようなタイプを横列《おうれつ》砂丘、または線状砂丘という（図4・4）。一方、おもな風（卓越風《たくえつふう》）の方向と平行に稜線が伸びている砂丘もある。こちらのタイプは縦列《じゅうれつ》砂丘という。また、いくつかの腕が放射状に伸びたような形をしている星形砂丘もある（図4・5a）。バルハン砂丘と呼ばれるタイプは三日月形をしていて、風下側に角《つの》が向いている（図4・5b）。バルハン砂丘はつねに移動しており、砂丘どうしで合体して、波のようにうねるバルハン型稜線と呼ばれる尾根をつくることもある。このバルハン砂丘の動きが驚異的な偶然によって記録されたことがある。一九三〇年、ラルフ・バグノルドが参加したスーダン遠征隊は、ある晩、バルハン砂丘の風下に野営した。翌朝、隊は空き缶を放置して出発した。缶はいずれ流動する砂が埋めてくれるはずだった。そして五〇年後、この廃棄物がむき出しになって砂漠の地面に転がっているのをアメリカの地質学者ヴァンス・ヘインズが発見し、その出自が確認された。なんと巨大なバルハン砂丘がごみの山を乗り越えて、約一五〇メートル先に移動していたのだ。

これらさまざまな砂丘のタイプは、風と粒子の相互作用によって形成される普遍的な形であるらしい。火星の砂漠にも、これらすべてのタイプの輪郭が確認されており、地球では見られないタイプの形状も発見されている（図4・6）。となると問題は、単に砂丘がどのよ

a

b

図 4.5　砂丘にはいくつかの特徴的な形状がある。複数の腕をもった星形砂丘（*a*）や、三日月形のバルハン砂丘（*b*）など。(Photos: *a*, Copyright EPIC, Washington, 2003; *b*, Nick Lancaster, Desert Research Institute, Nevada.)

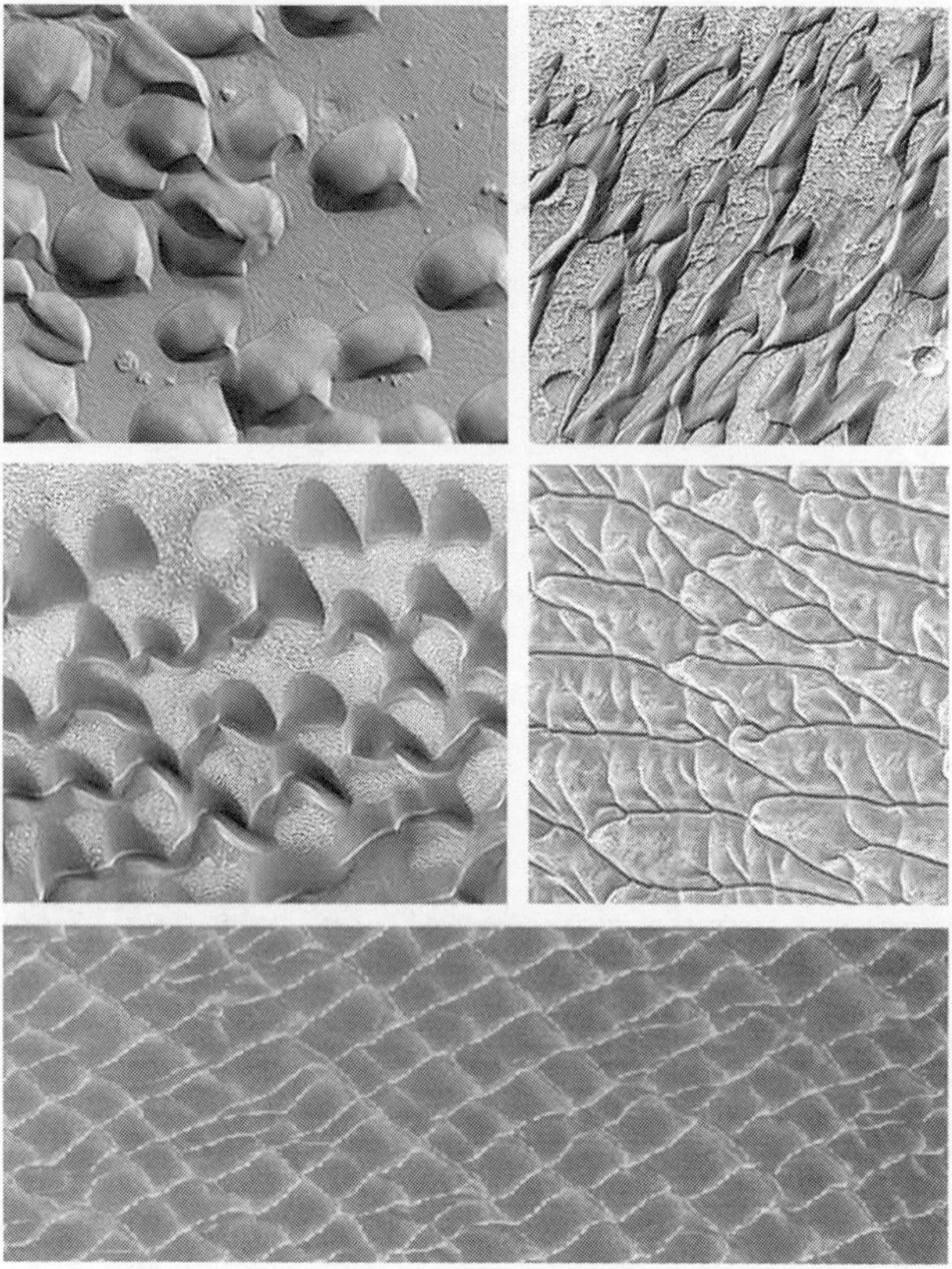

図 4.6　火星の表面に見られる変わったタイプの砂丘。（Photos: NASA.）

うに形成されるかではなく、同じ基本的な粒子運搬プロセス（サルテーション）から、どうしていくつもの異なる形状が生み出されるかということになろう。

これまでにも多くのモデルによって、特定の種類の砂丘の形状や大きさや配列が説明されてきた。一部のモデルでは、発達中の砂丘の形状と、風の流れのパターンとのかなり複雑な相互作用が必要とされている。かつてバグノルドは、砂漠の熱い地面の上空の対流気流によって風がかきまわされて渦を巻くと、その螺旋《らせん》状の風の渦によって縦列砂丘ができるのではないかと考えていた。砂丘研究のもう一人のパイオニア、イギリス人地理学者のヴォーン・コーニッシュが二〇世紀初めに出した説では、砂漠の地面の上に生じた対流セルの中心で、星形砂丘ができるとされた。いずれにしても、風の性質――方向が一定なのか変わりやすいのか、速いのか遅いのか――が、その風のつくりだす砂丘のタイプに大きな影響を与えているのは明らかだ。また、砂丘をつくるのにどれだけの量の砂が投入できるかも重要となる。砂が豊富に供給されるなら横列砂丘ができるのかもしれないし、砂がそれほど多くない環境であれば、縦列砂丘やバルハン砂丘ができるのかもしれない。砂丘が大きくなるにしたがって、砂丘そのものが空気の流れを変えるということも、ことの複雑さをさらに高めている。同様に、そこに植物が存在しているかどうか、根本に複雑な地勢があるかどうかも関係してくる。いわゆる「コピス（雑木林）砂丘」は、小さな植生帯に砂が堆積したときにできるものだし、「上昇砂丘」や「エコー砂丘」や「下降砂丘」は、丘陵などの地理的特徴によってつくられるものだ。

それでは砂丘をつくる要因について、何か普遍的に言えることはあるだろうか？　前述のブラッドリー・ワーナーは、異なる条件下で異なるタイプの砂丘を生み出すコンピューター・モデルを開発した。このモデルで想定されている状況では、粒子が個々に運ばれるのではなく、厚板のような「束《たば》」になって運ばれる。これらの粒子の束は、最初は石の多い、でこぼこの地面にランダムにばらまかれており、それが風によってランダムに拾いあげられる。ある一定の距離まで運ばれたところで、それぞれの束は、ふたたび堆積される機会を得る。これがかなう確率は、粒子の束が石だらけの地面にぶつかったときよりも、砂に覆われた地面にぶつかったときのほうが高い。砂はサルテーションによって弾むわけだが、砂地の表面よりも石だらけの地面のほうが弾みやすいからである。したがって、やわらかい地面に着地できるまで何度も「弾んで」いくことになるかもしれない。粒子の束が堆積されなかった場合、それはまた同じ一定の距離だけ運ばれていき、そこでふたたび堆積される機会を待つ。もしどこかの地点で砂山の傾斜がひどく急になっていれば、厚板のような束はそこの下り坂をすべっていき、傾斜が安定したところでようやく停止する。この砂粒が滑り落ちないでいられる最大限の傾斜角度を、安息角《あんそくかく》という。詳しくはあとで述べるが、この安息角は粒状物質のふるまいに大きな役割を果たしている。

さて、ワーナーのモデルは、風に運ばれる砂を記述する方法として、誰が見ても明らかに最適である、とまでは言えないものだ。たとえば砂をわざわざ束にして、それ以上縮小できない厚板にするのも、あるいはそれらの束が地面にふたたび「ヒット」するまで、つねに同

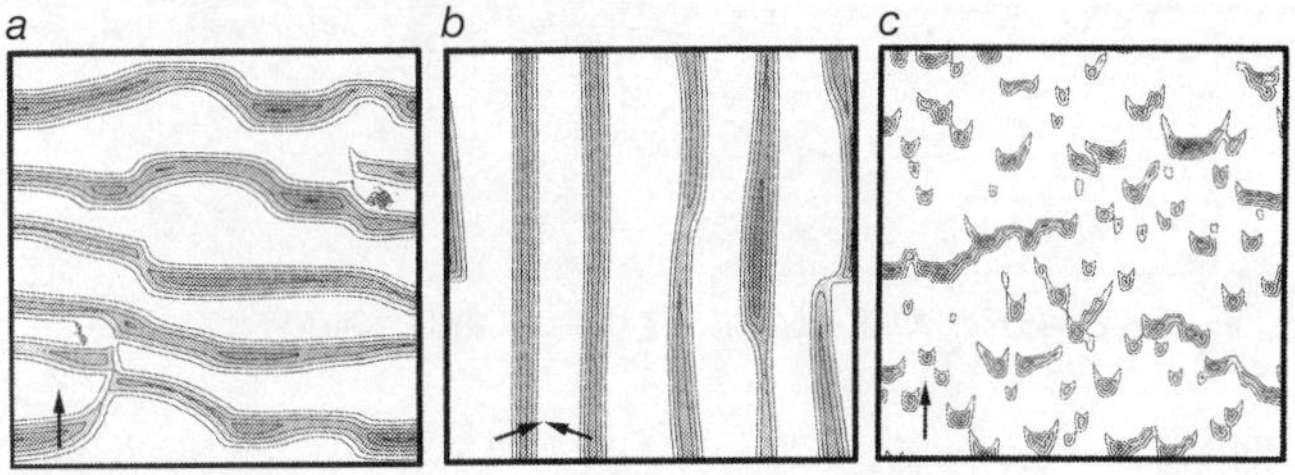

図 4.7　ブラッドリー・ワーナーが考案した砂丘形成のモデルからは、横列砂丘と縦列砂丘（*a* と *b*）、バルハン砂丘（*c*）など、一般的な砂丘のタイプの多くが再現されている。この図では、堆積された物質の輪郭が示してある。砂丘の形状は、矢印で示した風の方向と変わりやすさによって決まる。（Images: from Werner, 1995.）

じ距離だけ運ばれると仮定するのも、考えてみればいささか奇妙ではないだろうか。こうした仮定のいくつかは、理解可能ではある――砂丘は砂漣よりもはるかに大きいから、それを一粒一粒の砂でシミュレーションするのはたしかにうまくいきそうにない――が、だからといって妥当なわけでもない。にもかかわらず、このモデルはかなりいい線をいっている。なにしろたったこれだけの要素で、ワーナーはバルハン砂丘も星形砂丘も線状砂丘も、主要な砂丘のタイプをすべて再現できているのだ（図4・7）。一定方向に卓越して風が吹いている場合、砂丘はその風と垂直に稜線が伸びる形状に形成された（横列砂丘）。一方、風の方向が比較的変わりやすい場合には、砂丘は風の平均的な方向に向かって伸びていった（縦列砂丘）。特定の局所的な要因が砂丘の大きさや形状に影響するのは当然だろうが、ワーナーのモデルがすばらしいのは、そこからあらわれる広範なパターンが普遍的なもので、ケースごとの細かな違いに左右されていないというところだ。このモデルの描く世界においては、星形

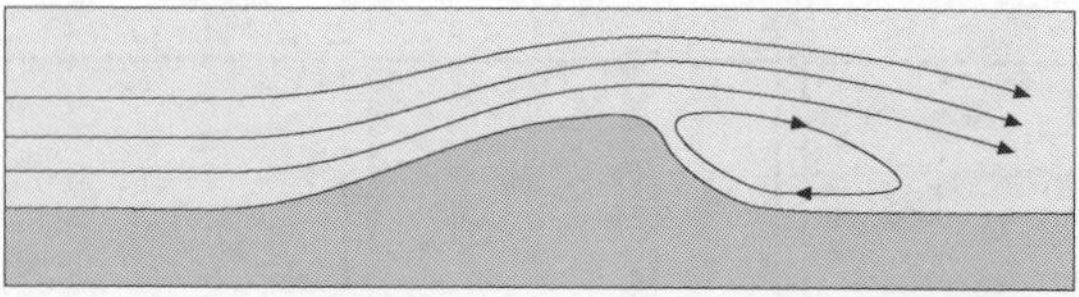

図 4.8　砂丘の頂の背後に渦巻が生じて、下流側の斜面を侵食する。

砂丘とバルハン砂丘が、分岐する川やシマウマの縞と同じぐらい不可欠な自然のタペストリーの一要素になっている。

一方、シュトゥットガルト大学のハンス・ヘルマンのチームは、砂丘の形成がそれほど単純であるとは思えないという見方をしている。彼らの説では、こうしたモデルからあらわれるように見える砂丘のいくつかは過渡的な構造で、そのモデルをある程度まで長く継続させていけば、いずれそれらは消滅して何もない砂地に溶け込んでしまうだろうと見られている。むしろヘルマンらの考えでは、砂丘形成の鍵となる要因はもっと微妙なものであり、風に運ばれる砂の供給量が場所によってどれだけ違うか、形成途中の砂丘が周囲の気流にどう影響するかといった細かい条件が関わってくるという。粒子はただ単純に直線の軌道をたどって一定の角度で砂漠の表面に叩きつけられるわけではない。砂丘が流れに立ちはだかる障害物のように作用して、流線を曲げたり再編成したりするからだ。とくに砂丘の稜線の上空の気流は、第2章で見た、橋を通過したあとの水の流れと似たようなものになる。流線は障害物を迂回するように弧を描くが、風の陰になった砂丘の下流側でも、回転する渦巻が形成されるかもしれないのだ（図4・8）。この現象はバグノルドも説明していたし、実際に本物の砂丘の周囲の流れを測定してみると、たし

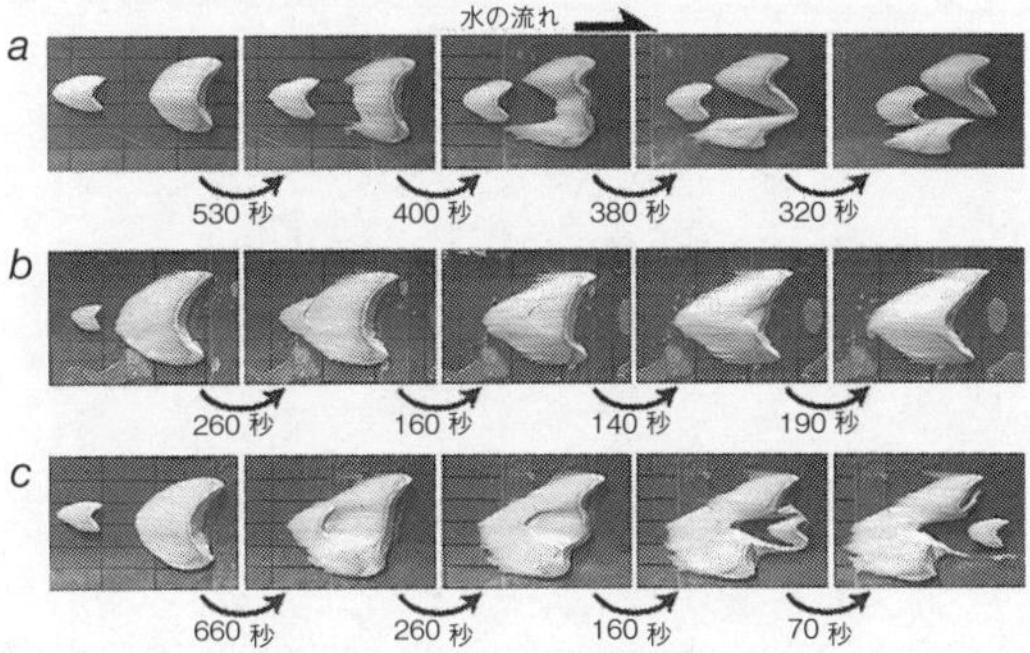

図 4.9　砂丘の形成を人工水路の中で模した実験で、動きの速い小さな砂丘が、動きの遅い大きな砂丘に衝突すると、何種類かの結果が生じる。小さな砂丘が接近するにつれて大きな砂丘が２つに分裂する場合もあれば（*a*）、小さな砂丘が単純に合体する場合（*b*）、小さな砂丘が大きな砂丘をまっすぐ突き抜けたように見える場合もある（*c*）。（Photos: Endo et al., 2004. Copyright 2004 American Geophysical Union. Reproduced by permission of American Geophysical Union.）

かにそうなっていることが確認されている。ということは、砂丘の下流側の陰はただ単に粒子の届かない「デッドゾーン」であるだけでなく、ここに生じる渦巻が下流側の斜面から砂をすくいとって、斜面を侵食している可能性もある。

この流体の流れの効果が劇的にあらわれた結果を、大阪大学の勝木《かつき》厚成《あつなり》のチームが人為的砂丘形成の実験において確認している。通常、砂丘は実験室で研究するにはあまりに大きく、形成速度が遅いものだが、勝木らはこのプロセスを模倣するために、砂を流動中の水に浮遊させ、砂が一〇メートルの水槽の中を水に運ばれていくようにした。その結果、大きさ数センチメートルのバルハン型の砂丘ができあがった。そして本物の砂丘と同様に、このミニチュア版の砂丘も少しずつ、角《つの》を先にして水槽の中を下流に移動していった（本物のバルハン砂丘だと、一年に数十メートルずつ風下に移動する）。砂丘の速度は大きさによって決まり、小さいほど移動が速くなる。したがって、大きな砂丘の後ろに小さな砂丘が形成されている場合、その小さな砂丘はいずれ大きな砂丘に追いついて、衝突することがありえる。

あるケースでは、小さな砂丘が背後から迫ってくるにつれ、まだ接触もしていないうちから大きな砂丘が分裂しはじめた（図4・9a）。小さいほうのバルハン砂丘が大きいほうに追いついたころには、大きい砂丘はすでに二つに割れていた。この奇妙なふるまいは、勝木らが調べた結果、小さい砂丘の下流側から広がった流体の渦巻によって引き起こされていることがわかった。この渦巻が、大きい砂丘の上流側の斜面を侵食していたのである。

このほかにも、ぶつかりあう砂丘の大きさ（相対的な意味でも絶対的な意味でも）によって、衝突の種類は二通りあった（図4・9のbとc）。そのひとつでは、二つの砂丘が単純に合体する。だが、残るひとつの展開ほど奇妙なものはほかにあるまい。小さな砂丘が大きな砂丘をまっすぐ突き抜けたように見えるのだ。粒子がごちゃまぜにでもされないかぎり、こんなことはありえないように思えるのだが。こうした砂丘の衝突をシミュレーションするコンピューター・モデルを使ってきたハンス・ヘルマンに言わせると、じつは粒子は本当にごちゃまぜにされているのだという。ただ外見上、小さい砂丘が突き抜けたように見えるだけなのである。ヘルマンによれば、これは小さい砂丘が大きい砂丘を共食いしているのが真相なのだそうだ。そのため小さい砂丘が大きくなって進みが遅くなる一方、大きい砂丘は縮

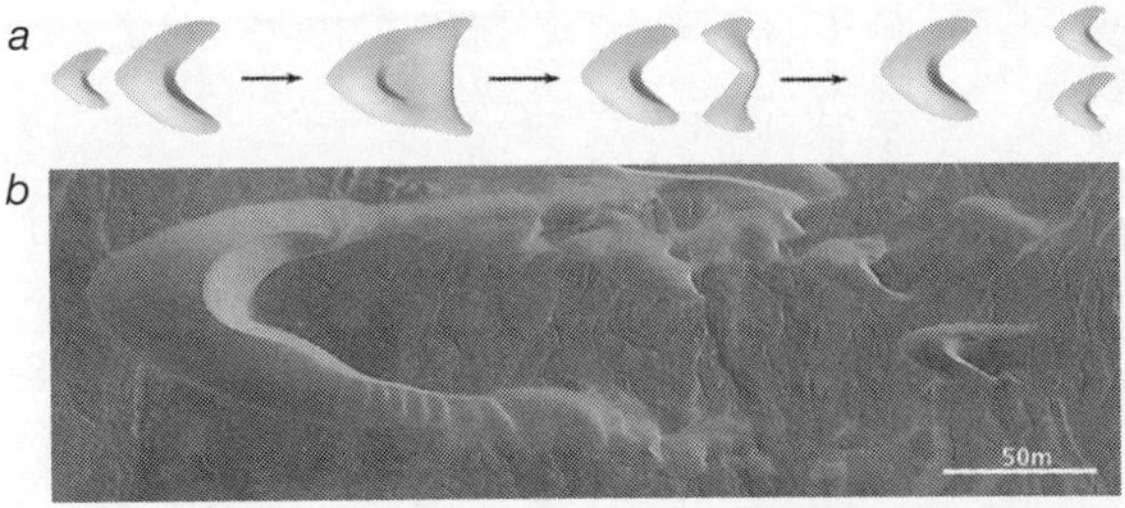

図 4.10　砂丘形成のコンピューター・モデルは、砂丘衝突のもうひとつの結果として、大きい砂丘の「角」から２つのバルハン砂丘が生まれる可能性があることを示している（*a*）。一部の砂漠に見られる砂丘群はこれによって説明されるかもしれない（*b*）。（Photo and image: Hans Herrmann.）

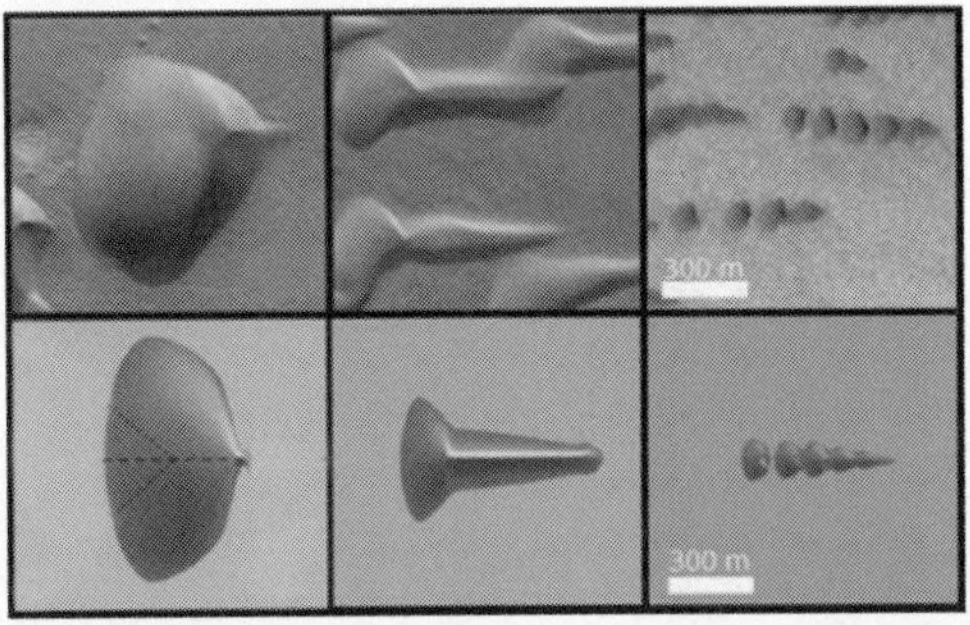

図 4.11　火星は地球に比べて大気圧が低いが、風速は速いときがある。その火星に形成されるいくつかの砂丘の形状も、コンピューター・モデルで再現できる。上の枠に示されているのが実物の火星の砂丘で、それぞれの下の枠に示されているのがコンピューター・モデルで生成された形状である。（Images: from Parteli and Herrmann, 2007.）

んで進みが速くなるのである。

これらのシミュレーションから、砂丘の相互作用にまた別のタイプがあることも明らかになっている。衝突後、大きい砂丘の角の先から「赤ちゃん」砂丘が生まれるのである（図4・10a）。ペルーの海岸砂漠に見られるように、異なる大きさのバルハン砂丘が連なった砂丘群が自然界には見られるが（図4・10b）、その原因が、このタイプの砂丘形成なのかもしれない。

火星の砂丘も、基本的には、風による運搬とサルテーションという同じプロセスによって形成されると考えられている。しかし、この赤い惑星上には大きな条件の違いがある。ここの大気は約一〇〇倍も薄いのだ。サルテーションは、粒子に対する風の摩擦がある程度まで大きくないと起こらない。したがって薄い大気の中でサルテーションが起こるには、風が強くなければならない。火星の大気でサルテーションが起こるためには、地球の風よりも一〇倍強い風が必要だ。しかし、それほどまでに猛烈な強風が、火星には実際に吹いている。砂丘形成の条件がこのように違うため、火星の一部の砂丘は形状も違っている。ヘルマンと共同研究者のエリック・パルテリは、地球には見られない形状をした火星の砂丘のいくつかを、彼らのモデルで再現できることを確認している（図4・11）。

縞模様の地すべり

天然の砂のパターンの魅力的な特徴のひとつは――小規模な砂漣《されん》においてでも大規模な砂

丘においても――砂粒が大きさによってふるいわけられて、山の別々の部分をなしていることだ。砂漣においては、たいてい最も粗《あら》い粒子が頂上に積もるとともに、上流側の斜面を薄いベニヤのように覆う。大きい砂丘の場合は、しばしばこれが逆になる。最も細かい粒子が頂上に集まって、最も粗い粒子が谷間に集まるのだ。砂が降り積もるにつれて、さざなみの上にまた別のさざなみがかぶさるようになるから、結果として、一連の層の重なりができあがる。粗い粒子と細かい粒子が周期的に交互になって、砂地の底辺まで続いている。

こうした粒子の大きさによる振り分けは、どのようにして起こるのだろう。カリフォルニア大学サンタクルーズ校のロバート・アンダーソンとカービー・ブナスは、これがサルテーションによって生じることを示している。彼らが研究したモデルは、前述のフォレストとハフのモデルにかなり似ているが、こちらは大きさの異なる二種類の粒子を用いており、したがって粒子のスプラッシュ・ファンクション（跳ね飛び関数）も異なっている。大きな粒子は衝突したときのエネルギーが高いので、それだけ多くの二次粒子を放出する。衝突する粒子の大きさと速度も、それが突き当たる地面の組成とともに、「スプラッシュ」時における大小の粒子の混合比を規定する。ゆえに、衝突をつかさどるルールはかなり複雑なものになった。それでも全体的な効果としては、おおむね衝突後には小さな粒子のほうが優先的に、しかも速い速度で投げ出される（つまり、それだけ遠くに運ばれる）ことがわかった。したがって衝突の総合的な効果として、砂地の底辺の表面は衝突前より粗くなるのだった。

上流側の斜面では衝突の起こる回数が多いので、斜面はしだいに粗くなっていく（図4・

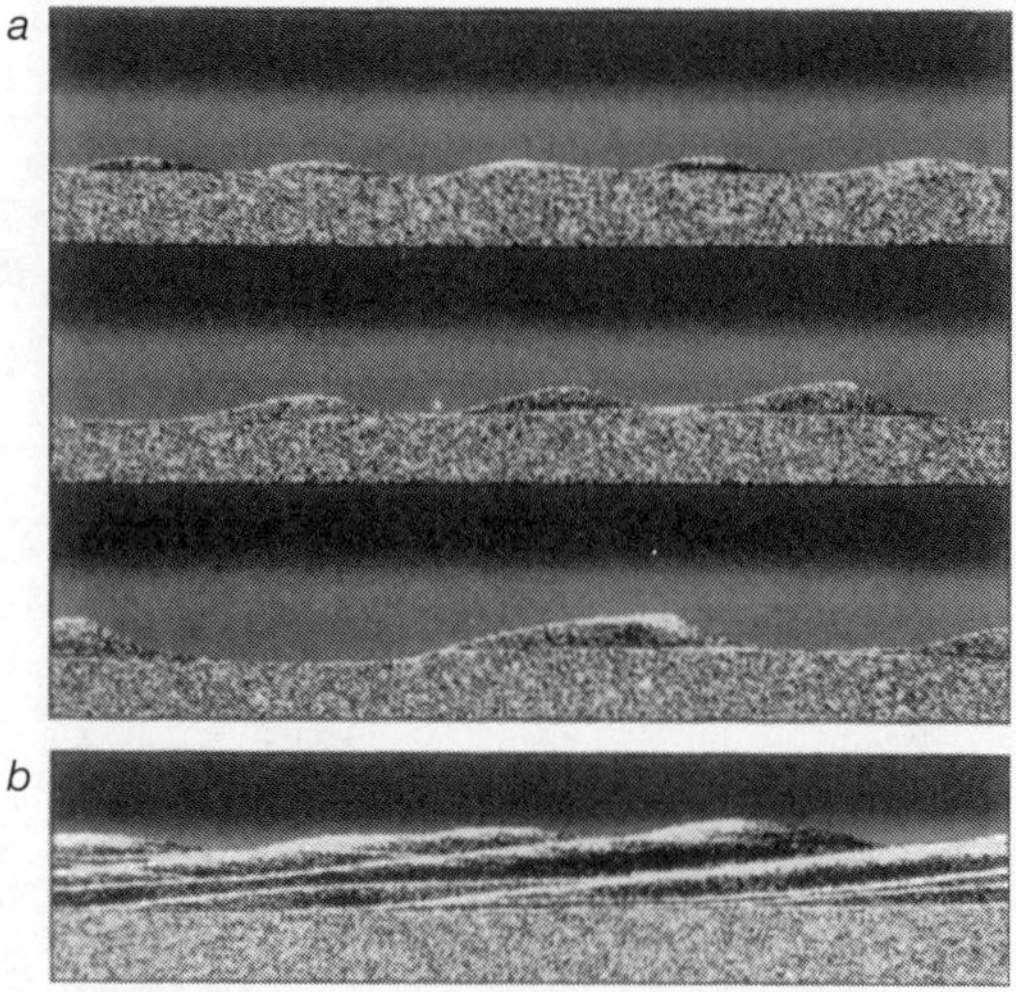

図 4.12　砂漣や砂丘では、大きさの異なる粒子がしばしば分離している。このコンピューター・モデルでは、粗い粒子（白）が上流斜面、とくに頂上付近に堆積しやすいことが示されている（*a*）。堆積層がしだいに厚みを増すと、砂の堆積が階層状になる（*b*）。（Images: Robert Anderson, University of California at Santa Cruz.）

12 a）。これは現実の砂漣でも同じである。そして大きな粒子ほど弾む距離が小さいので、大きな粒子は少しずつ上流側の斜面を上がっていき、頂《いただき》の上を跳び越したあと、ようやく下流側の斜面の最上部で衝突陰の領域に入る。多くはここで停止して、以後は衝突を受けないが、さらに粗い物質がしだいにその上にかぶさるようになる。一方、小さな粒子は弾む距離が長いので、いきなり頂上の先まで飛ばされて、下流斜面の下部に着地する。結果として、砂漣の頂上は粗い粒子がとくに多くなる。これも自然界に見られるのと同じである。

ただし、ここで見ている砂漣は非対称であり、上流斜面はうっすらとふくらんでいる一方、下流斜面は傾斜が急で、えぐれたようにくぼんでいる。この形状は、フォレストとハフのモデルで用いられた三角形の小山に近いというよりも、よほど現実の砂漣に近い。言い換えれば、サルテーションとスプラッシュをできるだけ丹念に扱うことで、それだけ現実のプロセスを正確に模倣できるということだ。また、砂漣は静止しているわけではなく、ゆっくりと風下に動いてもいるので、砂漣の頂上に積もった粗い物質は繰り返し埋められては、砂漣がそこを通過するとともにふたたび上流斜面のふもとで掘り起こされる。つまり粒子は永久に山をのぼっていくわけだ。ゆえに、砂地がしだいに厚くなっていくにつれ、粗い粒子の層と細かい粒子の層が交互に連なった地層ができあがる（図4・12b）。これは風成砂岩の階層構造とそっくりな構造である。

自然の自己組織化する能力を利用して異なる種類の粒子を層状に振り分けるには、もうひとつ、まったく違った方法がある。これは単純ながら確実でもあるので、私も何度か自分の講演で、パターン形成の容易さを説明するための実演に使ったことがある。実際、あまりに単純すぎて、近年まで記述されていなかったようなのが不思議なぐらいだが、ともあれこれは一九九五年、ボストン大学のヘルナーン・マクセとジーン・スタンリーのチームによって発見された。この仕組みに必要なのは、大きさと形状の異なる粒子を混ぜあわせ、それを小山のかたちに流し込むこと、それだけである。たとえば粒の粗いグラニュー糖と、粒の細かい砂などがいいだろう（それぞれの色が違っていないとパターンが見えにくい）。山が積み

図4.13　大きさと形状の異なる２種類の粒子（ここでは別々の色に染められている）をよく混ぜあわせ、２枚の板のあいだの狭い空間に流し込むと、２種類の粒子が自発的に分離して縞模様をつくる。分離した粒子の片方は斜面の左上に、もう片方は斜面の右下に分かれていくことにも注目されたい。（Photo: Gene Stanley, Boston University.）

あがり、粒子が斜面を転がり落ちていくにつれ、二種類の粒子は斜面と平行な層状に分離する。これは二次元の山（円錐形の山のスライス）をつくると最も見えやすい（図4・13）。そうすると横断面があらわれるからで、それにはガラスやプレキシガラスのような透明な二枚の板のあいだに混合物*を流し込めばいい。山がある程度まで大きくなると、斜面に規則的な地すべりが生じる。すると――おそらくびっくりされると思うのだが、あなたの目の前には縞模様が展開されているはずだ。

一見、このパターン形成は直観に反している。まるで時間が逆行しているかのようだ。このような混合物が自発的に分離するなどとは誰も思わないだろう。『かたち』で言及した熱力学の第二法則からいっても、これはありえないことのように思える。ものごとは時間が経つにしたがって無秩序になり、乱雑さの度合いが増すというのが、第二法則の趣旨だからだ。しかも、ここでの粒子はただ分離するだけではない。ある特徴的な大きさをもったパターンに分かれていく。すなわち一定の幅にきれいに分かれて縞模様を形成するのである。こうした層をなしての地すべりは、工業や工学や農業において、ずっと昔から起こってきたには違いない。たとえば種類の異なる穀物や砂の混合物がホッパー〔訳注：じょうご形の貯蔵器〕から流し出されるときのように。だが、各層は円錐形の山の内側に隠れているから、気づかれずに済んできただけのことなのだろう。

実験をしてみると、こうした層化（成層）は特徴的な仕組みのもとで起こるとわかる。地すべりのたびに一対の縞が生じるのだが、これはまず傾斜の底辺にあらわれはじめ、その後、表面にできた一種のもつれ（キンク）のようなかたちで逆に斜面を上がっていく。一対の縞の最先端には、大きな粒子が含まれている。マクセらは、大きな粒子が小さな粒子よりも自由に斜面を転がり落ちる一方、小さい粒子のほうはちょっとした斜面のくぼみやこぶにもとらわれやすいことが、この振り分け過程の鍵ではないかと考えた。このわずかな効果は、岩石崩落において見ることができる。巨大な岩は斜面の底辺を直撃するが、小さな石はもっと上のほうの斜面で引っかかって止まってしまう。要するに、大きな粒子にとってはなめらか

＊この混合物をつくるときは振るのではなく、かきまぜなくてはならない。あとで見るように、振動では、違う種類の粒子を必ずしもうまく混ぜあわせられないのである。

に見える斜面でも、小さな粒子にとってはそうでないということだ。

大きな粒子は最初に底辺に達するので、山のふもとにはこれらの粒子だけが選り分けられて集まる。それが積み重なって、やがて斜面にもつれができる。すると、あとから落ちてくる粒子がこのもつれに達したときに、大きい粒子はかまわず転がり落ちていけるので、小さい粒子がまずそこで引っかかる。したがって小さい粒子が先に堆積し、大きい粒子はその上で停止する。こうしてもつれがしだいに斜面を上がっていく。

これを単純なモデルで研究するには、なだれがいつ始まるかを定める基準のようなものを特定する必要がある。これは粒子の堆積においてはおなじみの問題で、ボウルに入ったグラニュー糖や米粒をなだれが起きるまで傾けてみれば、誰でも自分の目で確認できる。まず、材料の表面をならして水平になるようにする。それからゆっくりとボウルを斜めに傾けていくと、やがて粒子の最上部の層がそぎとられるように斜面を流れ落ちていく。このときに、滑落が生じるぎりぎりの角度があることがわかるだろう。これを最大安定角という。そしてなだれが終わると、ボウル内の粒子の傾斜は安定した値まで下がっている（図4・14）。この傾斜角度が、前にも触れた（一四〇ページ参照）安息角である。粒子の堆積がどれだけ丈《たけ》高《たか》くなっても、周期的に地すべりが起こるかぎり、傾斜はつねにほぼ一定で、その角度は安息角に等しい。この「なだれの角度」は粒子の形状によって決まる。砂糖よりも米のほうが安息角は大きく、グラニュー糖、精製糖、クスクスは（いずれもほぼ球状の粒子だが）、この家庭内実演の精度の範囲では、どれも同じような安息角をもつ。

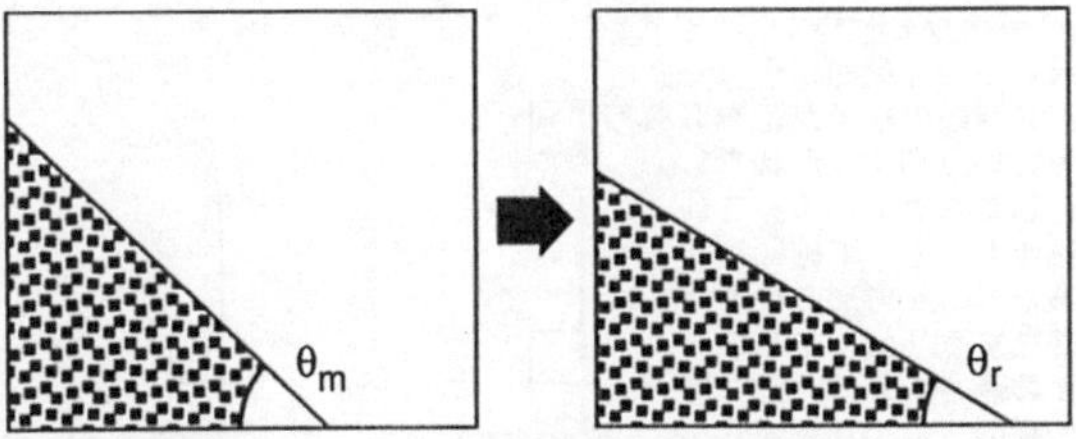

図4.14　粒子の堆積は、最大安定角（the angle of maximum stability）という臨界角度に達したところで、なだれを起こす。ここではθ_mで示してある。なだれが傾斜を「緩和」することで、傾斜は安定した角度に達する。これを安息角（the angle of repose）といい、ここではθ_rで示してある。通常、これらの角度は粒子の形状の違いに応じて変わってくる。

ヘルナーン・マクセが砂と砂糖で最初の実験を行なうことにしたのはまったくの偶然だったが、この二つはわずかに粒子の形状が違っているので、最大安定角と安息角もそれぞれわずかに異なる。粒子の大きさの違いだけでは層化は生じなかっただろうが、大きい粒子の大まかな選り分けだけは斜面のふもとで起こった。マクセらは自分たちの考案したモデルの中で、この形状の違いを大ざっぱながら模倣してみた。想定されたのは、正方形と長方形をした二種類の粒子である。それらが堆積物の上に落とされて、柱状に積み重なっていく（図4・15）。これは物理学における「モデルづくり」とはどういうことかを示す格好の例と言えよう。もちろん、実験で使われる粒子は明らかに正方形でも長方形でもない。それらの粒子が整然とした垂直の柱に積みあがるわけでもない。腕の使いどころは、そうした単純化に意味があるかどうかを判断することにある。この場合、研究者たちは実際に起こっていることを模倣するモデルの能力を損なうことにはならないと判断したわけだ。

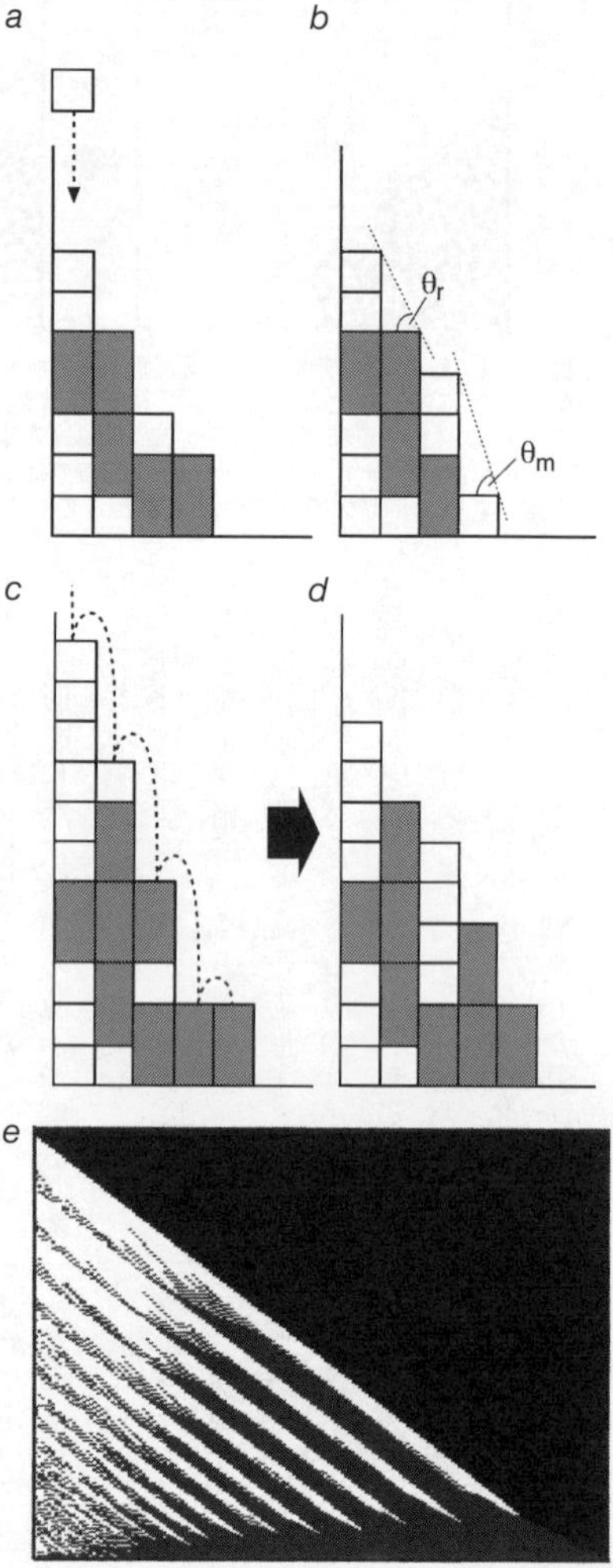

図4.15　層化した地すべりがどうして起こるかを端的に示したモデル。２種類の粒子が正方形と長方形という別々の形状をしていると仮定されている。これが流し込まれると、単純に柱状に積みあがり、長方形の粒子はすべて直立する（*a*）。ある柱と隣の柱との高さの差は、正方形の粒子の幅の３倍より大きくなってはならない。この制限により、最大安定角（θ_m）が規定される。地すべりが生じると、それによって勾配が緩和され、隣りあった柱と柱の高さの差がすべてのところでその幅の２倍を超えることがなくなる。これにより安息角（θ_r）が規定される（*b*）。山の頂に新しい粒子が追加されたことで勾配が θ_m より大きくなると、その粒子は安定した位置に行き着くまで柱から柱へと転がり落ちる。それが山の底辺まで続くと（*c*）、斜面全体が地すべりを起こし、すべてのところの勾配が θ_r と等しく（またはそれより小さく）なるまで続く（*d*）。きわめて様式化されたかたちではあるが、このモデルは実験で見られるのと同種の選り分けと層化を生じさせる（*e*）。（Image *e*: Hernán Makse, Schlumberger-Doll Research, Ridgefield, Connecticut.）

堆積物の山には特有の安息角（θ^r）と最大安定角（θ^m）が与えられた。一粒の粒子が山に落とされてθ^mよりも大きな局所勾配をつくると、その粒子は柱から柱へと転がり落ち、やがて勾配がθ^rと同じかそれ以下のところに来たところでようやく落ち着く。もし勾配がすべてのところでθ^mに等しければ、粒子は止まらずに底辺まで落ちつづける。これは勾配が地すべりを起こす寸前であることのしるしだ。マクセらは、もし一粒の粒子が山のふもとまで転がり落ちつづければ、その斜面にある粒子は、底辺にあるものから始まってすべて転がり落ち、すべてのところの勾配が安息角（θ^r）に減じるまで止まらないものと規定した。

このモデルでも、やはり現実と同様に縞模様の地すべりが起こる（図4・15e）。大きな粒子は「背が高い」ため、小さな粒子よりも勾配を急にする性質があるから、それだけ下に転がり落ちる確率が高くなる。ゆえに大きな粒子が最終的に底辺に集まって、粒子の選り分けが生じるのだ。一方、層化を生じさせるのは粒子の形状の違いと、それによる安息角と最大安定角の違いである。この端的なモデルは実験で起きることのすべてをとらえてはいない。たとえば充分な層化を得るためには、流し込む速度を適切なものにする（速すぎないようにする）必要もある。これは粒子が衝突するときの細かい条件に関係しているが、このモデルではそれがあまり考慮されていないのである。

樽を回す

レンガ職人なら知っているように、コンクリートミキサーの回転ドラムの中では、粉を混ぜあわせることができる。だが、それには通常、水を加えることが必要だ。粉が乾燥していたら、何回ドラムが回ろうと、完璧な混ぜあわせは決して起こらないかもしれない。ノースウェスタン大学のジュリオ・オッティーノのチームがこれを実感したのは、このやり方で二種類の塩の粉を混ぜあわせようとしたときだった。この二種類は、ものはまったく同じだが、色だけが染料で別々にされており、あらかじめ二つに区分して配置された（図4・16a）。ドラムがゆっくり回りだすと、最初は静止していた粒状物質の層が、安息角を超えるところまで傾けられた時点で、最上部の層からなだれのように滑り落ちはじめる（図4・16b）。これによって傾斜の上側のV字形（くさび形）をなした部分の粒子が、いっきに傾斜の下側に移動する。ドラムが回転しつづけるとともに、また新たなV字形が滑り落ちていく。なだれが起きるたびに、そのなだれに含まれる粒子はかきまぜられる（ここでは縞状の選り分けは起こらない。粒子の違いが色だけだからだ）。したがって、連なった各V字形の中の粉はしだいに混ざりあう。だが、V字形とV字形のあいだでも、粒子のやりとりと混ざりあいは起こるのか？　ドラムの中身が容量の半分以下であれば、答えはイエスだ。その場合は各V字形の各部分が互いに交差するからである（図4・16b）。しかし、中身が容量のちょうど半分であれば、もうV字形は重なりあわなくなる（図4・16c）。したがって、混ざりあいは各V字形の内部でしか起こらない。さらに、ドラムの中身が容量の半分以上になると、驚くような結果が出る。ドラム内の外周部分になだれと混ざりあいの起こる領域ができると同時に、中心核の部分には、物質がまったく滑落を起こさない領域ができるのだ（図4

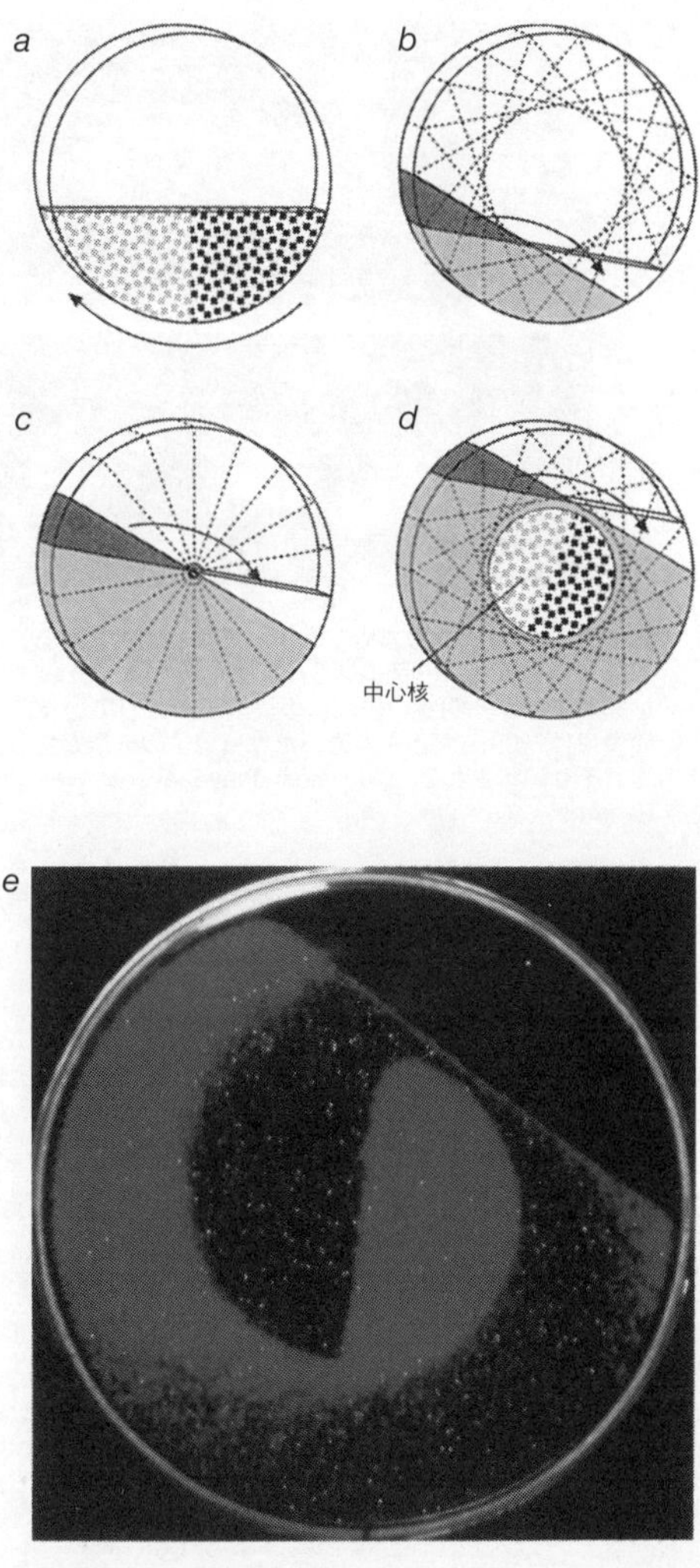

図4.16　回転するドラムの中で生じる粒子のなだれは、あらかじめ別々に区分されていた２種類の粒子（*a*）を混ぜあわせる。ドラムが回りだすと、勾配が最大安定角を超えた時点で続けざまになだれが起こり（*b*、*c*、*d*）、図中の暗色で示されているＶ字形の部分が、白色で示されているＶ字型の部分に移動する。ドラムの中身が半分以下だと（*b*）、Ｖ字形が重なりあうので、２種類の粒子がいずれ完全に混ざりあう。ドラムの中身がちょうど半分だと（*c*）、Ｖ字形が重ならないので、各Ｖ字形の内部でしか混ざりあいが起こらない。中身が半分以上あると（*d*）、なだれが決して起こらない中心核ができるので、この円領域にある粒子は決して混ざりあうことがない。この混ざりあわない中心核は、実験ではっきりと視覚化されている（*e*）。（Photo: Julio Ottino, Northwestern University, Evanston, Illinois.）

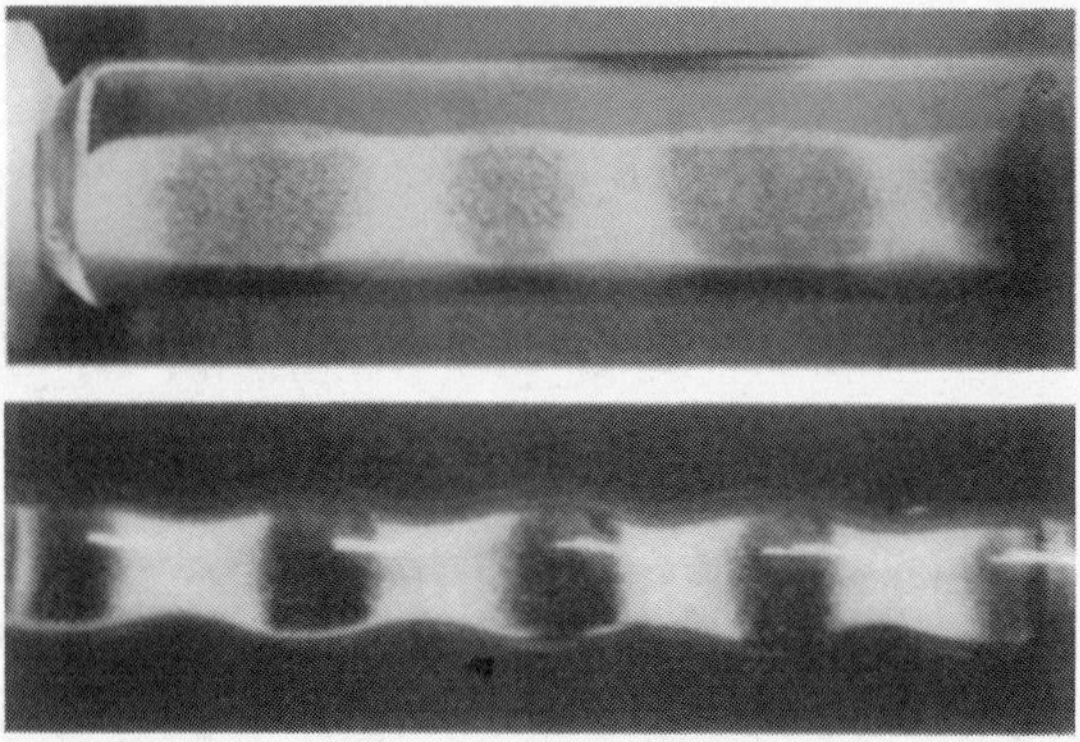

図 4.17　形状の異なる（したがって安息角も異なる）粒子は、円筒形の管の中で転がされるとストライプを成す２つの領域に分離する（*a*）。この図では、暗い領域に砂が、明るい領域にガラス玉が入っている。波状の横断面をもった管の中では（*b*）、大きさの違いだけで粒子の分離が生じ、首の部分と胴の部分にそれぞれ隔離される。（Photos: Joel Stavans, Weizmann Institute of Science, Rehovot.）

・16d）。ゆえに、あらかじめ区分されていたこの部分の物質は、何度ドラムが回っても、ずっと区分されたままでいる（図4・16e）。原則としては、この中心核をいっさい乱すことなく永久にミキサーを回し続けることもできるわけだ。

樽の中によく混ざりあった粒子が詰められていた場合でも、樽を転がされると、それらの粒子は必ずしもそのままではいられなくなる。一九三九年、大山義年《おおやまよしとし》という日本人研究者が、回転する円筒管の内部で転がされた粒子が分離して帯状の模様をつくる場合があることを発見している*（図4・17a）。この現象は、粒子の安息角が異なっていた場合に生じる。たとえば小さなガラス玉は、砂から選り分けられていくだろう。安息角が同じでも、粒子の大きさが違っていた場合に、それらが一連のふくらみをもった円筒管の中で転がされれば、やはり帯状の分離が生じる(図4・17b)。管の中身が容量の半分以上だった場合には、大きい粒子が首の部分（狭まっているところ）に集まり、半分以下だった場合には、胴の部分（ふくらんでいるところ）に集まる。どの分離過程においても重要なのは、粒子が管の中にめいっぱい入っていないことである。ある程度の自由空間がないと、粒子がなだれで回転できなくなるからだ。

イスラエルにあるワイツマン科学研究所のジョエル・スタバンスのチームは、この「オーヤマ効果」（と呼ばれてしかるべきだが、あいにく、そう認められるにはいたっていない）が、混ざりあった異なる粒子を分離するのに使えるのではないかと提案している。彼らの説によれば、このような帯模様への分離は、粒子の二つの特質のあいだの複雑な相互作用による結果である。それは安息角の違いと、管の周縁部との摩擦相互作用における違いだ。その仮定をもとにして粒子が転がる過程のモデルをつくってみると、粒子がよく混ざりあっている状態は本質的に不安定で、二種類の粒子の相対量にたまたまわずかな不均衡が生じれば、その不均衡が自己拡張することが、そのモデルで予言された。ある領域の中で一方のタイプ

＊この現象は、かなり後年になるまで一般に知られることがなかった。粒状物質についての現代的な研究が進む中で再発見されるまで、大山の論文はさしたる印象を残していなかったようだからだ。ジュリオ・オッティーノはこれを、生物学者のガンサー・ステントが「科学的早産」と称したものの一例だと言っている。あまりにも発見が早かったために、その時点で知られていた事実や理論と結びつけられなかったのである。

の粒子がわずかに多いと、その差がしだいに大きくなり、やがてその部分には、そのタイプの粒子しか含まれなくなるのである。

ただし、話はそれだけではすまない。というのも、選り分けられた各部分は、明確に規定された一定の大きさをもっているように思われるが、それは幅の均一な管においても同じだからだ（つまり、管の幅の振幅によって大きさが規定される管ではないということだ）。対照的に、ランダムな不均衡の拡張はあらゆる大きさに広がる。だとすると、このパターン特有の距離スケールはどう説明すればいいのか？　スタバンスらはこれに関して、混和性の（混ぜあわせることのできる）流体がいきなり混和しなくなる（たとえば冷やされるとそうなる）ときに起こる現象と同じだと指摘する。この現象は、溶融金属の混合物を凝固点以下まで急激に冷却したときに生じる。二種類の金属がほぼ均等な大きさの塊《かたまり》に分離するのだ。このスピノーダル分解という過程においては、あらゆる大きさの塊が自己拡張的に成長するが、ある一定の大きさをもった塊は、それ以外の塊に比べて安定度が高く、したがって優先的に選り分けられやすい。冷却率などの条件を細かく調整すれば、ある特定の塊の大きさは意図的に得られるわけだ。冶金《やきん》や化学工業の分野では、特定の大きさの粒子をつくるにあたって、しばしばこれが行なわれている。

自己組織化したなだれ

地すべりやなだれにつきまとう問題点は、それがいつ起こるのか、まるでわからないということだ。あるときには、地震などの予測不能な攪乱《かくらん》がきっかけとなる。たいていの津波がまさにそれで、地震の振動が海中の堆積物に伝わって地すべりを起こすために生じるのだ。だが、なだれには特有の気まぐれもあるように見える。ほとんど同一の粒子からなる単純な山の場合、その勾配が安息角を超えた時点で、いずれ困ったことになるのは目に見えている。しかし、それでもその地すべりがどれだけの規模になるかは、なかなか測りがたいのだ。もし粒子が大きさも形状も異なるさまざまなタイプからなっていたら、あるいは複雑な摩擦特性をもっていたら（湿った土や粘り気のある雪の結晶のように）、あるいはまた、その下の地面が荒れていたら、結果がどうなるのか予想もつかない。わかるのはただ、粒子が動きはじめたら要注意、ということだけだ。

ならば、なだれの時期や規模についての有益な予測は望めないのか？　いや、そんなことはない。むしろ予言できないからこそ、なだれの科学は地震科学と同じように、必然的に統計学となる。ある特定の事象において何が実際に起こるかは厳密には言えないが、何が起こるかもしれないかという相対的な確率ならわかるのである。

実際、そのようにして行なわれている地すべりの研究は、驚くほど生産的であることがわかっている。なにしろ慎ましやかな砂の山は、山火事から生態学的大量絶滅にいたるまで、自然界に起こるさまざまな「壊滅的」プロセスをそっくり映しているようなのである。それらのプロセスすべてに共通する重要な特徴は、いずれも予測不可能ではあるものの、まるっきりランダムではないということだ。つまり、各事象がほかの事象と無関係に起こるわけではない。見えにくくはあるが、きわめて重要な統計学的規則性がそれらにはあって、その規則性こそが、これらの一見すると無秩序な、予測不可能な現象と、明確に定義されるパターンを示す現象とをつないでいる。これまで見てきたパターンのほとんどと同じように、地すべりもまた、自己組織化する能力を備えているようだからだ。

これがどういうことかを理解するには、単純な円錐形の砂の山にいったん戻って考えてみよう。一九八七年、ニューヨーク州ロングアイランドにあるブルックヘブン国立研究所の物理学者、パー・バク、チャオ・タン、カート・ウィーゼンフェルドの三人は、そうした砂山の頂点に新たに粒子が加えられて、砂山が大きくなったときのふるまいを記述するためのモデルを考案した。もともと彼らは砂山の研究を意図していたわけではない。彼らが調べようとしていたのは、エキゾチックな固体のとある電子挙動についてだったが、それは非常に難解な問題なので、あえてここで説明はしない。ともあれ、そこで彼らが気づいたのは、その物質の電子のふるまいが砂山の粒子のふるまいであらわせるということだった。といっても、電子自体が山のようなものを形成するという意味ではない。本三部作の第一巻『かたち』で、ウサギを食べるキツネを想定することによって化学的な振動反応のモデルをつくれるという話をしたが、それと同じで、双方のふるまいを記述する方程式が同じようなものになるということだ。

さて、バク、タン、ウィーゼンフェルドの三人は、ある特定の安息角をもった砂の粒子の山に、新たな粒子が絶え間なく落ちてくる状況を想定した。このモデルの最も単純なかたちでは、砂山が二次元になっている。前述した縞状の地すべりの実験のところで出てきた二枚のガラス板が、粒子一個分の厚みしかないように接近していると考えてもらえればいい。この砂山のランダムな地点に一個ずつ粒子が落とされていくと、いったい何が起こるだろう。砂山は不均一に積みあがっていくので、その勾配は場所によってさまざまとなる（図4・18a）。だが、どこかの勾配が臨界値の安息角を超えると、その時点で地すべりが起こって斜面がこそげおち、その結果、やがてすべての勾配が安息角以下まで小さくなる（図4・18b）。この地すべりはどれだけ大きいのだろう？ つまり、どれだけの数の粒子が転がり落とされたのだろう？ バクらの計算の結果、最も単純な砂山モデルにおいては、新しい粒子がたった一つ、砂山に加えられることで生じる地すべりの規模はいくらでも大きくなりうるとわかった。一握りの数の粒子が転がるだけかもしれないし、砂山全体が壊滅的に崩落するかもしれない。そして事前にどんなに慎重に勾配を調べておいても、そのどちらになるかは決して予言できない。

言い換えれば、動乱の要因はどんなに小さいものであろうと、その小ささにまったく見合わない大々的な効果を及ぼすことがあるということだ。もちろんそのまま、小さな要因が小さな効果しか生まないこともあろう。その系に特有の「スケール」は存在しない。この場合で言えば、粒子が一個追加されたときに転がり落ちる粒子の典型的な数、優位とされる数は存在しないということだ。ゆえに、このモデルの砂山は「スケール不変」だと言える。これはある種の無秩序な形やパターンに共通する特徴だ。詳しくは後述するが、そうした形やパ

図4.18　粒でできた山の勾配は場所によって局所的に異なる（*a*）。図のカラシの種の山では、一見すると勾配が一様に均一化されているように見えるが、よく見ると場所によって微妙に差があるのがわかる。勾配が最大安定角に近づくと、種を1個追加しただけでなだれが引き起こされる（*b*）。このなだれに含まれる粒子の数は、いくつにもなりうる。わずか数個の場合もあれば、斜面の表面層全体が含まれることもある。（Photos: Sidney Nagel, University of Chicago.）

ターンには自然な距離スケールがないので、それを目にしていても、系全体を見ているのか小さな断片を見ているのか区別がつかないのである。

しかし、どんな規模の地すべりでもありうるとはいえ（粒子一個だろうと斜面全体だろうと）、それらがすべて同じ確率で起こりうるわけではない。斜面に粒子を加えつづけながら、それぞれの規模の地すべりの数を勘定していけば、大きな地すべりよりも小さな地すべりのほうがずっと多いことがわかるだろう。斜面全体が転落するような地すべりは、かなり珍しい部類なのだ。つまり、地すべりに含まれる粒子の数が増えるにしたがって、その地すべりの起こる回数は減っていくわけである。バクらのモデルでは、この相関関係に特定の数学的形式が与えられている。なだれの頻度f（これは確率と同等である）は規模sの逆数に比例する、というものだ（図4・19）。このような、ある事象の規模と、その事象でその規模が得られる確率との逆相関関係を、一般に1／f（エフ分の一）法則という。専門的に言えば、これはいわゆる「ベキ乗則」の一例である。要するに、ある量yが別の量xのa乗に比例することを意味している（$y \propto /2x^{a}$）。ここでは指数aがマイナス一に等しいので、数式は$f \propto /2s^{-1}$となる。どうか、この数式にあまり辟易しないでいただきたい……これは基本的に『かたち』の冒頭で紹介したのと同じもので、あのとき約束したように、ここで必要とされる数学はこれだけである。ベキ乗則については続巻であらためて見ることにしよう。さて、ここで重要なのは、こうした断続的に起こる事象が毎回独立して、すなわち次に起こるときと無関係に起こるものである場合には、1／f法則は原則的に当てはまらないということで

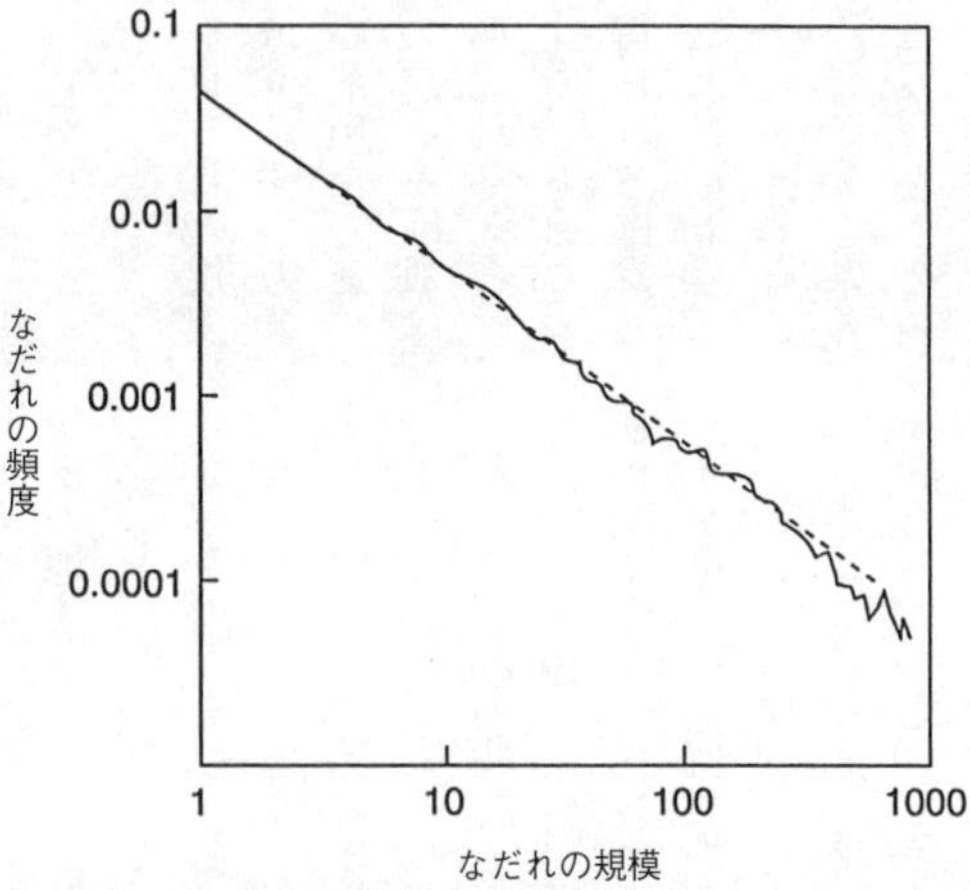

図 4.19　砂山のなだれの単純なモデルでは、ある特定の規模のなだれの頻度が、規模の高まりに反比例して減少する。規模の対数に対する頻度の対数を座標にしたグラフでは、この相関関係がマイナス１の傾きをもった直線になる（ここでは破線で示してある）。（After Bak, 1997.）

ある。完全にランダムな事象の場合、規模と頻度（あるいは確率）との数学的相関関係は、おなじみの釣鐘型曲線で記述されることになる。

なだれは砂山の「揺らぎ」と見なすことができる。ある定常状態、すなわちこの場合で言えば安息角で傾いている斜面に、乱れが生じるということだ。この斜面に粒子をそれ以上加えなければ、斜面は限りなく不変のままである。ところが粒子を加えると、斜面にはあらゆる規模の動乱（なだれ）が続けざまに起き、そのたびに、おおむね安息角で静止にいたるように組成が変えられていく。砂粒が絶えず降りそそげば、砂山は「非平衡系」になる。『かたち』でも見てきたとおり、非平衡系こそはほとんどの自然のパターンの源《みなもと》である。そして、これもすでに見てきたことだが、系を平衡系にさせないためには、絶えずエネルギーの供給を続けなければならないし、総じて物質の供給も絶やせない。砂山に起こっていることはまさにそれである。落ちてくる粒子は果てしなくエネルギーと物質を斜面に注入している。これが揺らぎの推進力である。

$1/f$法則は、自然の系でも人工の系でも、さまざまなところで揺らぎの規模を定めていることがわかっている。抵抗器を流れる電流にもこの種の揺らぎが見られるし、太陽から放射される熱と光の総量（輝度）についても同様だ。後者の原因は、太陽フレアと呼ばれる超高熱プラズマの爆発だが、これを生んでいるのは太陽外層大気のねじれた磁場である。クエーサーという遠い天体もやはり同種の変動性を示しているし、いくつかの火山の噴火や降雨の記録もまたしかりだ。一部の古生物学者の見解によれば、大量絶滅（地球上の生物のかなりの割合を一掃する最悪の事象）の地質学的な記録でも、やはり事象の規模と頻度のあいだに$1/f$法則の関係がなりたっており、少なくとも海洋生態系に関しては確実にそう言えるという。そのいずれの場合にも、突然のなだれのような事象があらゆる規模の大きさで起こっているのである。

$1/f$ベキ乗則がさまざまな自然系における揺らぎのふるまいを統《す》べていることは前々から知られていたが、その理由が初めてわかったのは、パー・バクらが砂山のモデルを考案したときだった。そこには、既知の構成要素からなる揺らぎのふるまいの単純な事例があらわれていて、これが$1/f$法則の全般的な起源についても何かを解き明かしてくれるかもしれなかった。

このモデルの砂山には、非常に奇妙なところがある。安定した状態の正反対をつねにめざしているのだ。普通はその逆である。自然は総じて安定性を切望しているのではなかろうか。だから水は下に流れ、ゴルフボールは穴に落ち、木は前につんのめる。ところが砂山は、つねに自分がなだれの直前にいる状態に帰ろうとする。そしてなだれが起きるたび、この危うい綱渡りが終了して崩れ落ちる。しかし、また新たな粒子が加えられるにつれ、系はまたもやじりじりと崖っぷちに這い戻っていく。

このような状態は、ごくわずかな刺激があっただけでも、あらゆる規模での揺らぎを生じやすい。これは物理学者には前々から知られていたことだ。こうした状態は「臨界状態」といって、磁石や液体やビッグバンの理論モデルなど、さまざまな系に見られる。たとえばあらゆる液体は、臨界点と呼ばれる特定の温度と圧力に達したところで、この臨界状態をとる。液体に熱を加えると、液体は沸点に達したところで蒸発して蒸気となる。流体の状態がいきなり液体（濃密）から気体（希薄）に変わったわけだ。しかし臨界温度より上の温度では、もうこのような突然の状態変化は起こらない。流体は圧力が下がるにしたがって、濃密な液体のような状態から、拡散的な気体のような状態へと、円滑に連続的に推移する。つまり臨界点とは、「液体」と「気体」のあいだに明確な区別がつかなくなる地点であり、両者を隔てる沸点が存在しなくなる地点だと言えよう。

流体が臨界点にあるとき、流体の密度はあちらこちらで激しく揺らぐ（図4・20）。ある

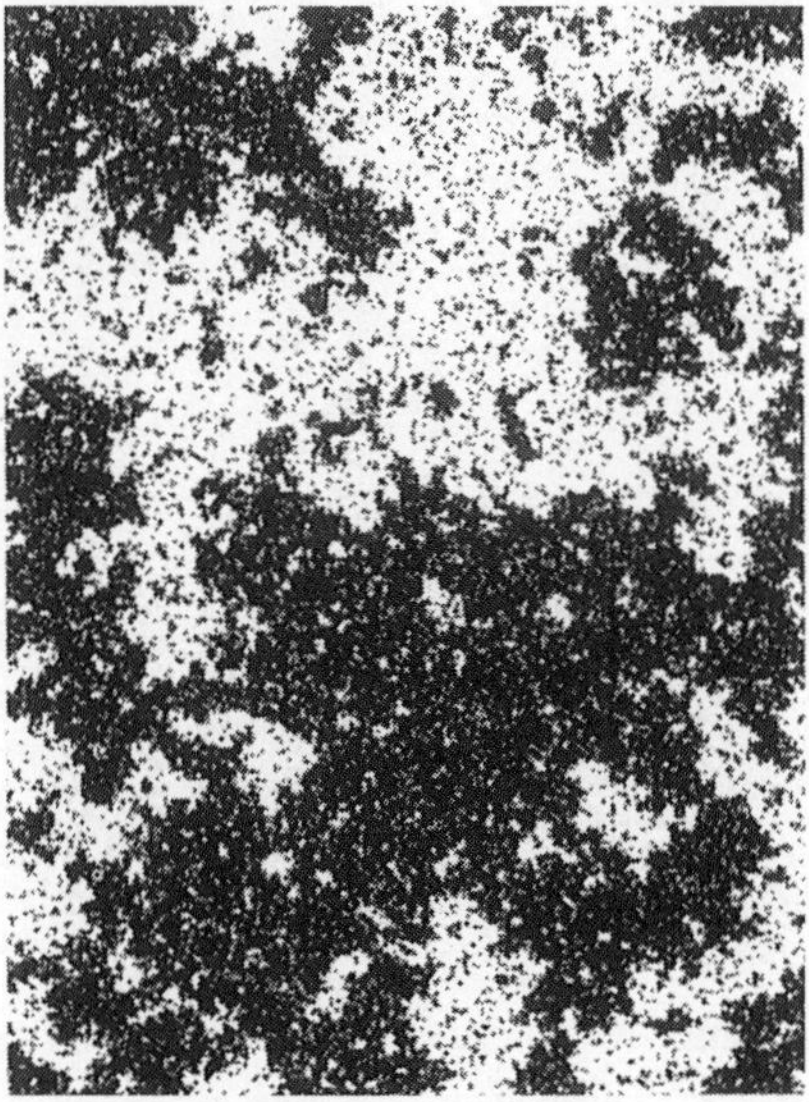

図4.20　物質の２つの状態、すなわち液体と気体との臨界点では、その両者の明確な区別が見えなくなる。臨界流体にはあらゆる規模のさまざまな密度が含まれており、液体のような流体の領域と気体のような流体の領域が共存している。この図はそうした流体のスナップショットで、臨界点のコンピューター・モデルから抜き出した。黒い部分が液体状の高密度領域を示し、白い部分が気体状の領域を示している。（Image: Alastair Bruce, University of Edinburgh.）

部分では液体のような密度だが、別の部分では気体のようであり、そうした各部分が絶えず様相を変え、特定の大きさや形状はいっさい保たれない。つまりそれらは、つかのまの揺らぎである。流体は、いままさに液体と気体との別領域にはっきり分かれようとしている（臨界点より下の温度にあるときの流体はそうなっている）が、どうにもふんぎりがつかないでいる。ここで、臨界点にある流体の小さな各部分が「液体状」になるか「気体状」になるかを、もしコイントスで決められることになったらどうなるだろう。それは実際の臨界状態とは違うものになり、どちらかが大きくなっている部分のまったくない、どこも等しくランダムな状態になるだろう。実際の密度の揺らぎがそうなっていないのは、流体の各部分が、その周囲を取り巻く流体の状態に影響されているためだ。これらの各部分は、どれも互いに無関係ではないのである。

流体をいつまでも液体状と気体状の部分が混じりあった無秩序な、しかし互いに影響しあった臨界状態においておくのはきわめて難しい。流体は二つの大きな領域に分かれる寸前にあり、まもなく片方は液体状に、もう片方は気体状に進んでいくだろう。言うなれば臨界点は、直立させられて必死にバランスをとっている針のようなものだ。理論的には、完璧にバランスのとれた状態というものは存在する。しかし、それはわずかに突っつかれたり、微風が当たったりしただけでも崩れてしまう、不安定なものだ。ところが、バクたちの考えた理論上の砂山は、それと同じ臨界の特徴をもっていながら――つまり、ほんのわずかな刺激（たとえば、たった一個の粒子の追加）だけで、あらゆる距離スケールでの揺らぎ（なだれ）を起こしうる状態でありながら――危ういどころか堅固に見える。臨界状態をつねに逃れようとしているどころか、臨界状態につねに戻ろうとしているように見える。それはまるで、つねに揺れながら決して倒れない針のようである。バクたちはこの現象を「自己組織化臨界」と称した。臨界状態が、この最も危うい配置に向かって自らを組織化しているように見えるからだった。

そう思ってバクがまわりを見てみると、あらゆるところに自己組織化臨界の面影があるように見えてきた。たとえば森林火災の理論的なモデルでは、火災はどのような規模にも広がりうる。すぐ近傍の木々をいくつか燃やすだけの場合もあれば、恐ろしい勢いで広範なエリアに伸びることもある。したがって、火が森林を通過したあとにはあらゆる規模の樹木群が焼けずに残される。樹木がゆっくり再生していけば、ときおり火災が起こることで森林は自己組織化臨界状態に保たれるだろう。また、地震が「グーテンベルク＝リヒター法則」と呼ばれる1／fベキ乗則（あるいはそれに非常に近いもの）にしたがっているのも、四〇年以上前から知られてきたことだ。戸棚をがたがた揺らすだけから、都市をまるごと壊滅させるまで、地震はあらゆる規模（マグニチュード）で発生するが、その発生率はマグニチュードが大きくなるとともに小さくなる。この自己組織化臨界とおぼしき現象も、地質学的な断層のずれをあらわす単純な力学モデルも、ベキ乗則にしたがったふるまいを示している。

パー・バクは、この自己組織化臨界において、「自然界に複雑性が遍在することを記述するための包括的な枠組み」を明らかにしたと思っていた。いや、自然界ばかりでなく、経済市場の変動や技術革新の普及など、人間界の系においてさえ当てはまると思っていた。たしかにこの種の複雑系を記述するために考案された多くのモデルは、いずれ自己組織化臨界状態にたどりつく。だが、現実の世界もやはりそのようにふるまっているというのが本当に真実だと証明するのは、はるかに難しい。大量絶滅や森林火災など、自己組織化臨界の事例だと言われているものも、多くはいまだ議論の分かれるところなのだ。問題点のひとつは、統計データが往々にしてあいまいなことである。規模と頻度に特定の数学的相関関係があらわれていることが確実であって、狭い範囲の規模スケールで見たときにそのように見えるだけものではないと確信するには、大量のデータが必要だ。しかし、それはそういつでも手に入るものではない。たとえば世界が始まって以来の大量絶滅を考えてみても、進化が本当に自己組織化臨界状態で働いていると確信するには、事例数がとうてい充分ではない。さらにもうひとつの問題点は、モデルにおいてなら、関係する重要なパラメーターのすべてをほぼ正確に特定できるし、それぞれを独立して変えたときの効果も把握できるが、かたや現実の世界では、えてして複雑系はあらゆる種類の変動要因の影響を受けやすく、その影響は必ずしも目に見えるものばかりではない。地震断層運動の現行モデルに、すべり過程や地球の地質学的構造に関するもっと現実的な記述を加えたならば、そのモデルははたして自己組織化臨界を示すだろうか？

実際、最初のモデルのヒントとなった現実の砂山が本当に自己組織化臨界状態になりうるのかさえ、じつは議論の余地がある。ほかはともかく、これについてなら単純な実験が可能だろうと思う人が多いだろうか。ただ砂を一粒ずつ山に落としていって、その追加のたびにどれだけの規模のなだれが起きるかを観察すればいいのだろうと。だが、そのなだれの規模を測るのに唯一の方法はなく、これまで行なわれたどの実験でも明確な答えは出されていないのだ。たとえば一九八九年、シカゴ大学のシドニー・ネーゲルのチームが調べた結果では、本物の砂山はつねに表層部のほとんどを滑落させるような大規模ななだれを起こしているようだった。一方、一九九〇年代初めに行なわれた別の実験では、自己組織化臨界に期待されるようなべキ乗則のふるまいが、たしかに生み出されているようだった。現在のところ、多くの研究者は、現実の砂山が本当の自己組織化臨界を示すことはないと見ている。ただし、それはそう見せかけているだけで、測定された規模のなだれにはあらわれないという可能性も捨てきれない。

しかし、たとえ砂山が実際には自己組織化臨界状態になかったとしても、さして驚くことではないだろう。現実の砂は、モデルの砂とは違うのである。第一に、それぞれの砂粒は大きさも形状も表面の特徴も、ほかとまったくの同一ではない。そして、そのような細部での微小な差が、砂粒の上を砂粒が滑っていくときの滑りやすさを規定している。*さらに、粒子の衝突はエネルギーを消散させるが、ごく単純なモデルではそこが省略されている。一九九五年、ノルウェーのオスロ大学のイェンス・フェダーとキム・クリステンセンのチームは、粒子なだれが自己組織化臨界の一例なのかどうかの論争に決着をつけようとして、この問題に新しいひねりを加えてみた。砂粒を研究する代わりに、米粒に目をつけたのだ。米粒は砂

＊　パー・バクが自己組織化臨界について著した、その名も大胆な『自然はいかにして働くか（*How Nature Works*）』には、ガラスの壁にもたせかけた砂山の実験写真が載せられているが、その写真は意図せずして、そこで言わんとしている要点を否定している。粒子なだれは特有の規模スケールのない「スケールフリー」な過程であるという点だ。その斜面には明らかに黒っぽい粒子でできた杉綾模様ができている。おそらく前述した層化によって生じたものだろう（4章「縞模様の地すべり」参照）。これは一種の警告ではないだろうか。科学者は、そんなものが見つかるとは思わないでいると、それがどれだけ明らかにデータにあらわれていても、つい見過ごしてしまいがちなのである。

粒ほどあっさりとは転がらず、ほかの粒の上を滑っていきやすくもないので（ラグビーボールがサッカーボールほど転がらないのと同じことだ）、コンピューター・モデルでは明らかに自己組織化臨界を示していると見なされる粒子のふるまいを、より正確にとらえられると考えたからである（モデルに見合うように実験が採用されていて、その逆ではない珍しい一例だ）。安息角を超えた時点で粒子は転がるが、安息角を超えなくなった時点で動いていた粒子は転がるのをやめる。オスロ大学のチームは二枚のガラス板を平行に立て、そのあいだの狭い層に米粒を入れて、できあがった二次元の山を注視した（図4・21）。

信頼できる統計データが得られるだけの大量のなだれを観測するには、飽き飽きするほど長い過程が必要で、結局一年もかかった。それでもついに、彼らはひとつの結論に達した。この粒子の山のふるまいは、実験に使われた米の種類によって違っていた。厳密に言えば、粒子が長いか短いかによって決まっていた。幅より長さのほうが大きい細長の米粒は、真の自己組織化臨界のふるまいを示すようであり、なだれの規模（実験では、一回に放出されるエネルギー量まで測定された）と発生の頻度に、ベキ乗則の関係性を備えている。しかし、球体に近く、したがって本物の砂により近いことになる短い米粒は、異なるふるまいを見せていた。規模と頻度のあいだに単純なベキ乗則はあらわれず、1／f法則より複雑な関係性が示されたのである。ただし、その関係性は、なだれのさまざまな規模をそれなりに充分な幅で測定していなければ、ベキ乗則に（したがって自己組織化臨界のしるしに）簡単に間違えられるようなものだった。これまでの実験の砂山で自己組織化臨界が見られたと言われた

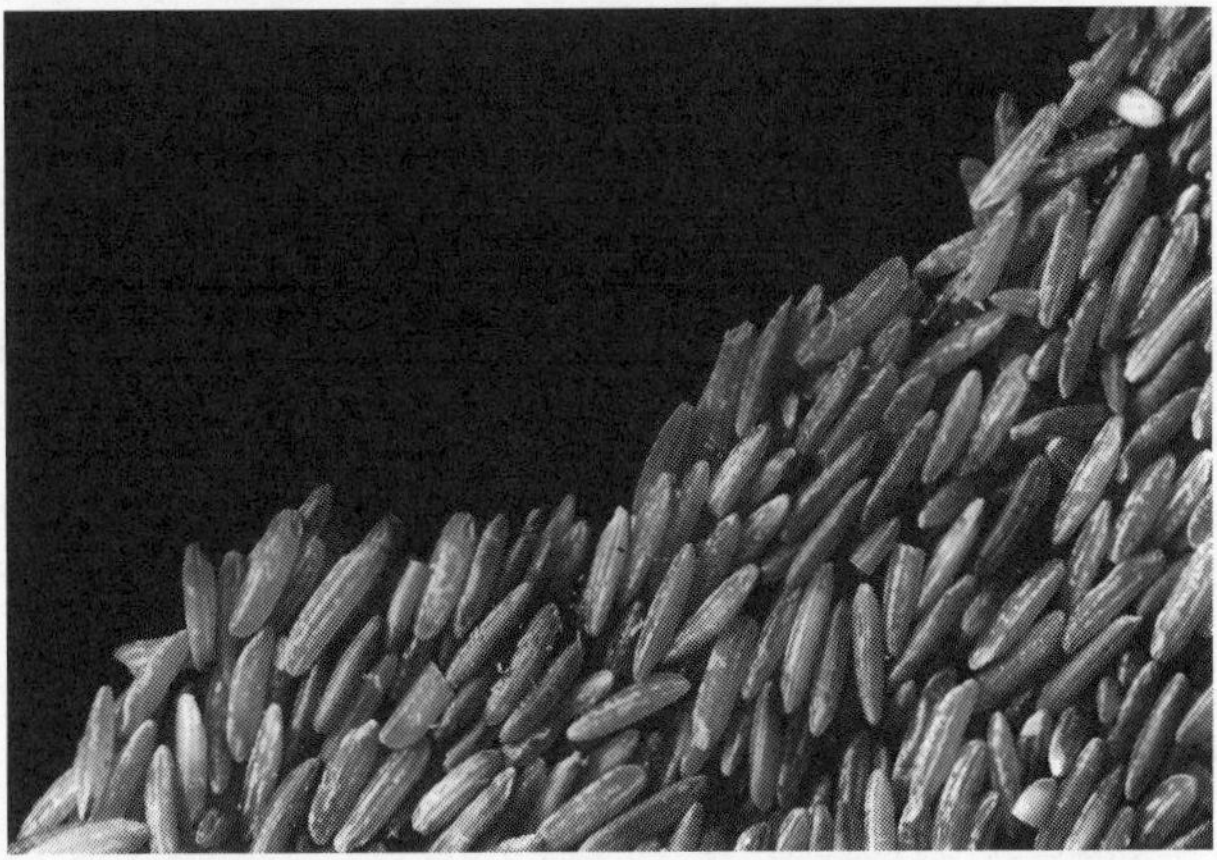

図 4.21　2枚のガラス板のあいだに入れられた米粒の山の一部。この微細なスケールだと、斜面がまるで平坦になっていないことに注目してほしい。
（Photo: Kim Christensen, University of Oslo.）

のも、おそらくそのせいだったのだろう。
　そういうわけで、粒子の山が自己組織化のふるまいを示すことはありうるとしても、つねにそうなるとはかぎらず、実際にもほとんどの場合は示さない。それを決めるのは（とくに）粒子の形状と、転がるときにどれだけのエネルギーを消散するかだ。これがバクの主張を裏づけるとともに、修正もした。自己組織化臨界はおそらく現実の現象であり、コンピューター・モデルの産物ではないと思われるが、必ずしも普遍的ではなく、ましてやそう簡単に観察できるものでも達成できるものでもない。さしあたり、砂山はたしかに魅力的だが、自然の複雑さをあらわすメタファーとしては限界があると見なさざるをえない。

ナッツの浮き沈み

私はミューズリー［訳注：シリアル食品の一種］の箱の中身を最後まで食べきるのが苦手だ。非常にもったいないことではあるのだが、箱の底が見えてきたころには、フルーツやナッツの大きいかけらは全部なくなっていて、残っているのは、あまり食欲をそそられない乾燥オート麦フレークのくずばかりなのだ。これは物理学者にはおなじみの現象で、ブラジルナッツ効果という。

粒状媒質を揺り動かすと大きさの異なる粒子が振り分けられるのは、技術者ならよく知っていることだが、その理由はいまだ論争中である。異なる大きさの粒子をいっしょに振れば単純に混ざりあうんじゃないかと、そう思われるかもしれないが、それは明らかに思い違いである。通常、大きな粒子はなぜかてっぺんに上昇するのだ。たとえミューズリーの箱の中身が工場を出るときによく混ぜあわされていたとしても（およそありえないことだが）、それが轟音をたてて走る大型トラックに積載されてスーパーマーケットに到着したころには、たいていブラジルナッツとバナナフレークはてっぺんに上がっている。一九六〇年代に、ブラッドフォード大学のイギリス人工学者ジョン・ウィリアムズが、この効果を体系的に研究した。ウィリアムズは、一個の大きな粒子が上下に振動しながら細かい粉末の層のあいだをすり抜けて上昇するのを確認した。これは、大きな粒子が歯車の歯止めに徐々に動かされるようなかたちで徐々に上昇しているのではないかとウィリアムズは考えた。揺さぶられているあいだにすべての粒子が跳躍すると、大きな粒子が飛び上がった真下に空洞ができる。そ

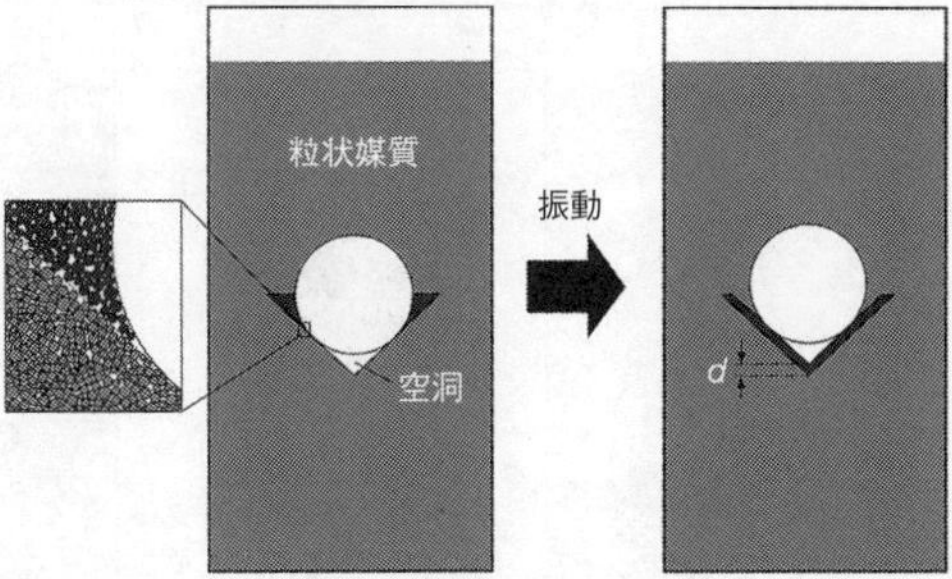

図 4.22　ブラジルナッツはどのようにして上昇するか？　ここに、1個の大きな粒子がある。その周囲は小さな粉末状の粒子で埋められている（この図では大きさの違いがわかりやすいように誇張してある）。大きな粒子（白色）の下側には、空洞の空間ができやすい。箱が垂直に揺さぶられると、大きな粒子が空洞から跳び上がるので、その周囲にいる小さな粒子（図の横断面で暗色で示したV字型の部分）が空洞内に滑り込めるようになる。したがって、大きな粒子がふたたび元に戻ろうと、暗色部分の粒子でできた錐体の上で静止することになり、結果的に、暗色の層の厚みとほぼ等しい微少な距離 d だけ上昇している。このようにして、大きな粒子は跳躍のたびに、歯車の歯止めにもちあげられるようなかっこうで徐々に上昇していく。

こに、落ちてきた小さな粒子が入り込む（図4・22）。そのため、これらの小さな粒子が妨げとなって、大きな粒子は跳躍前の高さに戻れなくなる。これが一回の揺さぶりのたびに起こって続いていくというわけだ。一九九二年、物理学者のレミ・ジュリアンとポール・ミーキンが、揺さぶり過程のコンピュータ・シミュレーションを用いて、この漸進的な上昇過程を確認した。

だが、ブラジルナッツの浮上には、まだ先の話がある。前述のシドニー・ネーゲルとそのチームは、ガラスの円筒の中に、すべてが同じ大きさのガラス玉と、一個か二個だけ大きいガラス玉をいっしょに入れて、それを揺り動かす実験を行なった。するとやはり、大きい玉はしだいに最上部まで上昇し

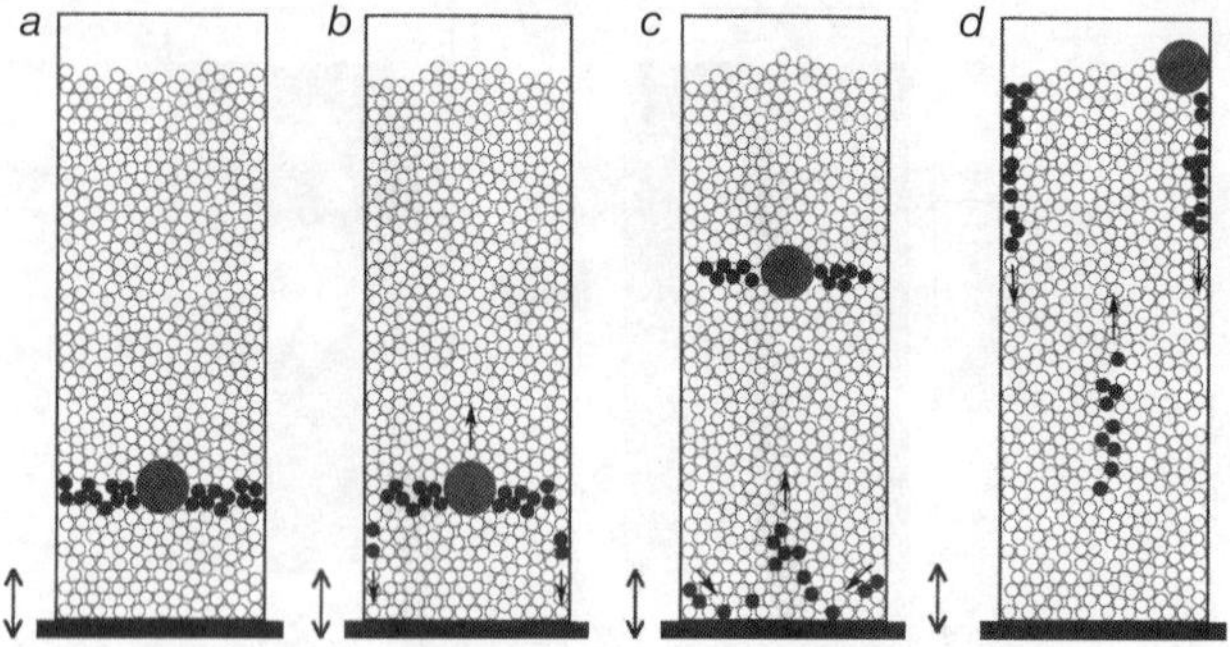

図4.23　背の高い円柱の中にある粒子は、対流のような循環運動をする。中心部にある粒子は上昇し、周縁部にある粒子は狭い層を通ってじりじりと下降する。この図は、一部のガラス玉に色をつけて粒子の運動を追えるようにした実際の実験から再構成したもの。柱の底辺近くの、最初は平坦だった着色ガラス玉の層が（*a*）、やがて周縁部の下降する玉と中心部の上昇する玉に分かれていく（*b*）。最上部では、上昇した玉がしだいに壁際に寄っていき、それから下降しはじめる（*d*）。一方、周縁部の玉はいったん底辺に達すると、しだいに中心部に寄っていき、それから上昇しはじめる（*c* と *d*）。１個だけの大きな玉は、柱の周縁部をなす狭い下降層に入るには大きすぎるため、そのまま最上部に取り残される。こうして、この対流運動が異なる大きさの粒子を分離させている。（Images: Sidney Nagel, University of Chicago.）

ていった。ネーゲルらはそれぞれの玉の動きを追いかけるべく、円筒の底辺近くの層をなしている多数の小さな玉と、それに取り巻かれた一個の大きな玉に、色をつけてみた。大きな玉は垂直に上昇し、それといっしょに、そのすぐ近くを囲んでいる小さな玉も上昇した。しかし、着色層の周縁部にあって容器の壁に接触している小さな玉は、逆に容器の底に向かって下降しはじめた（図4・23）。中心部の玉の一団が上昇を続けているあいだに、周縁部の下降していた玉は底辺にたどりつき、それから中心部に向かいながらふたたび上昇していった。一方、大きな玉とそれを囲む小さな玉が最上部に達すると、大きな玉はそのまま最上部にとどまったが、小さな玉は容器の周縁部に寄っていき、それから下降しはじめた。

要するに、着色された小さな玉は循環しているのである。中心部で上昇し、周縁部で下降する。これはちょうど、前の章で見た対流セルの中の流体と同じ動きだ。ここで見られる大小の粒子の選り分けは、この対流のような運動の副産物なのである。大きい玉はセルの上昇する柱に押し上げられるが、いったん最上部までたどりつくと、そこから先は循環についていけなくなる。セルの下降領域は容器の周縁部の非常に薄い（それこそ小さい玉の厚みほどの）層に限られているからだ。

したがって、どうやら粒状物質はただ流れるのではなく、対流を起こすものと見られる。じつのところ、これは昔から知られている現象だった。あとで記すように、マイケル・ファラデーはこれを一八三一年に確認していると思われるのである。だが、この流れはどうして起こっているのだろう？　前に見たように、通常の流体における対流は、温度の異なる流体層のあいだの密度の違いによる揚力から生じている。だが、ネーゲルの粒状媒質の中にある各粒子は、すべて同じ密度である。これらはすべて同じ大きさなのだ（大きい玉は例外だが、これが存在しなくても対流が生じるのに支障はない）。ネーゲルらは研究の結果、玉と容器の壁のあいだの摩擦力が重要な要因だと判断した。そのせいで、周縁部の玉は揺さぶりにあっても上に跳躍できないのだ。この考えを裏づけるように、壁をもっと滑りやすいものにすると、循環運動は弱まった。反対に、壁をもっと粗いものにすると、循環はさらに目立つようになった（ジュリアンとミーキンのコンピューター・シミュレーションには壁がそもそもなかったので、彼らがこの対流の効果を見ることはなかっただろう）。

「ブラジルナッツ」粒子は必ずしも、粒子の混合物が揺さぶられたときに自動的に最上部まで上がるわけではない。ときどきは、大きな粒子が底に沈むこともある。この「逆ブラジルナッツ効果」は、二〇〇二年にペンシルベニア州にあるリーハイ大学のダニエル・ホンのチームによって予言され、翌年、ドイツのバイロイト大学の研究者たちにより、金属玉と木の玉とガラス玉を揺り動かす実験において確認された。ホンの仮説によれば、二種類の球状の玉が混ざっている場合には、大きい玉と小さい玉の大きさと密度の比率における特定の閾値《しきい》で、大きい玉は上昇と下降を切り替えるはずだという。ドイツ人チームがこれを検証したところ、たしかにこの仮説はたいていの場合に正しい予言をなすが、玉の混合物がどれだけ速く、どれだけ強く揺さぶられるかによっても、ふるまいは変わってくるという。また、砂金の選鉱鍋で砂がぐるぐる振り動かされるときのように、粒子の薄い層が水平に揺さぶられた場合でも、やはり分離が起こることがある。この場合、玉の相対密度によって、大きな玉は層の周縁部にぐるりと並ぶか、あるいは中心部に寄り集まるようになる。

以上のすべてから考えるに、あなたのシリアルの箱の中身がどうなるかが本当にわかる方法はただひとつ、とりあえず揺すってみるということだ。

はじける豆粒《ジャンピング・ビーン》

マイケル・ファラデーが最初に箱を揺すったとき、そこにあらわれていたのは粒子の循環（対流）運動と、表層面に自発的にできていた小山や「バンカー」の姿だった。これは粒子と粒子のあいだの微小な空間に存在していた空気のなせるわざではないか、とファラデーは考えた。粒子の層が激しく揺さぶられると、層の最下部が底面から飛び上がって、空気がほとんど入っていない空洞ができる。粒子のあいだの気体に急激な空気圧の差が生じたことと、盛り上がった山の真下の粒子をこの空気のない空洞が押し上げたことにより、層に不均衡が生じ、したがって小山ができるというわけだ。近年、粒子の層に浸透した気体の圧力を体系的に変化させて小山にもたらされる効果を調べた実験で、このファラデーのメカニズムは正しかったことが確認されている。

ファラデーは、一八世紀のドイツの物理学者エルンスト・クラドニが発見していた振動する粒子の描くパターンを、これで説明できるという仮説を出した。クラドニは一七八七年、金属の板に細かい砂をばらまいてから、その板の端をバイオリンの弓ではじいて音響振動を励起《れいき》させると、砂が寄り集まって線や点となり、さらにそれらが絡みあってなんとも美しい模様をつくることを発見していた（図4・24）。この金属板の振動は、それがどのように——どれだけの強度、どれだけの振動数で——励起されるかによって決まる。オルガンのパイプやギターの弦を二次元にして考えた場合と同様に、金属板には、全部の数の波が完璧にその表面に合致する特定の振動「モード」がある。そしてギターの弦と同じく、振動している表面のいくつかの地点が上昇すると、同時にほかの部分が下降して、そのあいだのどこかの地点に、表面にまったく動きのない「節《ふし》」と呼ばれる部分が生じる（図4・25）。弦がはじかれたときの節はただの一点だが、板の上では、この節が線を描く。クラドニは、表面にばらまかれている細かい粒子と粗い粒子が、それぞれ異なるふるまいをするのに気づいた。細かい粒子は、表面の上下運動の振幅が最大となる「腹《はら》」と呼ばれる部分に積み重なるが、粗い粒子のほうは、板の動きがまったくない節の部分に寄り集まるのだ。ファラデーの考えでは、大きい粒子なら表面の動いていない地点まで跳んでいけるが、小さい粒子は空気の流れに押されて腹に集められる。この空気の流れは、層が飛び上がって空洞ができたために生じた圧力差によって引き起こされている。これを検証するため、ファラデーは板に紙切れをのせて空気の流れが通るのを阻止した。すると、これが予想どおりに粒子の方向を変える効果をもたらした。意外なことに、このファラデーのおおよその仮説は、一九九八年になるまで明確な実験的裏づけを得られないままだった。

ファラデーの理論によれば、振動させられた粒子の層のふるまいは、その上の空気圧によって決まるという。一九九〇年代の半ば、テキサス大学オースティン校のハリー・スウィニーは、同僚のポール・アンバンハワー、フランシスコ・メロとともに、空気がまったくない場合、したがって空気の流れもない場合に、揺さぶられた粒子の層がどうなるかを確認してみることにした。彼らが調べたのは、一般的な砂粒と同じぐらいの大きさの微小な青銅の球からなる非常に薄い層で、これを浅い密閉容器に入れて、ポンプで空気を抜いたうえで、上下に急速に振動させた。ここでは節や腹ができるように表面を音響的に励起させるのではな

a

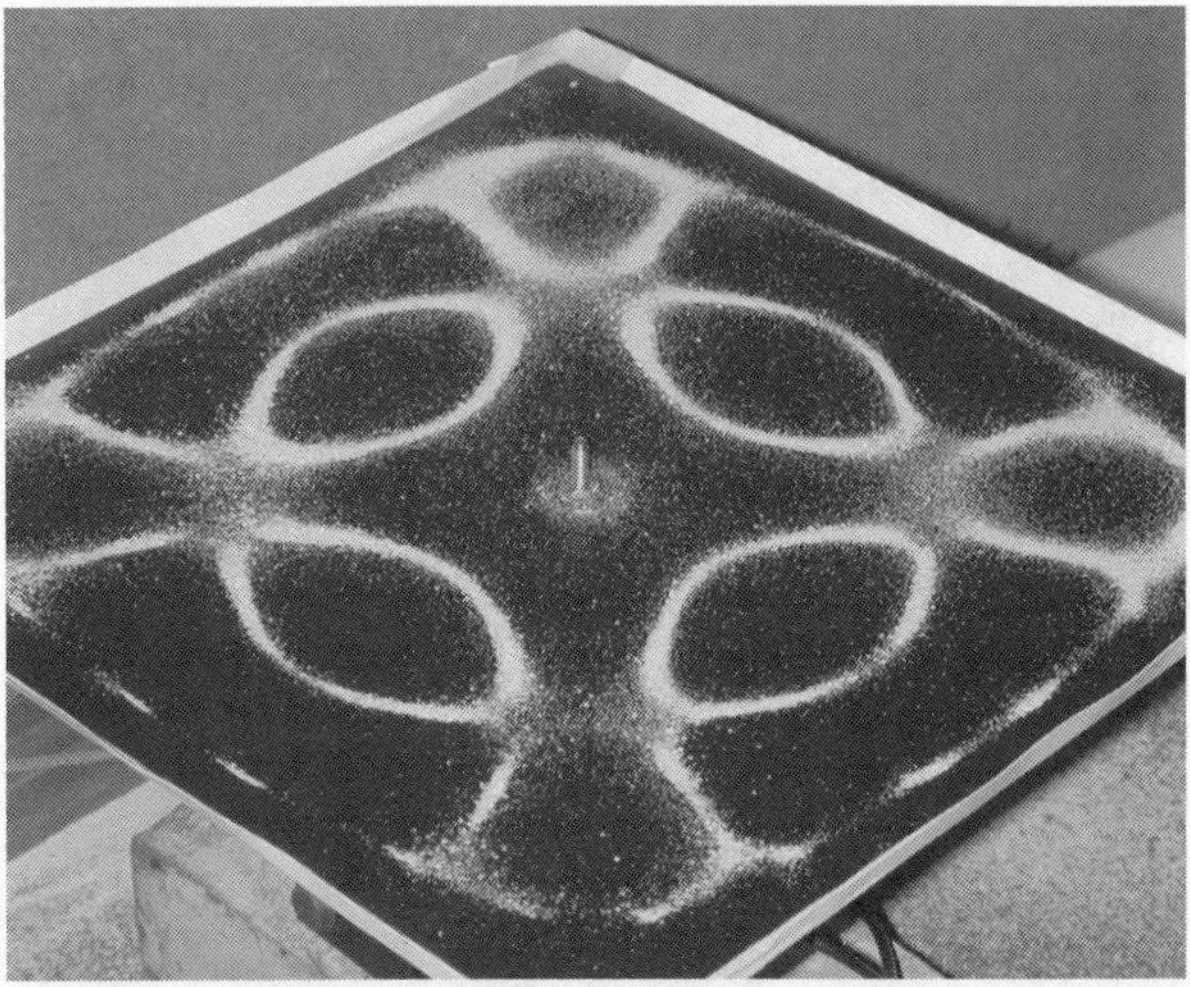

b

図 4.24　金属板の表面にばらまかれた細かい粉は、板がバイオリンの弓で振動させられるとクラドニ図形を形成する（*a*）。図形はじつにさまざまな形をとる。ここに示したのは、そのごく一部である（*b*）。（Photo *a*: Biological Physics Department, University of Mons, Belgium.）

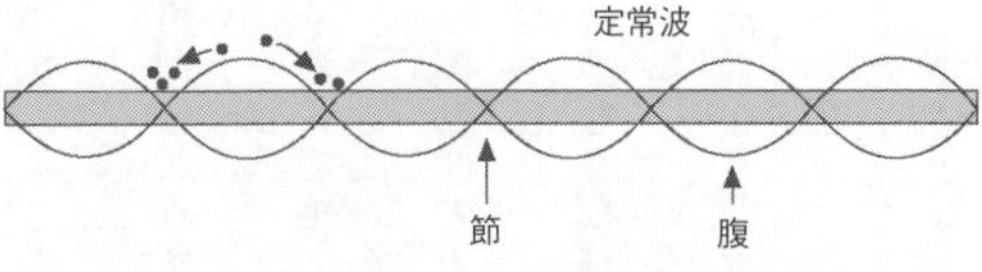

図 4.25　節に向かう粒子の運動によって生じるパターン。節とは、板の振動が上にも下にも変位を生じさせないところ。一部の粒子は節に向かわずに腹に向かうこともある。腹とは、変位が最大になる領域である。

く、底面全体を単純に上下に動かして、振動が均一になるようにした。クラドニ図形が描きだす音響波の形は、パターン形成のテンプレートとなる。しかしここでは、そのようなテンプレートはない。粒子に特定のパターンを描かせる明らかな原動力となる力が、ここには存在していないからだ。

　にもかかわらず、パターンは豊富にあらわれた。というよりも、この設定はこれまでに知られている中で、粒子のパターンを最も豊富に生み出す下地だったことがわかった。粒子の層は一連の動的なさざなみに組織化していった。粒子が互いに足並みをそろえて絶えず上下する定常波が生まれたのである。このときにストロボスコープを利用して、微小な青銅の球を運動中の一点で「凍結」すれば、これらの波模様を視覚化できる。球が振動性の上昇と下降をしているときに、それにあわせてフラッシュを焚《た》き、球に照明をあてればいい。そうすれば、周期中のつねに同じ一点で模様をとらえられる。スウィニーらが確認した模様は、いまでは広く知られているかもしれない。縞模様（転位線が差し挟まれている）、渦巻模様、六角形セルに正方形セル。それよりもっとランダムで、定常でない、乱流のようなセル状模様もあらわれる（図4・26）。

　どういうパターンが生じるかは、揺さぶりの振動数と振幅によって決まる。そしてパターンからパターンへの切り替わりは、臨界閾値が超えられたと同時にすぐさま起こる。粒子が上下している振動数は、揺さぶりの振動数の単純な比だ。二回揺さぶられるごとに一回、あるいはもっと振幅が大きい場合なら、四回揺さぶられるごとに一回となる。だが、同じパターンの中の別の部分は、互いに足並みをそろえずに振動しているかもしれない。その場合、ある部分は上昇していて、ある部分は下降していることになる。このときにストロボスコープで同期していない粒子をとらえ、ある領域の山の部分（明るい）と、別の領域の谷の部分（暗い）に光をあてる（図４・27）。揺さぶりの振幅がある一定の閾値を超えると、パターンは溶解して無秩序になる。もし粒子があまりにも高く投げ飛ばされたなら、その粒子は二度と運動をまわりに同期させられなくなる。

しかし粒子の層は、どうしてパターンなどつくらずに全体で単純に上下運動をしないのだろう？　じつを言えば、そういう場合もなくはない。それは振動の振幅が小さいときだ。しかし臨界振幅をいったん超えると、その平坦な層に「分岐」が生じて、粒子の運動の状態が単一の定常状態から二つの状態に切り替わる。すなわち粒子が上昇する状態と、粒子が下降する状態である。同じ層の異なる地点がどちらの状態にもなりうるので、それが組織化して縞状になり、ばらばらに上がったり下がったりする。振動数が低いときには、この縞が十字に交差して正方形のパターンをつくる。そして第二の臨界振幅に直面すると、やはり第二の分岐が生じ、六角形のパターンがつくられる。振動周期のある時点では、小さな点のような峰がずらりと並んだパターンがあらわれる。もしストロボスコープが半周遅れでそのパターンをとらえれば、中央が空洞になった六角形のハチの巣セルがずらりと並ぶ。つまり、このパターンは二つ一組の振動のあらわれだ。点、空洞、点、空洞……どちらのパターンも（同期していない領域の二つの中間的な形状とあわせて）図４・27で確認できる。

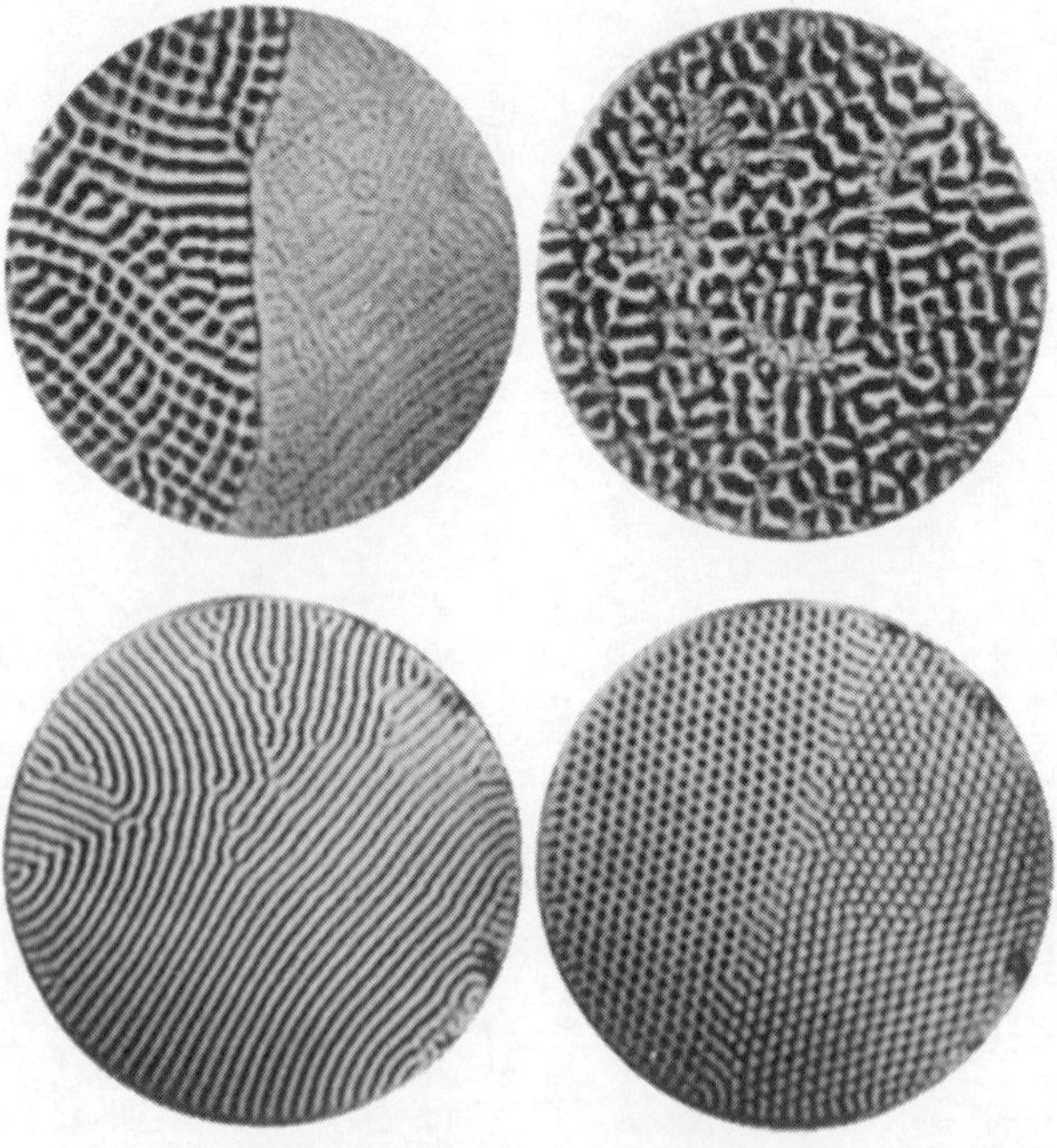

図4.26　粒子の浅い層を垂直に揺さぶると、複雑な波模様ができあがる。縞や正方形や六角形のほか、もっと無秩序な「対流状」のパターンもあらわれる。
（Photos: Harry Swinney, University of Texas at Austin.）

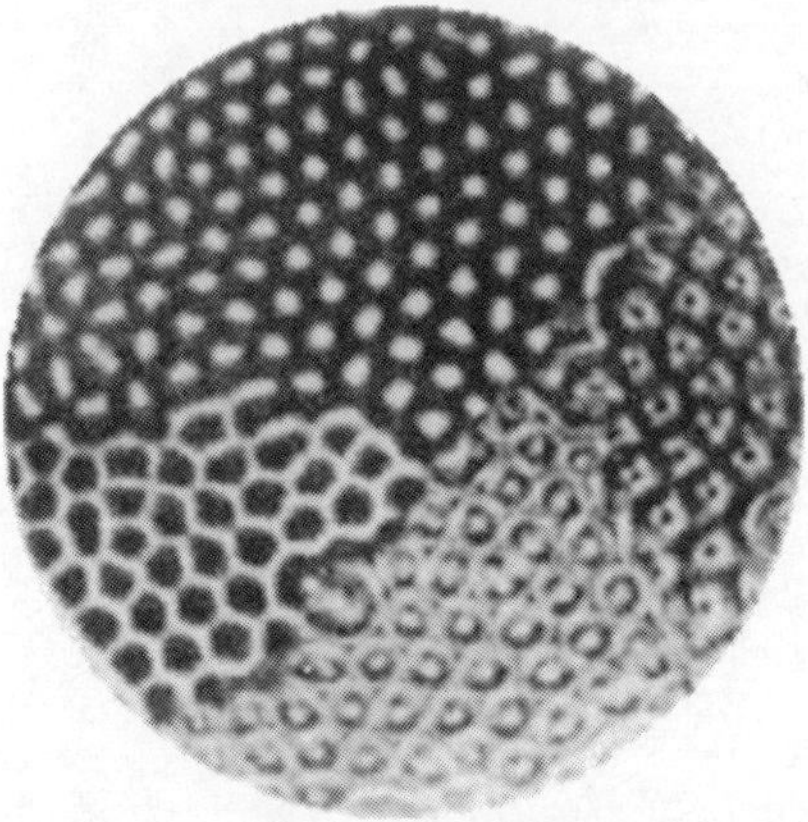

図4.27　粒子の描くパターンの中で、異なる領域がそれぞれに上がったり下がったりしている場合、ストロボスコープで一瞬の画像をとらえると、周期中の別の段階にある領域があらわされる。そのためパターン自体はまったく同じでも、画像においては違って見える。（Photo: Harry Swinney, University of Texas at Austin.）

　これらのパターンは、粒子と粒子の衝突の結果だ。衝突が粒子に文字どおり「接触」をさせ、その運動を同期させる。粒子は衝突時にわずかにエネルギーを失っているのではないかと考えたスウィニーらが、その仮定でモデルをつくってみると、実際にパターンを再現できることが確認された。もちろん粒子は容器の底面に押し上げられているときに、同時に重力によって引き戻されてもいる。しかし意外にも、これはパターンを説明するうえでまったく考慮せずにすむ。すべては衝突によって決まるからで、要は、粒子の水平運動だけを考えればいい。これがそのとおりであることを、イリノイ州のノースウェスタン大学（当時）のトロイ・シンブロットが証明している。彼のモデルでは、粒子は垂直方向に運動せず、振動の周期のたびに、ランダムに選ばれた水平方向に小さな跳躍をすることになっている。これは揺さぶりによるランダム化の影響を反映したものだ。これで粒子は近くのどれかの粒子と衝突して、そのときにわずかばかりエネルギーを失うかもしれない。ランダム性が取り入れられた以外、とくに規定されたものは何もなかったと見られるが、それでも一〇〇回の揺さぶりをかけたのち、最初はランダムにばらまかれていた粒子が自らまとまって、縞や六角形や正方形をなしていくのをシンプロットは確認した(図4・28)。どのパターンが選ばれるかを決めるのは、揺さぶりのランダム化効果の強さと、各粒子が衝突するまでに移動する平均距離の長さだ。このモデルでは、実験で観察されたパターンが再現されただけでなく、これまでに見られたことのない新たなパターンも発見された(図4・28d)。しかしシンプロットはこれについても、適切な実験条件さえ見つかれば、実験であらわれるのではないかと考えている。

これらすべてのパターンは、均一な系に生じた波状の乱れと見なすことができる。このパターンのあらわれかたは、お盆の水が振動させられたときの定常波のあらわれかたと同じだからだ。* しかし、別の記述のしかたとして、個々の構成要素が互いに相互作用して秩序構造を形成した結果、と言うこともできるだろう。たとえるなら、混みあったビーチで人々がうまく均等に間隔をあけながら居場所をつくっていくようなものだ。特有の波長をもった全面的な不安定性を波で描いた絵を、「粒子で」描いた絵のようなものと見てもいい。そうした揺さぶられた砂の「パターン粒子」を単独でとらえ、それだけを研究することも可能である。

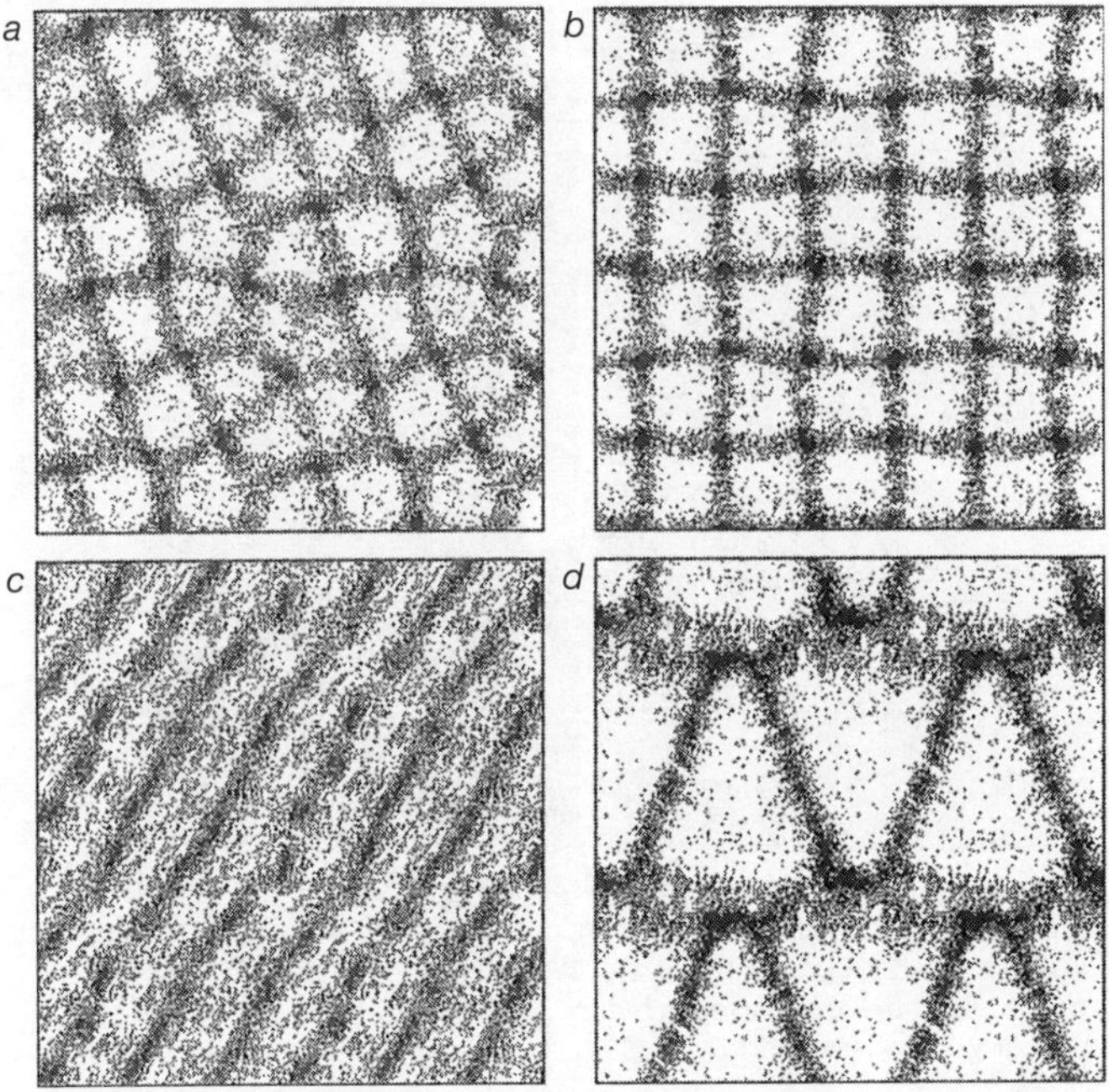

図 4.28　揺さぶられた浅い粒子層の単純なモデルに自発的にあらわれた複雑な規則的パターンと変則的なパターン。これらは粒子運動のランダムな「ノイズ性」と粒子衝突の相互作用の結果である。（Images: Troy Shinbrot, Northwestern University, Evanston, Illinois.）

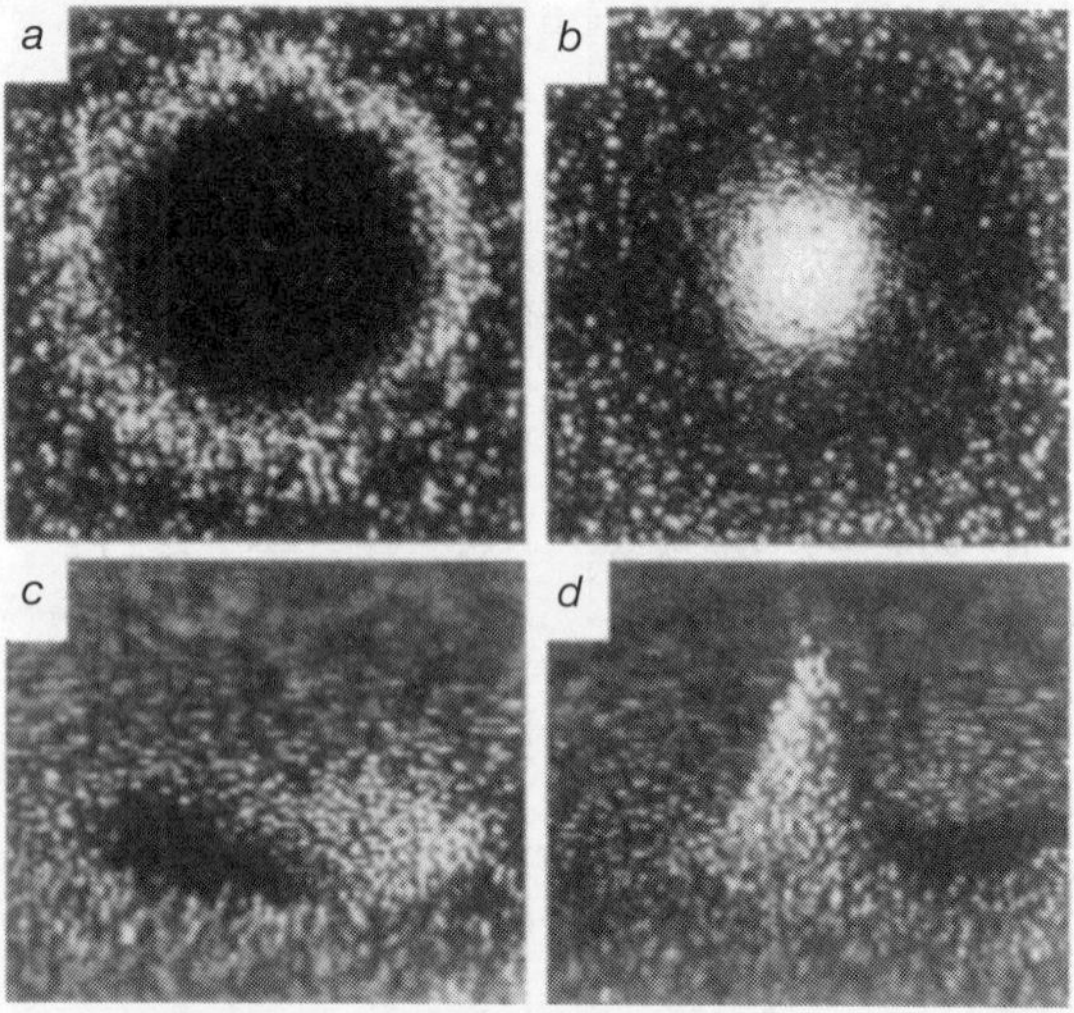

図 4.29　粒子の波のパターンを構成する個々の基本要素をオシロンといい、これは分離させることができる。各オシロンは、上がったり下がったりする単一の峰である。ここに示したのは、オシロンを周期中の異なる時点で上から見たところ（*a* と *b*）と横から見たところ（*c* と *d*）。（Photos: Harry Swinney, University of Texas at Austin.）

たとえばスウィニーらは、さまざまな層の深さ、揺さぶりのさまざまな振動数と振幅において、粒子層の中にわずか数個で、あるいはたった一個で振動している峰を生み出せている（図4・29）。

彼らはこの単独の峰をオシロンと称している。つまり、振動（オシレーション）の独立した「単位」ということだ。オシロンは、ある瞬間には飛び上がったボールの頂点であり、次の瞬間にはクレーターのようなくぼみとなる。水たまりに物が投げられたときにあがるしぶきのようにも見えるが、このしぶきは一連のさざなみとなって周囲に広がりながら消えることはなく、時間の環《わ》にとらわれたかのように、飛び上がったかたちのままで下に戻っていく。この奇妙なものが存在するのは揺さぶりの振幅が小さかったとき、もっと正確に言えば、パターン全体を出現させるのに必要な振幅よりもわずかに小さかったときである。スウィニーらは、これを用いて「オシロン化学反応」とでも呼ぶべき不思議な現象を起こせることを発見した。オシロンは粒子層のあいだをぐるぐる動き回ることができ、これが互いに遭遇すると、二通りのうちのどちらかのことが起こる。各オシロンは揺さぶられた振動数の半分で上下に動いているので、二個のオシロンは互いに同期するか、まったく同期しないかのどちらかになるしかない。同期しなければ、片方が頂点に上がっているあいだに片方がくぼみをつくっていることになる。同期しない二個のオシロンは、反対の電荷を帯びた素粒子のように互いに引きつけあうので、二個が結合して「分子」になることができる（図4・30a）。また、鎖状になったポリマー分子のように、オシロンの連なりを形成することもできる（図4・30b）。こうした引力相互作用が及ぶ範囲はほんのわずかで、オシロンの幅の一・五倍ほどしかない、二個のオシロンが結合するためには互いのすぐそばまで

＊　これは類似《アナロジー》というよりは隠喩《メタファー》である。定常波の波長は容器の大きさによって決められる。さもないと波が「合致」しなくなるからだ。しかし、振動粒子にあらわれる規則的なパターンはそうではない。こちらの波のほうが印象的なのは、粒子がどう衝突するか、衝突と衝突のあいだにどれだけ遠くまで動くかといった、粒子そのものの性質によって波長が決められるからである。ゆえに、こちらは真に「自己組織化」したパターンであると言えよう。

接近しなければならない。一方、オシロンが同期している場合、それらは同じ電荷を帯びた素粒子のように互いに反発しあう。同期しているオシロンの一団は六角形のパターンを形成するが(図4・30c)、それはこのパターンをとることにより、各オシロンがどの仲間ともできるだけ離れていられるからだ。その様子は、図4・26の全面的な六角形パターンの断片のようである。

一粒の砂に世界を

このように、揺さぶったり、転がしたり、あるいはただ流し込むだけで、粒子は混ざったり、分離したり、なんともすばらしいパターンを形成したりすることができる。さしあたり、自発的なパターンを生み出す粒状物質の能力についてのすべてが知り尽くされているとは思えないし、現在わかっていることのすべてをここで概観できたとも思わない。現在のところ、何がどうなるかをすべて説明する包括的な「粒子理論」はないのだし、粒子を研究している科学者でさえ、必要な洞察は得られていない状況だ。したがって、次にどんな実験でどんなことが見られるかは、予測のしようもない。

第2章で触れた流体力学の草分けの一人、オズボーン・レイノルズは、粒子の流れに対して大きなビジョンを描いていた。集まった粒子が流れるようにするためには、これがもう少し広がらなければならないことをレイノルズは発見した。そのままにしておくと、粒子は密接に寄り集まって、行き場を失う。これはいたって道理に見えるが、レイノルズはそこから

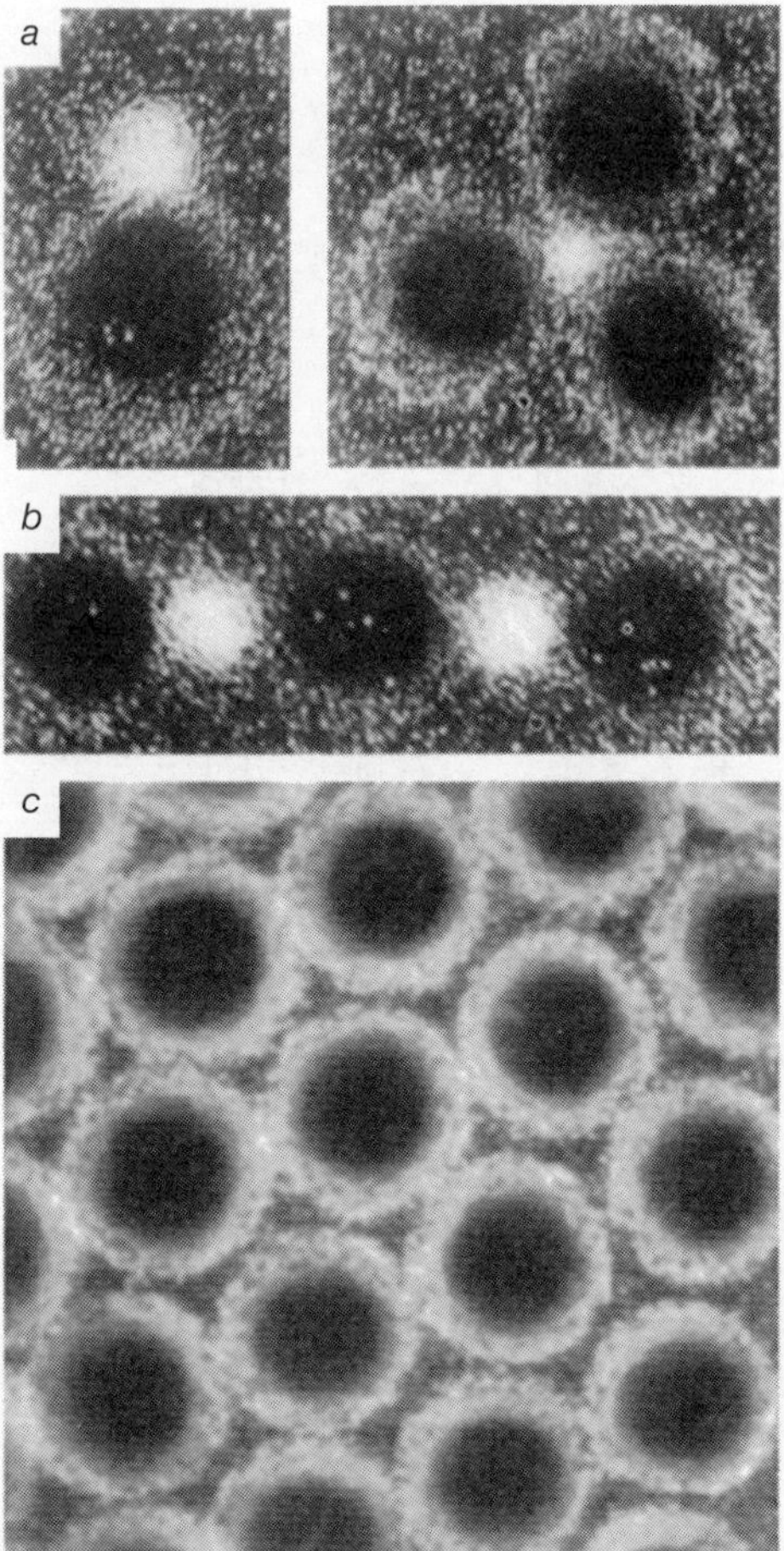

図 4.30　互いの振動が一致していないときのオシロンは、互いに引きつけあう素粒子のようなふるまいをするが、振動が一致しているときには反発しあう。同期していないオシロンは「オシロン分子」（*a*）や鎖（*b*）を形成できる。同期しているオシロン群は、互いに等しい間隔をあけて寄り集まり、規則正しく六角形を形成する（*c*）。（Photos: Harry Swinney.）

思いもよらない結論を導いた。この「ダイラタンシー」という微細な粒子のもつ性質［訳注：物体内の粒子間の空間が広がって形が変わり、体積が増す現象を示す］で、自然界の力学的ふるまいのすべてが説明できると判断したのだ。原子の内部構造さえほとんど知られていなかった一九世紀から二〇世紀への転換期に、原子より小さいスケールで空間や物質がどういう姿をしているかなど、誰にも確信できたはずがない。ところがレイノルズは、それは実際に粒子で満たされていると結論した。彼の概算では、直径が一センチメートルの五かける一〇〇万かける一兆分の一（5×10^{-18}）となる、陽子よりもはるかに小さい剛体粒子である。そのような原子より小さい粒子が互いにこすれあっているという考えは、一七世紀にルネ・デカルトが思い描いていたものと驚くほどよく似たイメージを想起させる。そのときデカルトが仮定していたのは、ぶつかりあう渦巻で満たされた宇宙だった。言うなれば、デカルトの流体がそのままレイノルズの粒子になったわけである。

レイノルズの着想は、ヴィクトリア時代の科学の基準においてさえ、かなり常軌を逸していた。ジョン・コリアの描いた一九〇四年の肖像画で、レイノルズは玉軸受けの玉が入ったらいを抱えている。その二年前に行なわれた格式高い講演では、一見すると無害そうな固い粒子の集まりに、彼がどんな思いを抱いていたかが明かされている。「私がいま手にしているのは、最初の実験モデル宇宙です。この柔らかい天然ゴムの袋の中に、小さな弾丸が詰まっているのです」。一粒の砂に世界を見る――このウィリアム・ブレイクの詩句は、もはや粒状物質研究の決まり文句にさえなっている。しかし、レイノルズにとってはまさにそれが現実になったのだ。

5 隣のものについていけ
鳥の群れ、虫の群れ、人の群れ

私はかつて、ハーバード大学の生物学者E・O・ウィルソンがとある講演会で、気の弱そうな一人の青年から挑発的な質問を受けたのを見たことがある。ウィルソンは一九九〇年、博物学者のバート・ヘルドブラーとの共著でピュリッツァー賞を受けており、そのアリの行動に関する学術書は、中身も体裁も重量級の大著だが、にもかかわらず、語り口には喜びと情熱があふれていた。ですが正直に言って――と、その青年はぎこちなく、しかし心からの当惑を見せながら、訴えるようにこう聞いた。どうして研究者が自分のキャリアをすべて捧げて、アリのような単純で、平凡で、それとこう言ってはなんですが、あんなちっぽけなものを研究できるのでしょう?

もちろんウィルソンは、アリ研究だけで知られているのではない。社会生物学の代表的な提唱者として(さもなければ進化心理学者として知られていただろうが)、彼は一九七〇年代に、あまりよい意味でではなく有名になった。一部の人々から、人間の本性についての決定論的な、右翼的とも感じられる見方を支持していると（誤って）解釈されて叩かれたのである。しかしながら、アリに対する彼の熱意は非常に奥深いものであり、この明らかに天真爛漫な拒否通告をウィルソンがどう受け止めるのか、聴衆はかたずをのんで見守った。だがウィルソンの答えには、妙なへりくだりや言い訳がましさは少しもなかった。彼は青年に淡々と答えた――暖かい日にアリの巣の近くに砂糖を少々ばらまいてみるといいですよ、それから腰を落ち着けて、何がどうなるかを見てください。ウィルソンが言わんとしていたことをつけくわえるなら、そこから先に展開されることは、一生の仕事にふさわしいテーマだとすぐに思えるようになるだろう。

ほかの多くの生物についても、まったく同じと言ってさしつかえない。明け方に公園に座ってツバメの一群が舞い降りるのを見てみよう。それが深い謎への入り口である。グレートバリアリーフで魚の群れが捕食者から逃げるところを見てもいい。ヌー（ウシカモシカ）の群れがサバンナを渡る姿でもいいし、なんなら顕微鏡の下で培養菌が増殖し、広がっていく姿でもいい。それらを見れば、生物学的な組織化が、個々の生物レベルにとどまらないことが徐々にわかってくる。これらすべての群れが見せる運動は、何か壮大な計画、統一感、果ては社会の集団行動を統括する全体目標のようなものさえも感じさせるのだ。

生物学者はずっと前から動物界の集団行動の重要性を認識してきた。なかでもアリやハチのような生物――いわゆる「社会性昆虫」――が見せる協調は、目を見張るべき特殊なものだと思われた。だが、そうした集団での運動が、どこか流れに似たものと見られるようになったのは、ごく最近のことである。前章では、固体粒子（粒状物質）のあいだで流れがどのように生じるか、その流れがどのようにして驚くべき形やパターンにつながるかを見てきたが、今度はその粒子に、命が与えられたらどうなるかを見ていきたい。ただ重力や風や揺さぶりによって動かされるだけでなく、自分の羽や脚やひれや、のたくる胴体に推進されて、自分の力で動くようになったなら、その運動は、やがてランダムで混沌とした、群れの無秩序に溶けていってしまうのだろうか。しかし、鳥の群れや昆虫の群れを見るかぎり、そうなることはなさそうだ。四足動物の群れにさえ（人間からなる群れも含めて）統一《コヒーレンス》と秩序が見られるかもしれない。

運動の法則

この統一性は、ときにあまりにも目立つので、まるで奇跡のようにも思えてくる。群れの中の鳥は、ほかの鳥が何をしようとしているのかを、どうやって感知するのだろう。そうでなければ、すべての鳥が同時に方向を変えるなど、ありえないのではなかろうか（図5・1）。ひょっとしたらそんなことはしておらず、群れに一羽だけリーダーがいて、ほかのすべての鳥がその一羽にしたがっているのだろうか。群れを注意深く観察してみると、運動は完全に同時に行なわれているわけではないのがわかる（以前はそう思われていて、やむなく電磁場を通じた思考伝達や心的コミュニケーションを考えたりする研究者もいたほどである）。むしろ方向転換は、群れのあいだを波のように急速に伝わっていくように見受けられ

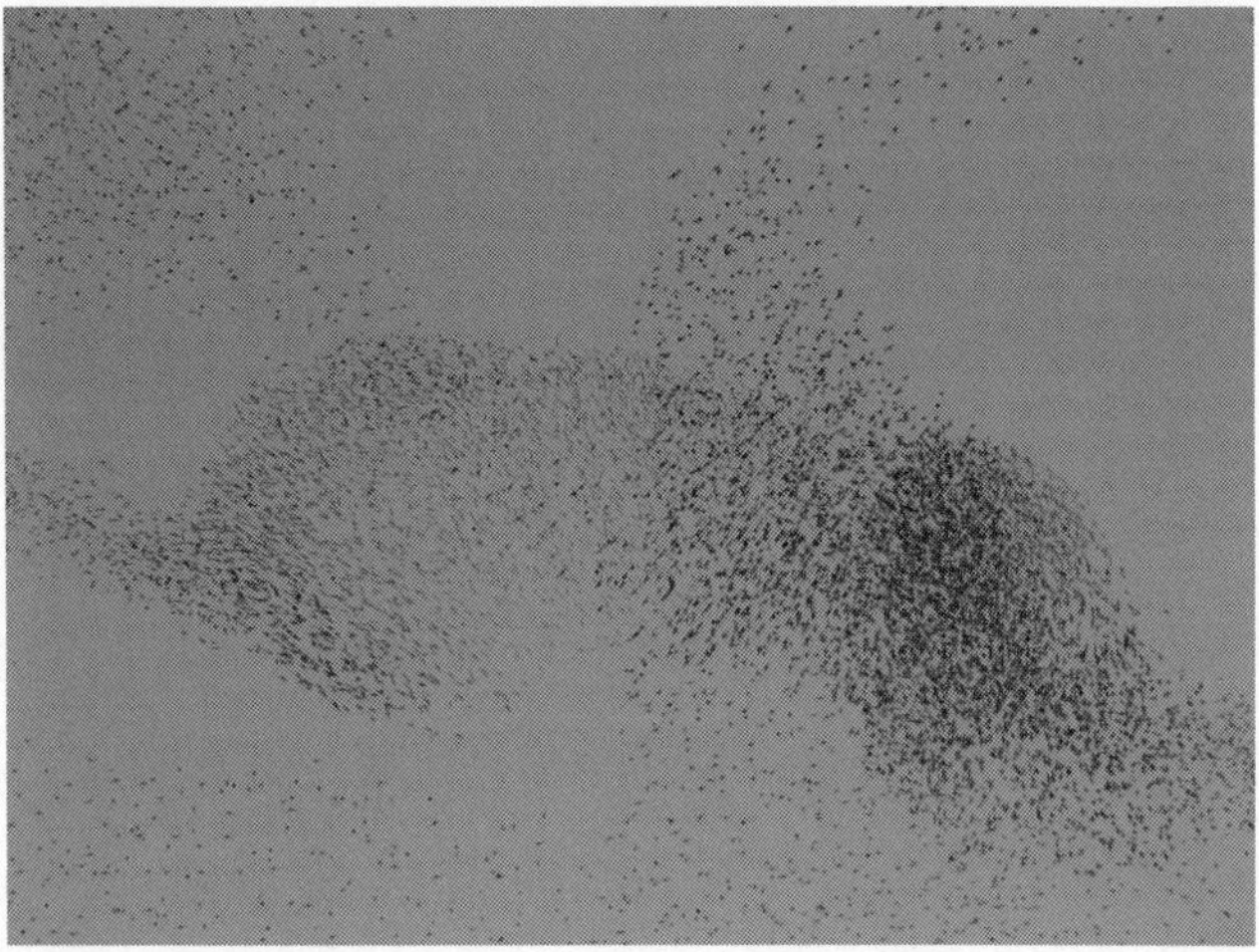

図 5.1　鳥の群れのすばらしい協調性は、ほとんど奇跡のように思える。（Photo: Jef Poskanzer.）

る。魚の場合も同じことだ。一九七〇年代初め、ロシアの生態学者D・V・ラダコフは、「励起《れいき》」の波がさざなみのように魚の群れのあいだを伝わっていくのだと考えていた。

　これらを見ると、群れの一斉行動は個体がきっかけをつくり、その個体の動きがまわりにコピーされてできあがるように思える。しかし、その波が鳥から鳥へと伝わっていくスピードは、鳥の最大限の反応速度よりも速いような気がする。一九八四年、ユタ州立大学のウェイン・ポッツは、鳥があらかじめ自分に近づいてくる動きの波を見てから、その波の到来にあわせて自分の行動を起こすのではないかと提案した。ポッツはこれをコーラスラインの脚上げのタイミングにたとえたが、いまで言うなら、サッカー会場の客席でよく見られる「ウェーブ」を思い出してもらえばいいだろう。しかし問題は、このとおりなら鳥はたいそう高い身体・感覚能力の持ち主でなければならないということだ。遠くにある波を察知する能力に加え、その波が近づいてきたときに、自分の動きを波面に同期させられるような運動能力も備えている必要がある。そもそも、どの鳥がリーダーなのか？　集団運動研究は、ほかの個体に行動を指令する特定の個体を見定めようとずっと努力してきたが、総じて徒労に終わっている。そして、もしも毎回「リーダー」が違うのだとしたら、集団は次のリーダーをどうやって決めるのか？

今日《こんにち》では、動物の群れの集団運動にリーダーはまったく必要でないとわかっている。どうやら群れは自己組織化しているようであり、あの統一性のある集団行動は、個体間の単純な、ごく局所的な相互作用から生じているらしい。したがって各個体は、集団全体がこれから何をするかなど皆目わかっていないし、おそれいるような予測を働かせる能力もない。じつのところ、これがわかってきたのは集団運動の秘密を解き明かしたいとする根本的な欲求からではなく、単にこうした運動をコンピューター・モデルで模倣しようとする試みが最初のきっかけだった。カリフォルニアのコンピューター企業〈シンボリックス〉でソフトウェア・エンジニアをしていたクレイグ・レイノルズは、コンピューター表現やアニメーションの問題点を、物理学や生物学の難解な理論からではなく、アルゴリズムとルールの観点から考えるのに慣れていた。つまり、コンピューター上である行動を生み出したいなら、どんなルールにしたがえばいいか、という考えかたである。一九八六年、レイノルズはコンピューター上の模擬風景の中で動きまわる「粒子《パーティクル》」のシステムに、鳥の群れや魚の群れの協調運動を模倣して取り入れようと考えた。そこでブラックバードの群れを観察した結果、それぞれの鳥は、隣の鳥がしていることにただ反応しているだけだと判断した。では、その行動をコンピューター上で再現するにはどんなルールがあればいい？

レイノルズは、このシステム上の「粒子」を、"bird-like droids"（「アンドロイドの鳥版」）を略した"boids"（「ボイド」）と称し、それぞれのボイドに、群れの「舵取り」のもととなる三つの基本的な行動を属性として与えた。

1　群れの仲間との衝突や近接遭遇を避ける。
2　近隣の鳥の平均方向にあわせて並ぶ。
3　互いにくっつく。すなわち近隣の鳥の平均的「重心」に向かって動く。

この「近隣」とは、各ボイドにとって、どの個体を指すのだろうか？　レイノルズはこれを、ある特定の半径内にいるすべての鳥と仮定した。普通に考えれば、その半径はせいぜい「ボイド幅」数個分なので、各ボイドはすぐそばの仲間だけに注意を払えばいいことになる。

これらのルールにより、各ボイドがしっかり集団を形成するようになるのは確実なようだ。第三のルールが引力のように働いて、ボイドを互いに結びつけるからである。加えて、このルールの立てかたならば、各ボイドが整列し、ほぼ同時に同様の動きをすることも可能となるだろう。ただしこれらのルールでは、本物の群れでおなじみの大規模な協調を促進するような明白な規定はなされない。それならこれは、単に小さな群れにまとまるよう規定しているだけのルールではないのか、と思う人もいるかもしれない。だが、レイノルズがこれらのルールにしたがってコンピューター上でシミュレーションを実施してみると、ボイドの運動は気味が悪くなるほど本物の鳥の動きに似て見えた（図5・2）。

レイノルズからしてみれば、このルールが生物学的に現実味があるかどうかは問題ではなく、とにかくシミュレーションが正しく見えればそれでよかった。というのも、このコンピューター・プログラムの最終的な目標は、コンピューター・アニメーション用のツールを提供することだったからだ。その目標のために、レイノルズはいそいそと新たなルールを追加して、できあがりがもっと現実的に見えるようにした。このときも、生物学的に正しい根拠があるかどうかはまるで気にしなかった。実際、そのできあがりはすばらしいもので、その後『バットマン・リターンズ』でのコウモリの群れなど、いくつかの映画にも利用されたほどである。だが、やがて科学者たちは、これが意味するところに気づいて注意を払うようになった。そのきっかけは、ニューメキシコ州のサンタフェ研究所で複雑性を研究するクリス・ラングトンが、レイノルズの仕事のことを知ったときだった。ラングトンは一九八七年の人工生命に関するワークショップに、レイノルズを講演者として招いた。このときから、ボイドは「創発的行動」の古典的な一例として認識されるようになる。創発的行動とは、個々の動因の相互作用を規定する局所的なルールから生じる全体の自己組織化のことだ。

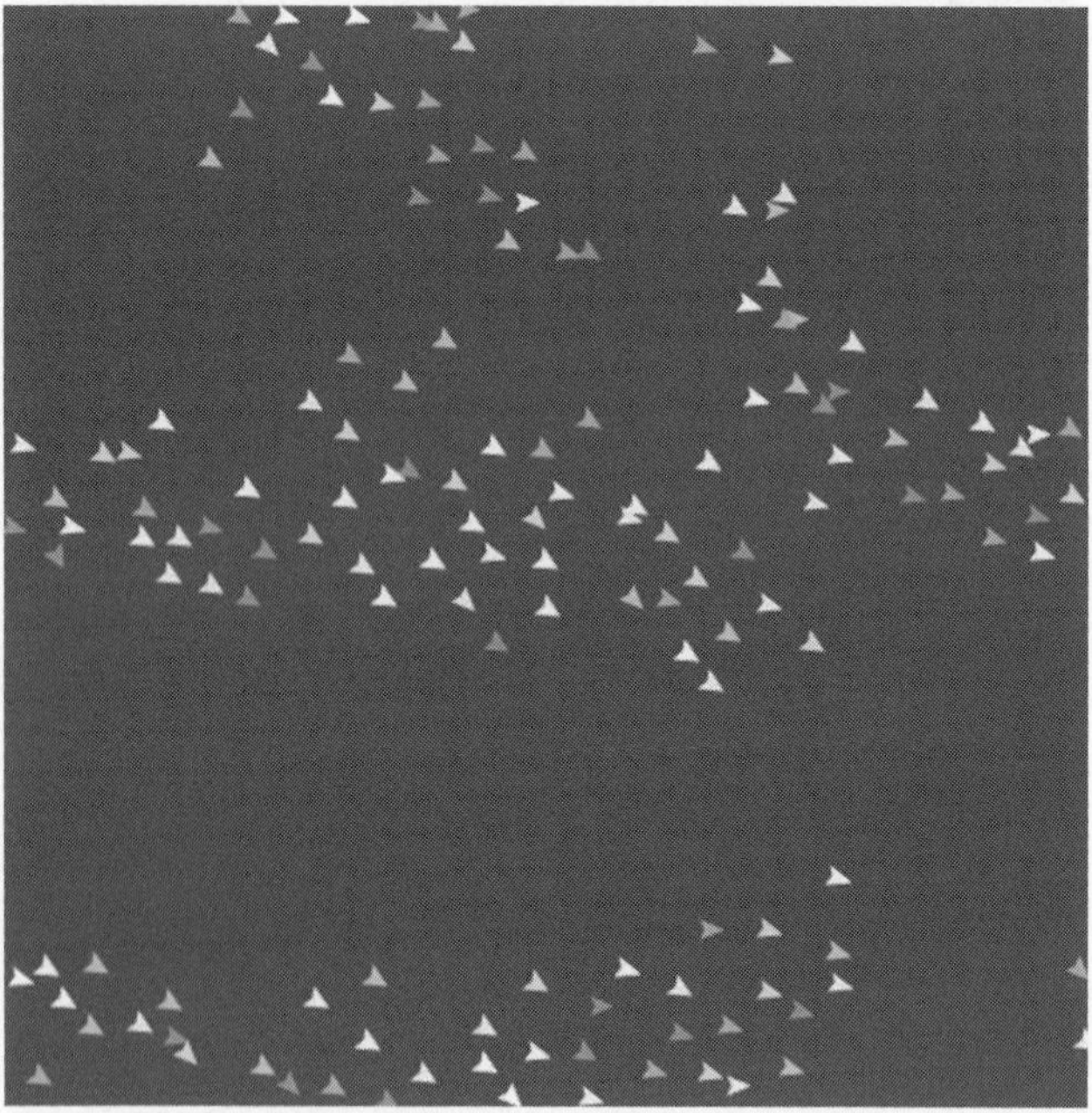

図 5.2　クレイグ・レイノルズが考案したのと同種のローカル・ルールにしたがって動いている「ボイド」の群れのスナップショット。このシミュレーションは、ノースウェスタン大学のユリエル・ウィレンスキーらが開発したソフトウェア「ネットロゴ（NetLogo）」を使用している。このソフトは専用サイトから無料でダウンロードできる（http://ccl.northwestern.edu/netlogo）。そこに入っている多数のサンプル・プログラムは、群れの研究をはじめ、その他もろもろの動物集団や生物学的生態系におけるパターン形成行動の研究に利用できる。

「人工生命」研究——生物がとるような行動を生み出すコンピューター・シミュレーション——は、ときとして、それ自体が批判の対象となる。こんな研究は高性能コンピューター・ゲームをつくっているのとほとんど変わりなく、見た目の再現ばかりを気にして、なぜそういう外観になっているのかという根本的な理由も考えていないし、その外観が現実の世界で起こっていると思われることを本当に反映しているのかどうかも考えていない、というわけだ。この点で、レイノルズのつくったボイドのモデルも重要なメッセージをはらんでいた。集団運動に全体的なビジョンは必要なく、複雑な行動起源も必要なく、必要なのは隣のものについていくこと、ただそれだけでいい——そう言っているように受けとれるのである。一九九〇年代、一部の物理学者や生物学者はこの見かたを採用して、鳥や魚の群れに関し、もっと厳密な仮説を組み立てようと試みた。たとえば一九九四年、ブダペストにあるエトヴェシュ大学のタマーシュ・ヴィチェクと指導学生のアンドラーシュ・チロークは、イスラエルのテルアビブの研究者チームと協力して、ひとつの集団運動仮説を考案した。彼らはこのモデルが鳥や魚に対してもある程度までは当てはまりそうだと気づいたが、そもそもの研究の動機は、それよりずっと単純な生物の集団運動を説明することだった。それはすなわちバクテリア、もっと具体的に言うなら、枯草菌《こそうきん》（*Bacillus subtilis*）のコロニーである。エシェル・ベン＝ヤコブを中心としたテルアビブのチームが調べた結果、枯草菌は成長して複雑なパターンをつくることがあった。そのいくつかは第三巻でも紹介するが、たとえば、枝分かれして植物のような巻きひげを伸ばすものがある（図5・3a）。これをベン＝ヤコブらが顕

a

図5.3　バクテリアが形成する複雑な枝分かれパターン（*a*と*b*）。細胞が整列して流線状になると巻きひげが形成され（*a*）、細胞が渦巻状に回転していると、枝の先端に小胞ができる（*b*）。この小胞は電子顕微鏡で見ることができる（*c*）。（Photos: *a*, *b*: Eshel Ben-Jacob and Kineret Ben Knaan, Tel Aviv University; *c*, Colin Ingham.）

微鏡で詳細に調べてみると、菌の細胞が整列してアーチ形の細い糸のようになって動いている場合に、この巻きひげができるとわかった。また、枝分かれした枝の先端に細胞の小さな塊《かたまり》ができることもある（図5・3b）。この小胞は、詳しく調べたところ、渦巻状に回転していた（図5・3c）。

このように、細胞が協調したり回転したりして流線状になるのはどうしてなのだろう？　『かたち』でも見たように、大腸菌や細胞性粘菌のキイロタマホコリカビといった一部の微生物は、周囲の環

b

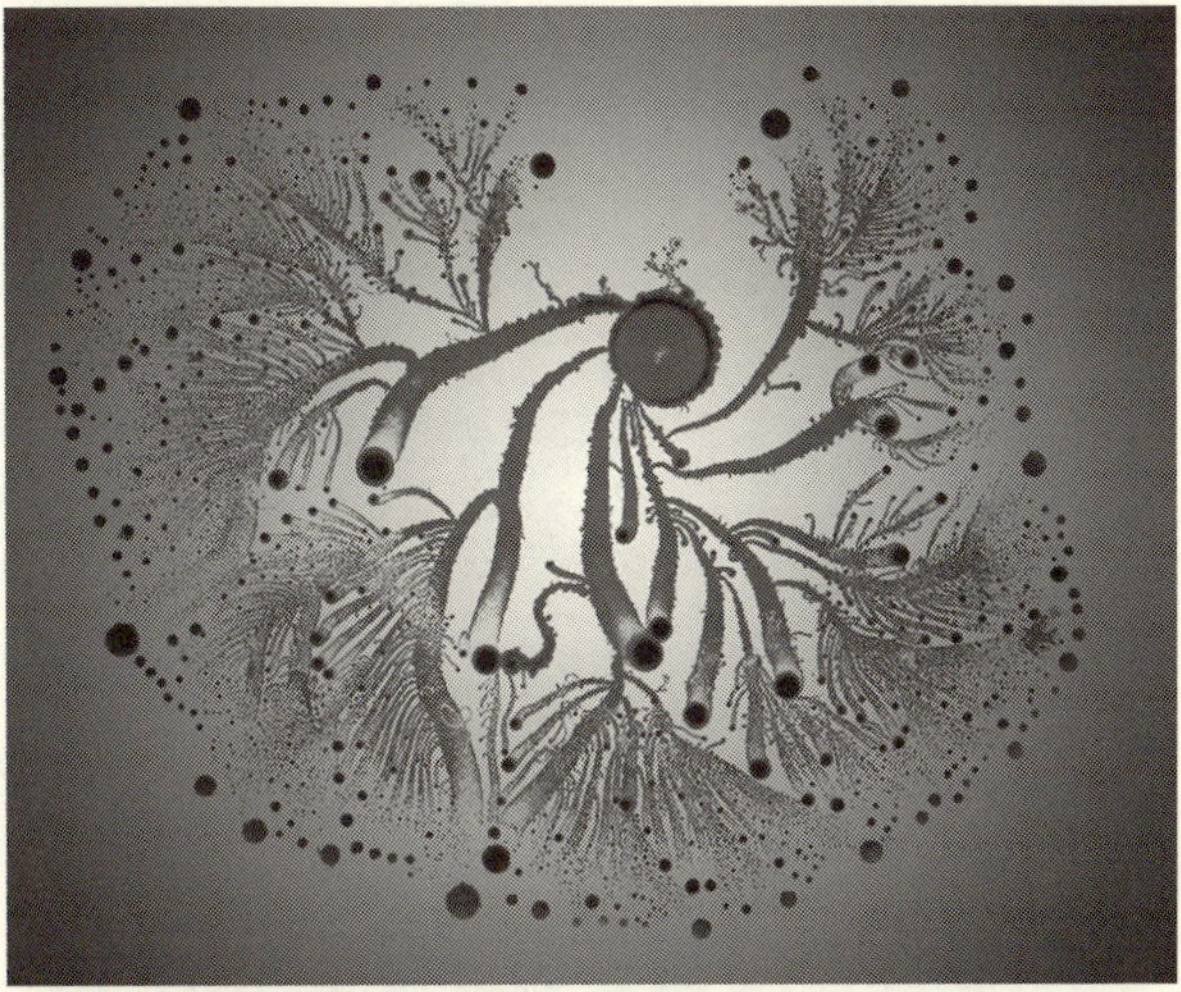

c

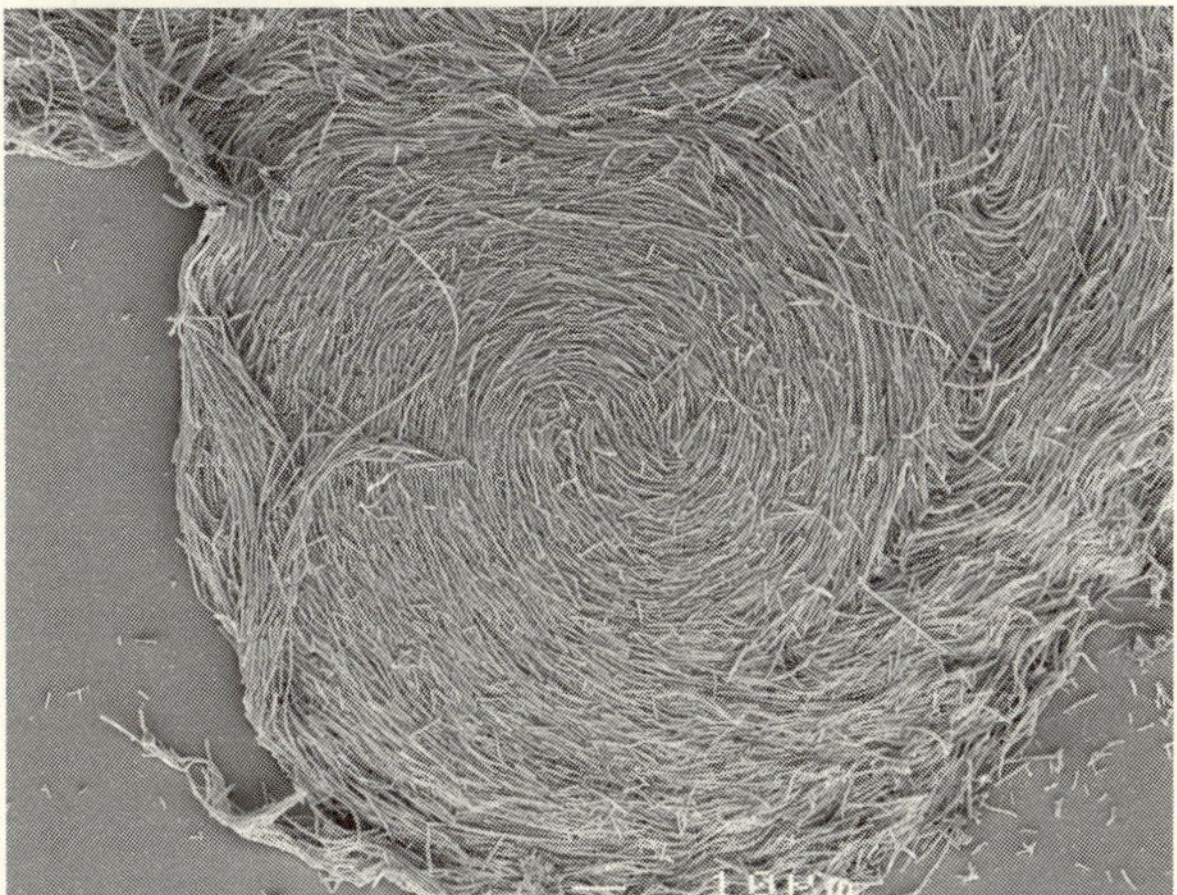

境に拡散する化合物を放出し、感知することによって、互いにコミュニケーションをとる。そのため、この化学信号が大量に集中しているところに向かって動いていく。このような行動を化学走性という。こうした化学信号に反応するのは単細胞生物だけではない。もっと高等な動物も同じように、フェロモンという一種のホルモンに導かれていく。こうした刺激は、べつに化学物質でなくてもかまわない。たとえば一部の生物は、光源や熱源に向かって進む。要するに、生物は自分の身の回りの環境をよりよくする方向に動いていくというのが基本的な原則であって、めざすものは温かさでも、栄養分でも、自分と同種の仲間でもいい。

一部の生物は、方向転換をするかしないかを「決める」ことによって、こうした方向性のある運動を果たしている。その方向転換をするかしないかの判断材料は、方向転換をすることによって条件がよくなるか悪くなるかだ。このような行動を屈曲走性（または偏走性）という、魚類のいくつかの種に見ることができる。集団内の各個体がそれぞれ環境信号の変化に気をつけているだけでなく、ほかの個体がしようとしていることに反応するようにもなっていれば、集団はたいてい環境信号の変化に気づいて、その変化についていける。たとえば隣の個体が方向転換すれば、自分も方向転換するからだ。これにより、各個体は針路を外れることもなく、「匂い」に気づいていないほかの個体にそれを伝えてやることもできる。協調的な屈曲走性は、魚の群れが水の温かいところへ、または冷たいところへと、海洋温度が本当にわずかずつしか変化していかない長大な距離を移動するときにも助けとなっているだろう。

集団内の個体が厳密にどうやって互いにコミュニケーションをとっているのかは複雑な問題だ。たとえば化学信号を送受信しているのかもしれないし、ほかの個体のしていることを直接見ているのかもしれないし、あるいは単に、互いの後流《スリップストリーム》に乗って旋回したり整列したりしているのかもしれない。前述のヴィチェクのチームは、そうしたメカニズムについてはとくに考えなかった。彼らはとりあえず、その種の相互作用が起こると仮定したうえで、レイノルズのボイドと同じように、おのおのが一連の単純なルールにしたがうものと仮定した。そしてこの場合、ルールはたったひとつだった。一定の速度で移動している各「自己《セルフ・プ》推進粒子《ロペルド・パーティクル》」（SPP）は、ある一定の範囲内にいる隣の粒子の平均運動の方向に動く、というものである。このSPPモデルには、もうひとつだけ設定があった。各粒子の運動にはランダムな要素——言うなれば迷子になる性質——も与えられたのである。このランダム性は「ノイズ」と称され、これがあまりにも強いと、SPPはまとまりを失い、ちょうど気体の分子のような、ランダムに小刻みな運動をする粒子の集まりと化す（図5・4a）。しかしノイズが減らされると、粒子はしだいに整列し、ある空間にある程度の間隔をあけて集まると、小さな群れを形成してランダムな方向に集団運動をするようになる。そしてその動きには、旋回運動が含まれる傾向がある（図5・4b）。ノイズが低くなって粒子がさらに密接に集まると、できあがっていた小集団が密着して、全体で集団運動をしながら一方向に移動するようになる（図5・4c）。

これが群れの形成の手順なのだろうか。SPPモデルの予言のひとつは、動物集団の密度

a

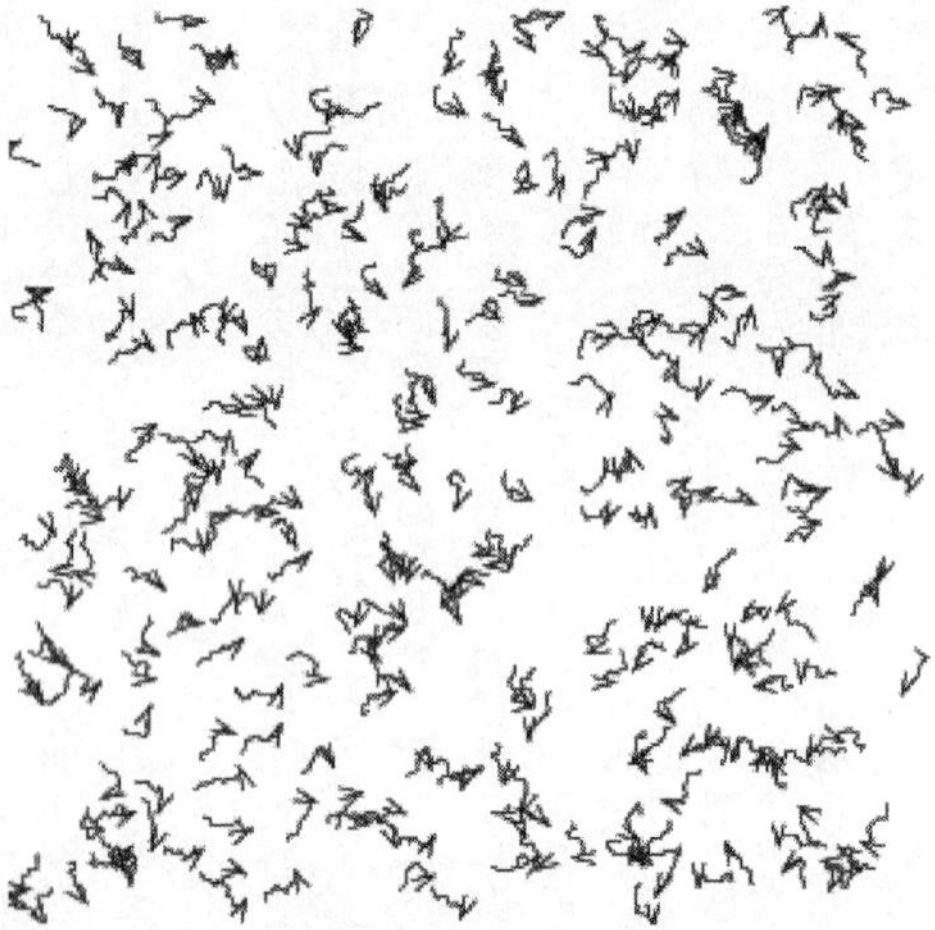

図 5.4　周囲の個体との整列を促すローカル・ルールを通じて相互作用を果たしている自己推進粒子（ＳＰＰ）は、集団行動を示すことがある。粒子の運動にランダム性（「ノイズ」）があまりにも多く含まれていると、統一性は生じない（*a*）。しかしノイズが減少すると、粒子は寄り集まって整然とした群れをなす（*b*）。あるいは密集した密度がある程度まで高ければ、すべての流線が集まって一方向に向く（*c*）。（Images: Tamás Vicsek, Eötvös Loránd University, Budapest.）

がある特定の閾値《しきい》を超えると、自己組織化による統一された運動が突如として自発的にあらわれる、というものだ。まあ、これは物理学者流のきれいな事象で、ちょっと微調整すればすぐに効果があらわれる。しかしそのようなことが自然界で実現されているところは、なかなかお目にかかれるものではない。だが、シドニー大学のジェローム・ブールのチームは、その調整を実験室で行なってきた。彼らが着目したのは、アフリカや中東やアジアの農業に大打撃を与える、サバクトビバッタ（*Schistocerca gregaria*）の集

b

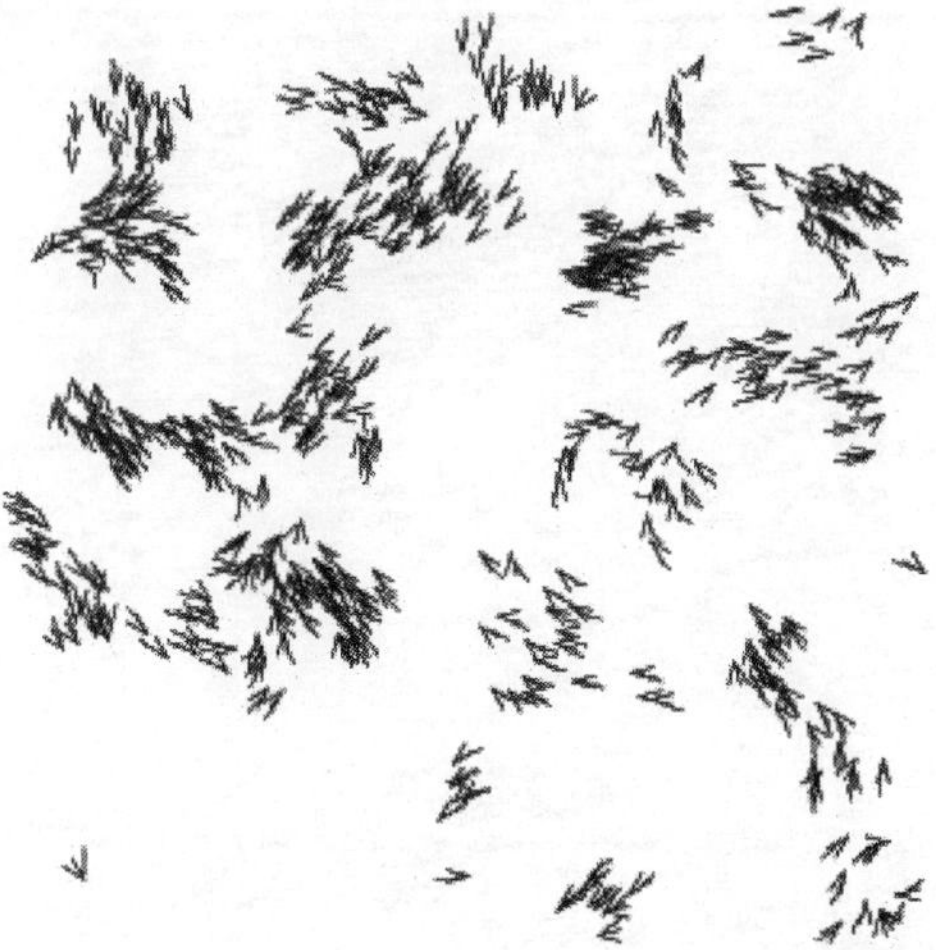

団行動だ。この昆虫は何世紀も昔から繰り返しそれらの地域の作物を荒らし、聖書の記述にもあるような恐ろしい大襲来のあとに飢饉と窮乏を残してきた。ひとたび群れが形成されると、あとはもうほとんど抑えがきかない。群れには数百億ものバッタが含まれることもあり、移動範囲は一〇〇〇平方キロメートル以上、いい風が吹いていれば一日に最大二〇〇キロメートルも移動する。この成虫の群れが空に飛び上がる前には、翅《はね》のない幼虫の「隊列行進」が形成される。長大な縦列が数キロメートルにわたって伸びるのだ。もともとこの隊列は、もっと小さな集団の集まりから形成され、それが途中参入の仲間を集めながら一団となって新しいテリトリーに進んでいく。ただし、最初の集団がこのように数を増やしていけなければ、いずれその集団は散り散

c

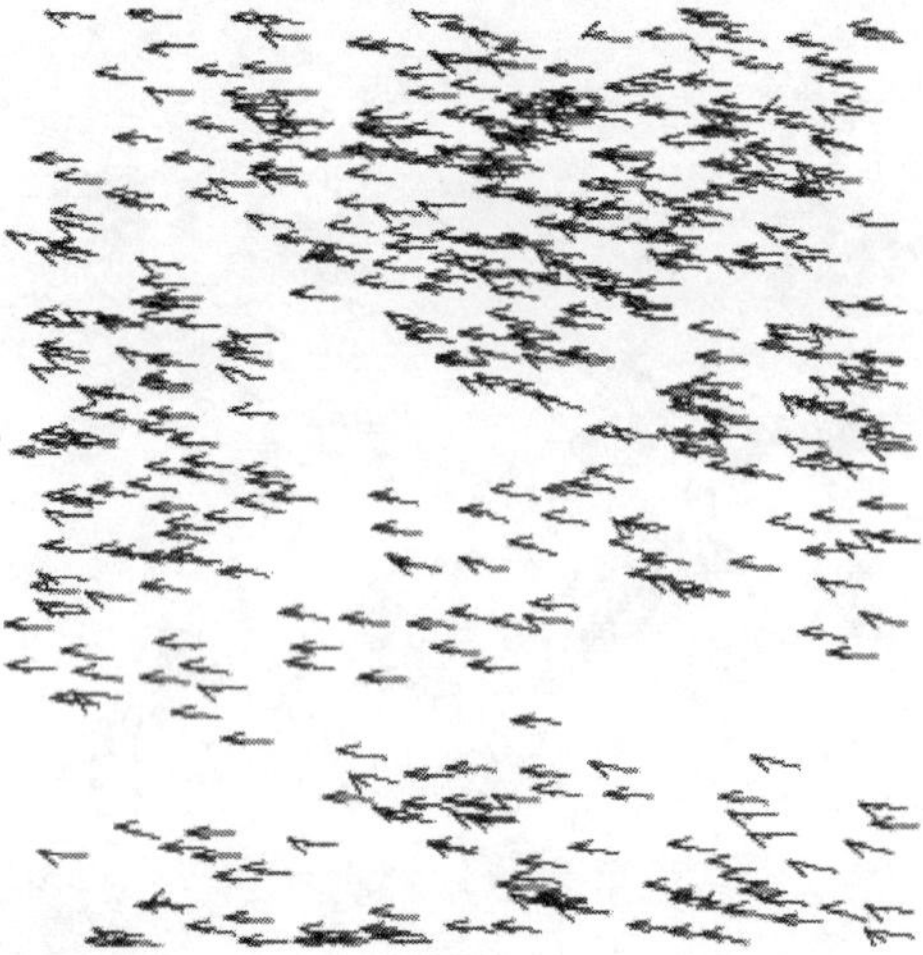

図5.4

りになる。となると最大の問題は、この集団がいつ、どのようにして、だらだらと進む個体の集まりとして行動するのをやめ、群れの発生の前触れとなる協調運動を見せはじめるかである。そのプロセスがわかれば、できたての群れが本格的にまとまる前に、それを分断する鍵も見つかるかもしれない。

行進する隊列には、たいてい一平方メートルあたりの地面に五〇匹前後のバッタがいる。単独行動から統一性のある集団行動への切り替わりは、サバクトビバッタにおいても——SPPモデルに見られたのと同様に——密度が特定の閾値に達したところで起こるのだろうか。ブールらはそれを確認するために、バッタの行動が密度の増加にともなって変化するかどうかを実験で調べてみた。まず幼虫を円環状の装置に入れ

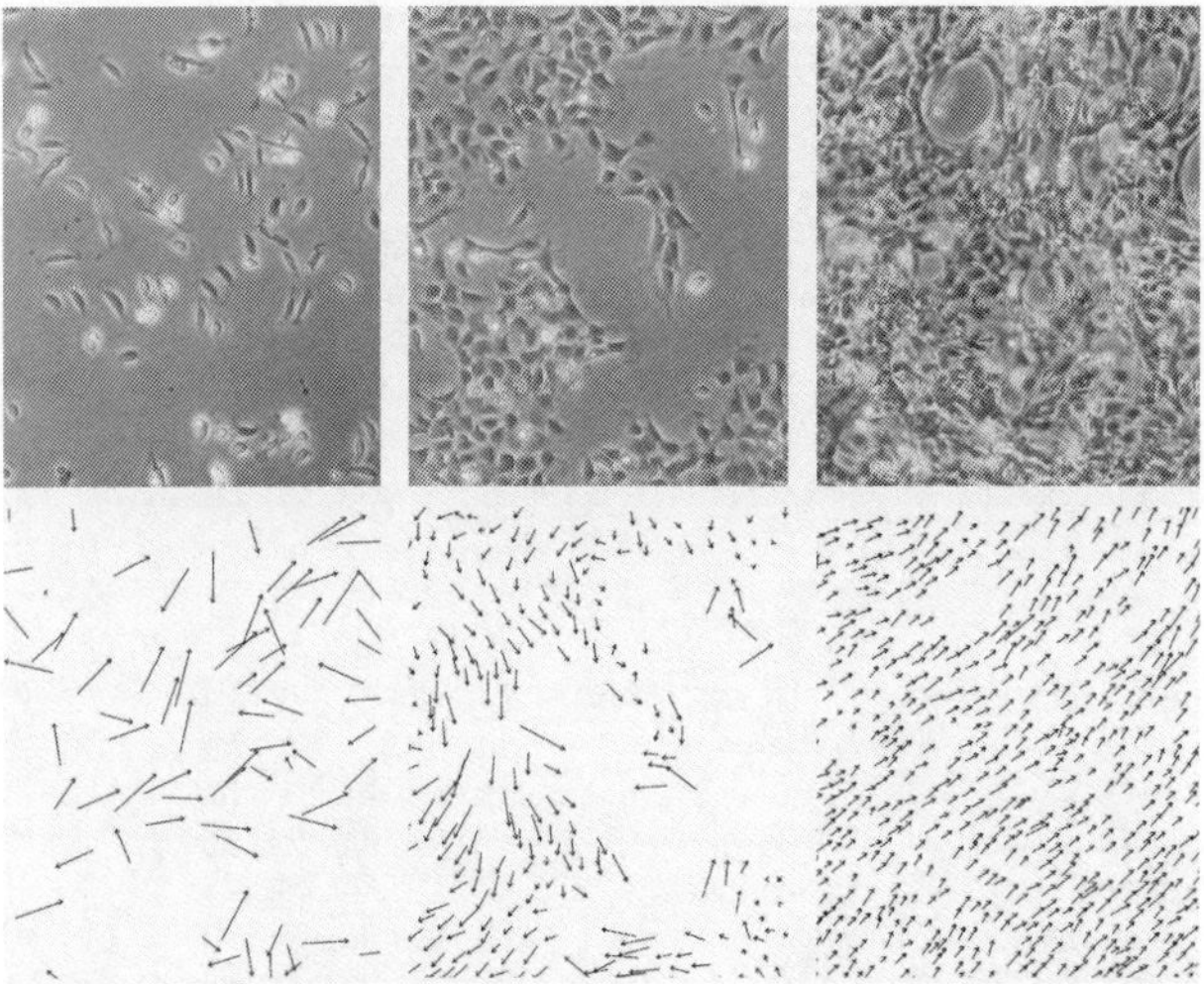

図5.5　角膜実質細胞は密度が高まるにつれ、ランダムな運動（左）から協調的な運動（右）への変化を示す。下の図は個々の細胞の運動を映像データから推定したもので、上の画像はそのスナップショット。（Images: Tamás Vicsek, Eötvös Loránd University, Budapest.）

て、集団に個体が追加されると「行進」の様子がどう変わるかを観察しながら、密度を一平方メートルあたり一二匹前後から二九五匹前後まで上げていく。密度が低いときのバッタは、ランダムに歩きまわっていた。しかし、密度が一平方メートルあたり二五匹から六〇匹に達すると、バッタは整列しはじめ、環状の装置を秩序正しく回っていくようになった。この運動の方向は、およそ一時間ごとに急に変わった。しかし一平方メートルあたりの密度が七四匹前後になると、この方向転換は止まり、少なくとも観察期間の八時間は方向が一度も変わらなかった。バッタの流れは本物の隊列行進のように、ひたすら一方向に回りつづけた。つまり実験で観察されたとおりのことを、SPPモデルは予言していたように思われた。

ブダペストのヴィチェクのグループも、こうした無秩序な運動から秩序立った運動への切り替わりを、人間の皮膚などの組織にある角膜実質細胞のコロニーで確認している（ヴィチェクらが用いたのはキンギョのうろこの細胞だった）。この細胞は表面上を移動できるので、そうして適当な場所に寄り集まり、組織を形成する。ヴィチェクらが調べた結果、細胞の密度が高まるにつれ、ランダムな運動がしだいに渦巻のような集団運動に変わり、最終的には集団全体の統一された流れに変わった。これもまた、SPPモデルの予言と同じだった（図5・5）[*]。

集団記憶

SPPモデルにはいくつかの限界がある。そのひとつは、このモデルが「粒子」どうしの衝突の可能性を想定していないことだ。しかしもちろん現実の生き物は、互いにぶつかるのを避けようとするものである。さらに、このモデルには、形成された集団をずっと集団のままにしておく要素が含まれていない。SPPモデルは小さな群れの形成と再形成ならできるし、ある枠内の粒子をひとかたまりにして運動させることもできるが、たとえば魚の群れのような集団が、実際には枠もないのにずっと集団になっていられるのはどうしてかを説明していないのだ。

この欠陥を修正するべく、プリンストン大学のイアン・カズンのチームは、運動を二次元空間ではなく三次元空間で見てみることにした。この場合、粒子の行動を規定するローカル・ルールはもっと複雑なものになるが、生物学的には妥当なものである。各個体のまわりは、同じ一点を中心とした複数の球状の相互作用領域になっていて、この領域ごとに、ほかの個体がそこに侵入してきたときの個体の行動が定められている（図5・6a）。個体の最もすぐそばの球は、反発領域である。ここに別の個体が入ってくると、個体は回避行動をとって両者が衝突しないようにする。この領域の先には、順応領域がある。ここに別の個体が入ってきたときは、それらの個体の平均運動にあわせるように、自分の運動を調整する。そして、さらにその先にあるのが、吸引領域である。この領域に別の個体がいると、個体はそれらに動きをあわせるわけでもなく、とにかくそれらから離れまいとする行動をとる。これらのルールは優先順位にしたがって守られる。たとえば反発領域に別の個体がいたときは、動きをあわせることなど忘れられ、ひたすら衝突を回避する行動がとられる。

＊移動のできる一個一個の細胞が、集団密度の高まりとともに、つねにこのようなランダム運動から集団運動への明らかな切り替わりを示すかどうかは、明確にはわかっていない。しかし、あるアメリカの研究者チームの調査によると、枯草菌はコロニーの密度が高まっても、運動――たとえば細胞の平均速度など――の変化をわずかずつしか示さないという。この事例では、系のランダムな「ノイズ」――たとえば液状媒体が渦を巻いたり、細胞の大きさに差異があったりすること――によって、SPPモデルで予言されるような急激な変化が不明瞭になるのではないかとチームは見ている。

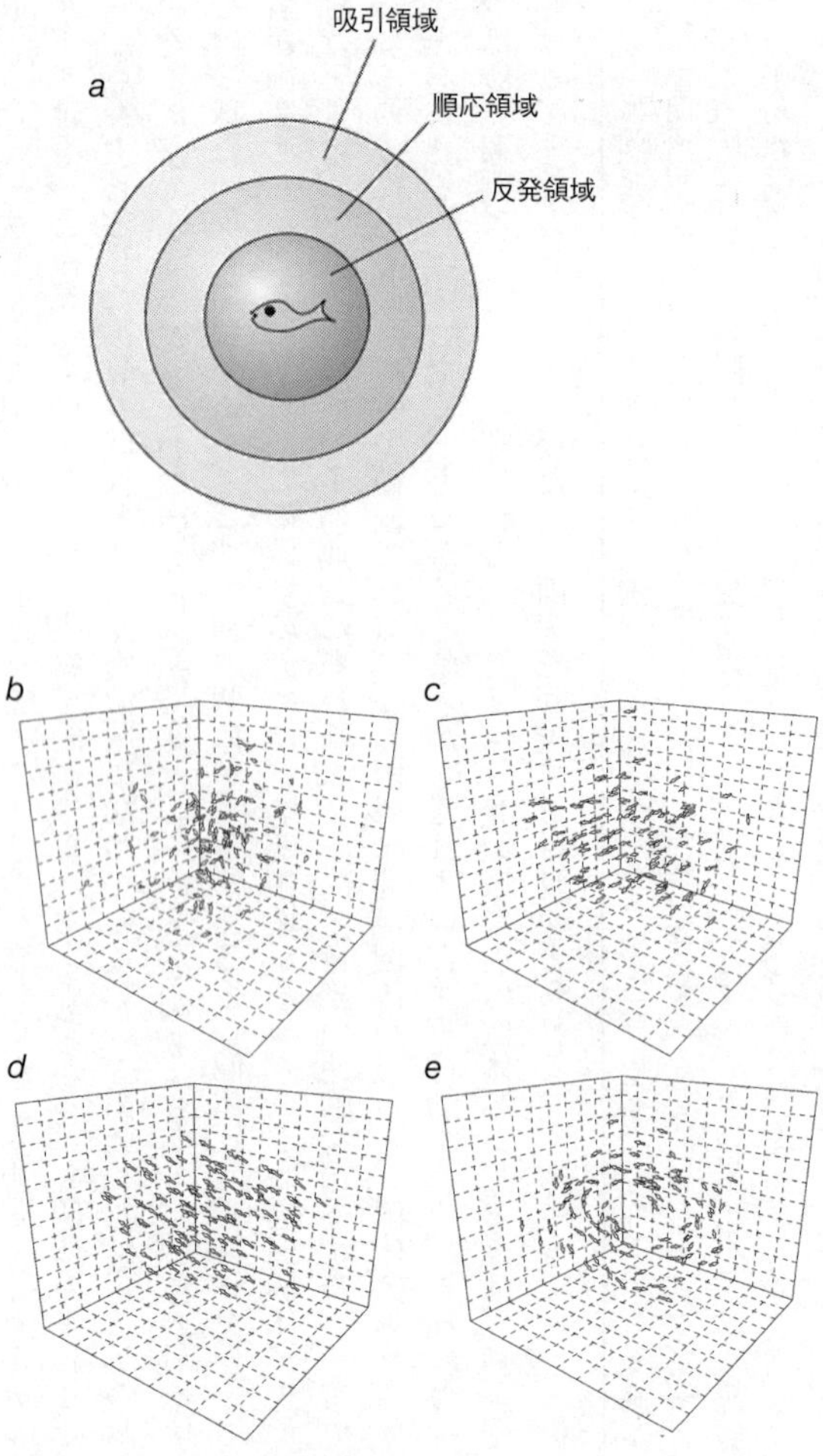
吸引領域
a
順応領域
反発領域
b
c
d
e

シミュレーション上の生き物の集団が、ある特定のケースでどのようにふるまうかは、モデルのさまざまな構成要素の按配によって決まる。集団の密度、相互作用領域の大きさ、生き物の運動の速さといった、各種の条件しだいということだ。しかし、それらの条件によってモデルの「舞台」が無数に配置換えされても、基本的には四種類の行動のどれかがあらわれる（図5・6b〜e）。まずひとつは、ただ寄り集まっているだけで統一された運動はいっさい見られない集団である。これは一部の昆虫の群れに類するもので、たくさんの数がひとかたまりになってランダムに飛び回っている蚊などの集団に似ている。次に、互いに近接して並びながら四方八方へと動いている集団がある。これは鳥の群れや魚の群れと同様だろう。次が、一方向へのきわめて統制のとれた運動を交互に示す集団である。これは移動中の渡り鳥の群れを思わせる。そして最後が、ひとかたまりになってドーナツ状、あるいはトーラス状に循環しつづける集団である。この行動はいささか奇妙で、理屈から出てきたもののように見えるかもしれないが、実際にはかなり一般的に見られる行動で、たとえば一部の魚はこのようにふるまう（図5・7a）。ある種の魚は、動きつづ

図5.6　イアン・カズンらが考案した動物の集団運動のモデルでは、各個体のまわりに入れ子になった３つの球状の領域があり、個体はそれぞれの領域にいる別の個体の存在を考慮した運動をする（*a*）。最も内側にあるのが反発領域で、別の個体がここまで接近してくれば、個体はそれらを回避するように動く。しかし真ん中の領域に別の個体がいるときは、それらの動きの平均に自分の動きをあわせる。そして最も外側の吸引領域に別の個体がいるときは、とにかくそれらから離れないことだけをめざす。これらのルールから、４種類の集団行動が生じる（*b*〜*e*）。大別すると、ただ群れになっているだけで一定方向への並びがまったくない集団（*b*）、鳥や魚の群れのように整列して運動している集団（*c*）、全体が一方向に運動している集団（*d*）、環状に回りつづけている集団（*e*）のいずれかとなる。（After Couzin and Krause, 2002.）

けていないと呼吸ができない。そういう生き物に、どこにも移動しなくても動きつづけられるようにしてやるのがトーラスなのだ。単体で循環運動をするよりも集団で循環運動をしたほうが、エネルギーを保存しやすいという利点もあるかもしれない。互いに近接している魚は互いの後流《スリップストリーム》に乗って運動できるので、水の摩擦抵抗を減らせると思われるからだ。同じくバクテリアも、このトーラス状の運動を見せることがある。たとえば前に見た枯草菌の渦巻（図５・３ｃ）は、まさにそれが起こっているところであり、粘菌のキイロタマホコリカビのコロニーにもそれが見られる（図５・７ｂ）。おそらくこの場合は、細胞どうしの合着が決定的な（吸引領域と同等の）役割を果たしていると思われる。

これら四種類の状態は、モデルの条件が変わると一気に切り替わる。ＳＰＰモデルにおいて、協調性のない運動がいきなり統一された運動へと切り替わるのと同様だ。これはあらゆる集団行動モードに共通する特性である。たとえば液体が凍るときにおいても、それが見られる。水を氷点よりほんのわずか下まで冷却しただけで、水はたちまち氷に変わる。条件の変化がわずかでも、その結果として生じる分子の状態の変化は明らかで、なおかつ全体に及ぶ。凍結と溶解は、物質を構成する全分子間の相互作用の結果であり、物理学用語で言えば「相転位《そうてんい》」の一例ということになる。これにならえば、動物の集団運動のモデルもやはり同じように相転位を示していると言えるだろう。

カズンのチームがさらに調べてみると、ある安定した状態から別の安定した状態への変化――たとえば昆虫の群れのような状態と、鳥の群れのような状態との切り替わり――は、必

a

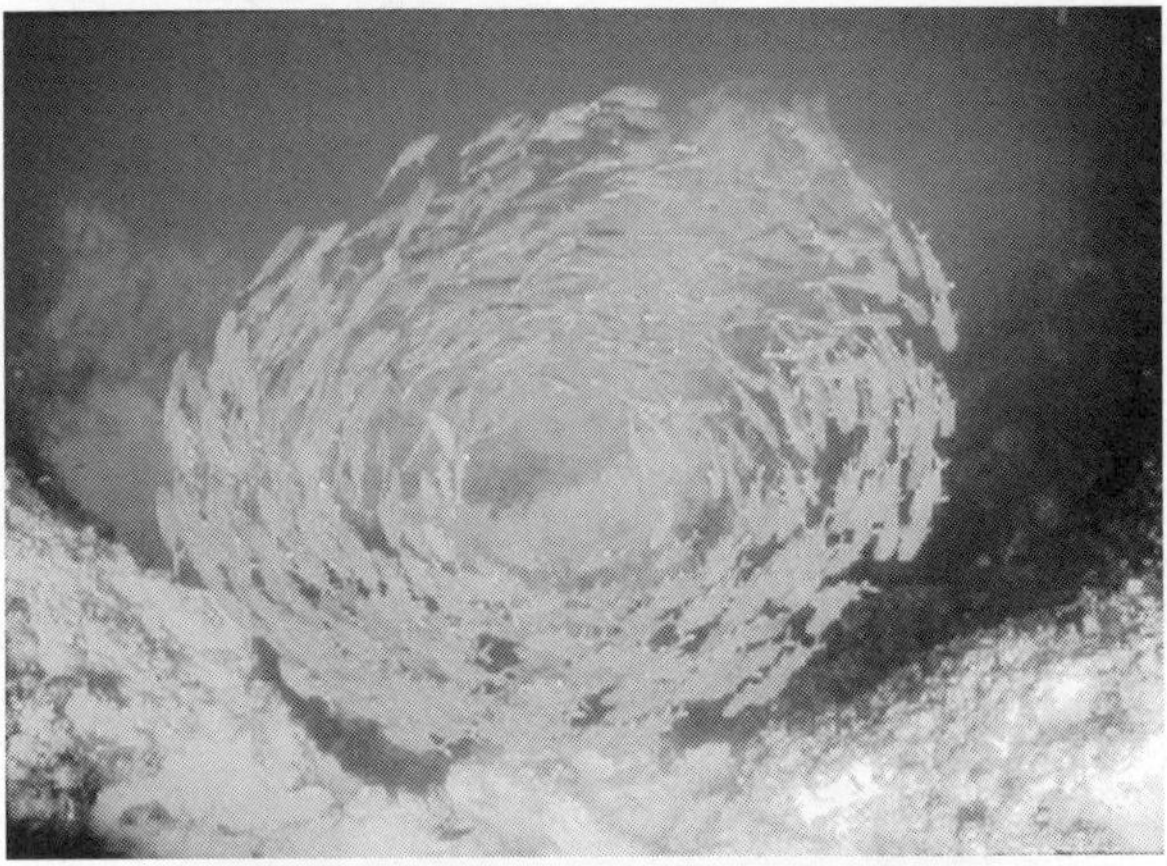

b

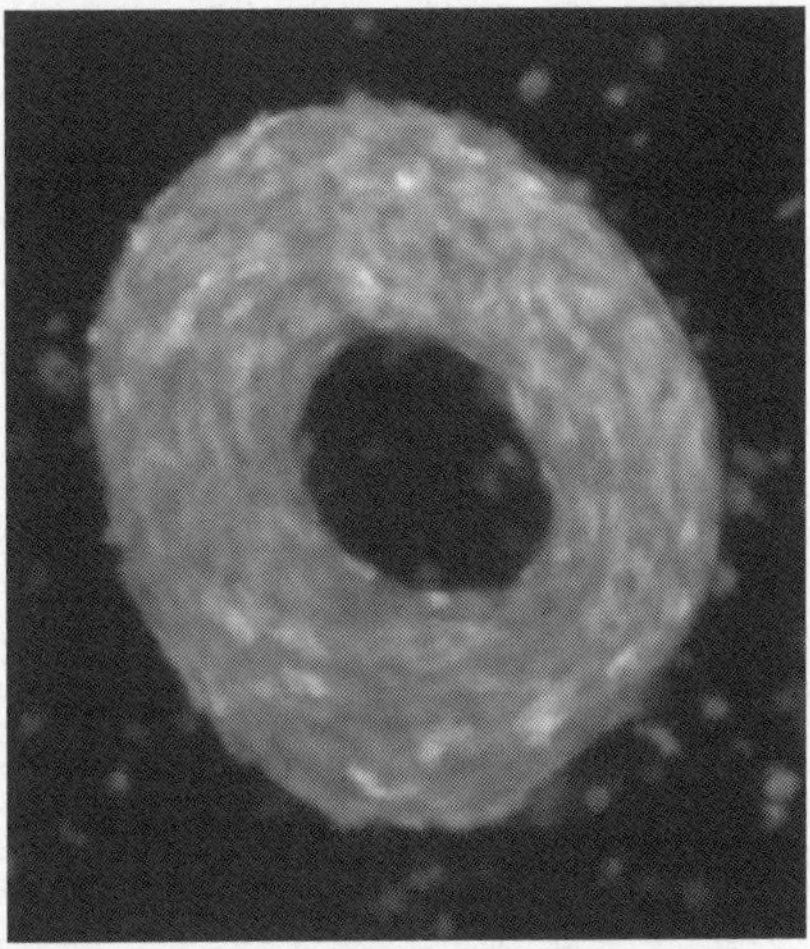

図 5.7　トーラス状になった集団運動は意外なほどよく見られる。たとえば魚（*a*）や粘菌（*b*）など。（Photos: *a*, Copyright Norbert Wu; *b*, Herbert Levine, University of California at San Diego.）

ずしも双方向において同じ一定の時点で起こるわけではないとわかった。要するに、昆虫の群れのような状態から始まったある集団と、鳥の群れのような状態から始まったある集団があるとして、この二つの集団に与えられている条件——たとえば集団密度——を徐々に変えていき、ついに条件がまったく同一になったとしても、それぞれの集団は状態を切り替えずに、それまでの状態を保っているかもしれないのだ。物理学では、このような集団状態の持続を「ヒステリシス（履歴現象）」という。そしてカズンらは、これを「集団記憶」と称した。集団行動は与えられた条件とルールによって決まるだけでなく、集団自身の履歴によっても決まるのである。このような履歴しだいの不確定性を示したパターンの別の例は、また追って見ていくことにしよう。

さて、動物の集団におけるこのような一連の集団運動状態は、適応面でも役に立っていると考えられる。生物が環境の変化に対応するのを助けてくれるからだ。第一に、このような集団運動をしていれば、情報が急速に集団内に伝わっていく。ある個体が捕食者を察知して回避行動をとったとたん、それがさざなみのように隣から隣へと急速に広がって、自らは脅威を察知できなかった遠くの個体にも、脅威が迫っていることが「感知」される。実際、魚にしても鳥にしても、捕食者が近づいたときはいっそう群れが整然となるように見える。そのきわめて協調性の高い運動に切り替わることにより、乱れが波のように全体に及んでいける状況をつくりだしているわけだ。カズンのチームは、モデルに新しいルールを追加してみた。各個体は、それぞれの察知範囲に捕食者が入ってきたら、すぐそれに対する回避行動をとる。そのうえで、集団の最も密度が高いところに捕食者を向かわせてみると、現実の魚の群れが示す逃避反応の多くの特徴が再現できた。たとえば集団が急に広がって、捕食者を取り囲む格好になる。おそらくこれは、捕食者のまわりに空っぽの空間をつくるためだろう。このとき集団は分裂して、複数の小集団になっている（図5・8）。

このように、モデルと実際の自然が明らかに似て見えるのは、心強いことである。しかし、それでもわからない大問題のひとつは、モデルの行動ルールが動物の採用しているルールと本当に合致しているのかということだ。これを検証するのは非常に難しい。観察された集団行動から、それを生じさせているルールを割り出すという逆方向の研究は、容易でないうえに確実性にも乏しいからだ。ある研究によれば、魚は逃避行動をとるときに、周囲のごくわずかな数の魚（約三匹）の運動にしか反応していないという。しかし、魚がそれを「数えて」いるのか、それとも単に、ある特定の範囲内にいるすべての魚に反応しているだけなのかは、依然として明らかでない。

魚の群れは、人間の群れに負けず劣らず不均一なものだろう。体格も、運動速度も、機動性も、そして生来的な好みや傾向もさまざまだと思われる。この多様性は集団行動にどんな影響を及ぼすだろうか？　たとえば個体によっては、流れの中で特定の位置を占めたがるような傾向があるだろうか？　集団の最前線にいることには、それなりの利点がある。もし集団が餌を見つければ、それに最初にかぶりつけるだろう。しかし、同時に明らかな不利もある。もし捕食者に見つかれば、最初にかぶりつかれるのは自分なのだ。したがって集団の端

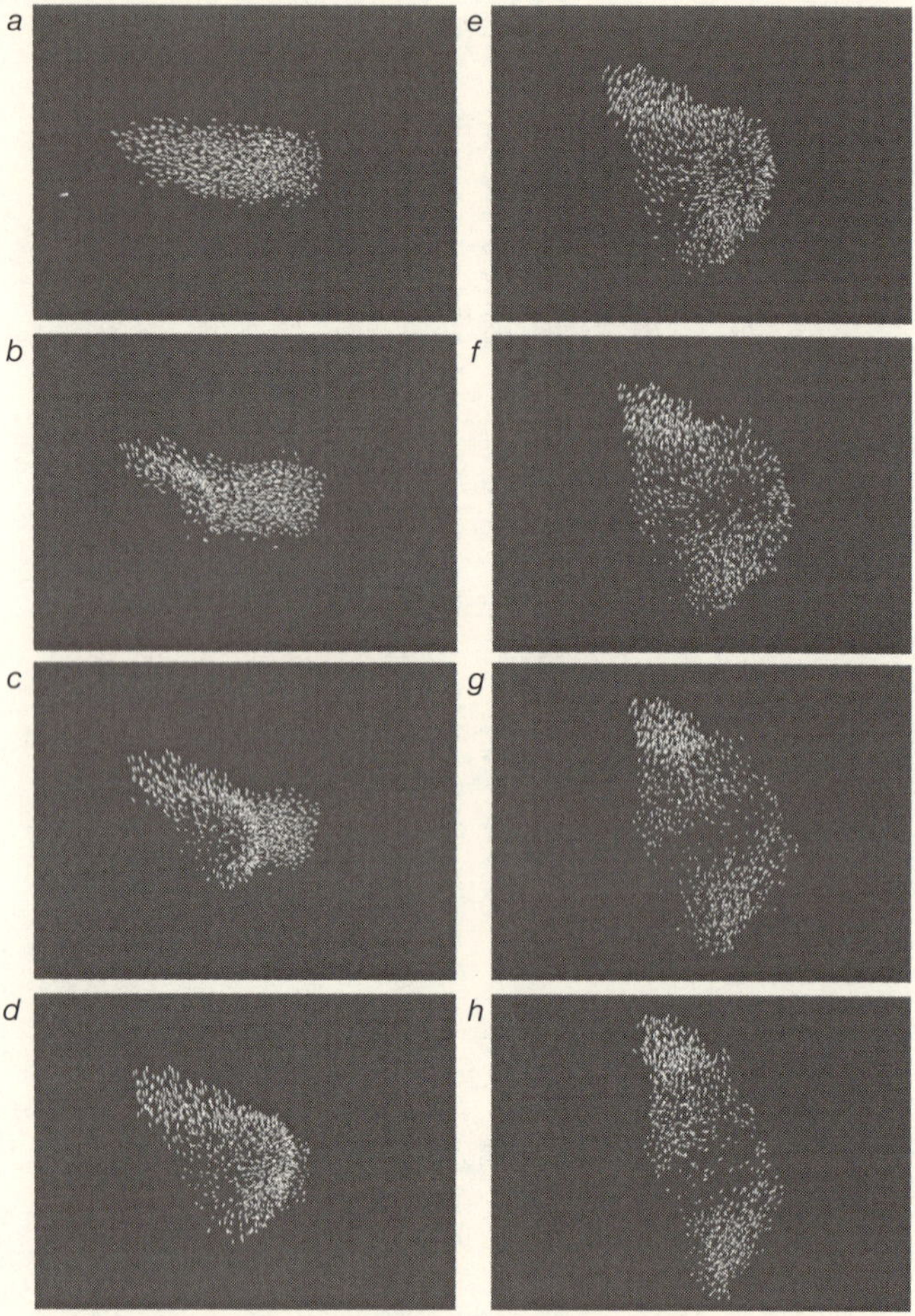

図 5.8　魚の群れが捕食者を回避するときの逃避行動をあらわしたコンピューター・シミュレーションからのスナップショット。（Images: from Couzin and Krause, 2002.）

の位置を好むのは、最も勇敢な個体かもしれないし、最も腹をすかせた個体かもしれない。最大の報酬を得るために、あえて最大のリスクを引き受けるのだ。一方、集団内の中央の位置も、必ずしも安全とはかぎらない。捕食者からは陰になっているかもしれないが、もし捕食者が群れにまっすぐ突っ込んでくれば、逃げ遅れる確率はより高くなるだろう。

行動の差異が個体に「意図」せずして特定の位置を占めさせる傾向があることは、集団運動のモデルから示されている。個体の運動をつかさどるルールがわずかでも変われば、それによって個体が自動的に別の位置に動くので、その結果、しばしば集団が分離して、同じルールを共有する下位集団にまとまることがある。たとえば体格によって泳ぐ速度に違いがあれば、魚の集団は大きい魚と小さい魚に分かれていく。何も知らない観察者がこれを見れば、大きい魚は能動的に別の大きい魚を探し出し、小さい魚は能動的に――と考えてしまうかもしれない。なにしろ生物学者さえも集団内に複数の下位集団ができているのを見たときに、しばしばそう仮定したことがあったのだ。しかし実際のところ、そうした複雑な意思決定がまったくなくても、結果的に選別は起こりうる。同じように、進化的な利点から選別が生じることもある。たとえば魚に感染する寄生虫は、その宿主の行動を変えることによって、より自分が広まりやすくなるかもしれない。寄生した魚の泳ぐ速度や機動性を弱めれば、その魚は食われやすい位置に自らを置くことになるだろう。反対に、捕食者に近づかれた集団が、仲間内の目立つ個体を容赦なく選別することもある。そうすることで、集団は好ましくない相手からの注意を引きにくくなる。これはもちろん、魚が本当に無情だからではなく、差異に偏見があるからでもない。魚のしたがっている局所的な行動ルールが「正常」な個体と「変わった」個体とでは違っているために、おのずと分離が起こってしまうからである。

リーダーについていけ

こうした自己組織化された運動の例を見ていると、リーダーなど不要なのだと結論したくなる。しかし、ときには少数の個体が本当に最善の道を知っていることもある。たとえば餌のありかを一部の個体だけが発見したときだ。このときに、集団の運動が協調的で、各個体が隣の個体に反応するようになっていれば、一部の個体のもつ情報が集団全体に広まって、集団全体の利益に供されるのはずっと簡単になる。カズンのチームは、これがどう働くと、運動中の集団が複雑な判断を有効に下せるようになるのかを調べてみた。まずは前述のモデルをもとにして、ある一定の割合の個体がすべて望ましい一方向に運動している状況にしてみると、この「情報をもっている」個体がごく一部でも、集団全体をその方向に導くことができた。そして集団の規模が大きくなるにつれ、この割合は小さくなった。集団の「精度」が増したということだ。実際、この能力は現実の群れにもあるようで、ミツバチの群れは新しい巣作りの場所を探すとき、二〇四の個体のうち一匹が好適地への道を知っているだけで、その場所にたどりつける。ここで重要なのは、この「正しい道を知っている」仲介者が、この情報をほかの仲間に知らせるすべを実質的に何ももっていないということだ。集団内のどの個体も、誰が「物知り」なのか知らないし、さらに言えば、そんな情報をもった個体がいることすら知らないのである。それでも少数の個体が「よい」方向に進んでいくことで、集団運動にわずかに偏りが生じる。それだけで全員をついていかせることができるのだ。

だが、もし集団内に相反する別の情報をもった個体集団が複数あったらどうなるのだろう。カズンらが調べたところ、その場合にはつねに合意がはかられており、たとえ相反するリーダー集団の規模が同じでも、やはり意見は一致させられる。異なる方向へ行きたがるリーダー集団が二つあったなら、集団全体としてどちらの方向へ行くかは、その選択肢がどれだけ違うかによって決まる。二つの方向があまりにも離れていないかぎり（開きが約一二〇度以上になっていなければ）、集団はその二つの平均を選ぶ。もし二つの方向が正反対に近ければ、規模の大きいリーダー集団のとる道が選ばれる。この場合、もしリーダー集団の規模がまったく同じだったなら、どちらの方向が選ばれるかはランダムに決まる。

平均値で合意するというのは、あまり理想的でないように思われるだろうか。たしかに「指導された」二つの方向の平均値を選べば、集団はどちらのリーダーの目的地にも向かわないことになる。だが、これは必ずしも悪いことではない。二つの目的地がまったくの逆方向だったとしても、平均をとることで集団はどちらの方向にも近づいていることになる。そして近づいていくにつれ、とるべき二つの道の開きはさらに大きくなっていく（遠くにある二つの物体は同時に視界に入れられるのに対し、その物体に近づいたときには首を左右に振らなければならなくなるのと同じことだ）。この開きが臨界値の一二〇度を超えたなら、そこで集団はどちらへ向かうかを選びなおせばいい。

いずれにしても、このモデルが示しているのは、相互作用している個体の集団がこれほどまでに少数の仲間の集めた情報に反応できること、そしてその情報をどう利用するかについて、洗練された査定手段や検討手段などいっさいないにもかかわらず、集団の一致した結論にいたれることである。そう考えると、動物の集団には、私たちからすると羨ましいとも思えるような民主的な能力が備わっているような気さえする。

群集心理

魚や鳥がどう行動するかのモデルをつくるのはいいことだが、それだけでは足りないこともある。魚や鳥は、おもに本能によって動かされている部分が大きいと思われるからだ。いくつかの単純なルールにロボットのように従うことを強制されているボイドや自己推進粒子(SPP)のコンピューター・モデルを使うにしても、明らかに複雑な生き物ではない鳥や魚に使うのなら、それほど不当でもないだろう。だが、人間はどうなのか。それこそ魚や鳥の群れと変わらないような集団行動をするものだろうか?

こんなことを言い出すのは、大胆で、不遜ですらあると思われるだろうか。しかし、人間集団の動きについてのごく初期の研究で用いられていた見方に比べれば、不遜という言葉すら弱く思える。当時の研究では、知性が個人の属性としてほとんど考慮されていなかったため、個々の人間が馬鹿で生気のない無数の粒子のように貶《おとし》められていた。要するに、人間の群れは正真正銘の流体と考えてさしつかえないとされていたのである。流体力学を専門としていた物理学者のジェームズ・ライトヒルは一九五〇年代に、道路交通は管を流れる水のようなものだと言って、マンチェスター大学のジェラルド・ウィザムとともに、交通量の多い高速道路での動きの測りがたい変動や、そこに隘路《あいろ》や交差点が及ぼす影響などを、流体力学を用いて解明しようと試みた。一九七〇年代には、L・F・ヘンダーソンというオーストラリア人の工学者が、「群集流体」というテーマで論文を書いている。これは気体の粒子と同じような、ランダムに運動している粒子の集まりのようなものだそうで、異なる歩行速度ごとの統計分布が示されていた。

社会科学者にとっては、人間が空間をどのように動いていくかを解明するのは、さして優先順位の高いことではなかったようだ。彼らにとってはそれよりも、集団がどのように慣習や伝統や、行動特性や考えや様式を獲得していくかのほうが大事だった。しかし動きの問題は、建築家や都市設計家にとっては非常に重要な意味をもっていた。彼らからすると、通路をどこに配置すれば最大の利便性が得られるか、非常口をどこに設置して何人が使えるようにするか、混みあった群集の中での衝突をどうすれば避けられるかなど、人間の空間の使いかたに関するもろもろのありふれた、しかしきわめて現実的な問題を知る必要があった。

一九九〇年代半ば、行動をつかさどる「社会的な力」という社会環境論的な考えに刺激され、シュトゥットガルト大学のディルク・ヘルビングとペーテル・モルナールは、個人間の吸引力と反発力の働きを仮定した歩行者運動モデルを考案した。といっても、これらの力の相互作用が、磁石や電荷を帯びた板のあいだで働くのと同じ意味で存在するということではない。人間は群れの中で、そうした力が存在しているかのように行動する傾向があるということだ。とくに、人間は衝突を避ける。それはまるで、私たちがぶつかることを反発力が阻止しているかのようである。二人の人間が互いに向かって歩いているとき、その二人は接近するにつれ、互いに脇にずれるだろう（ちなみに人間が粒子よりも賢いと思っているのなら、粒子は決して互いと同じ選択をしないから、どうあっても衝突することはないということを忘れないでおこう）。

これ以外にも、開《ひら》けた空間を動きまわるときの人間の行動をコントロールするものはあるだろうか？　一般的に、人間はどこかへ行こうとするものだ。心の中に特定の目的地をもっていて、できれば最短の道を通ってそこに向かう（本当に最短の道をとっているか？——と言われれば、それは必ずしもそうではない。混みあった群集の中では、どれが衝突をしないですむ最短の道なのかは知りようもない。そして別の状況では、別の要因によって進路をそらされることもある。これについては後述しよう）。また、人間はそれぞれ自分の好みの歩行速度をもっていて、何かに妨げられないかぎり、その速度になるまでスピードを上げていく。

これらがヘルビングとモルナールのモデルの単純な構成要素だった。おそらくお察しのとおり、このモデルはあまり複雑でない、ひとつの目的に専念した歩行者を想定している。人出の多い日にショッピング街にいる人間の記述としては、おそらくそう悪いものではないだろう。では、これらのルールからどういう群集の動きが生じるだろうか。ヘルビングはこの

a

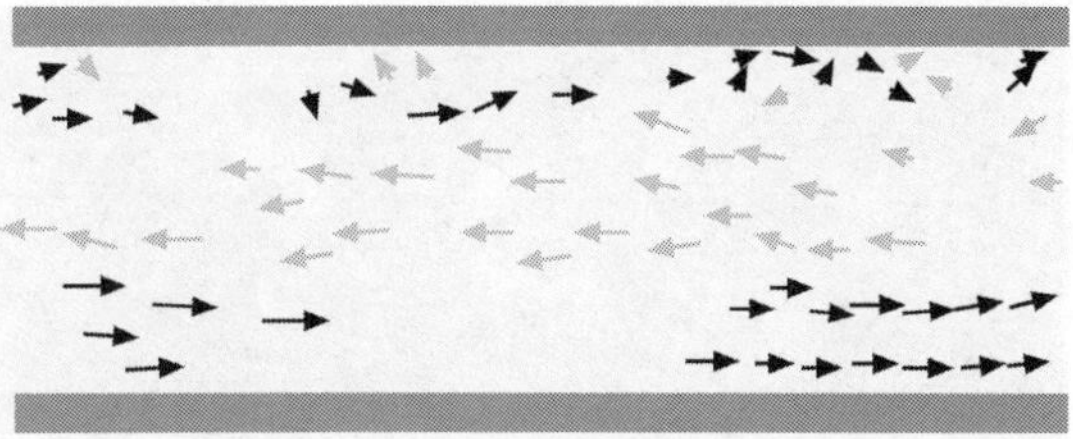

図5.9　廊下を反対方向に動いている歩行者のコンピューター・シミュレーションを見ると、モデルの「ルール」で明白に指示されているわけではないにもかかわらず、歩行者が自ら動きを調整して対向する流れをつくっているのがわかる（*a*）。こうした行動は現実の世界でもよく見られる（*b*）。（Photo *b*: Michael Schreckenberg, University of Duisburg.）

モデルをさまざまな状況に当てはめている。たとえば人の多い交差点をなんとかして渡るところ、何も表示のない入り口を通って中に入るところ。最も単純な状況は、歩行者を廊下に置いて、対向する方向に歩かせたところだ（この廊下はいつでも舗道に置き換えられる）。もし群集の密度が高ければ、そこには混沌と乱雑が待っていると思われそうである。しかし、あらわれるのは驚くほどの整然とした秩序だ（図5・9a）。

歩行者は自ら動きを調整して対向する流れをつくり、人の足跡を追っていく。これは意外でも何でもないのかもしれない。なぜなら自分の前にいる人のあとについていくのは、明らかに理にかなっているからだ。そうしていれば、向こう側からやってくる誰かとぶつかる可能性は限りなく低くなる。しかし、そうした効果に対するルールは、このモデルの規定にはない。「誰かのあとについていく」という行動を生じさせる要素は何もないのだ。ひとたびルールが施行されると、これは自然とあらわれる。もちろん、人のあとについていって流れを形成する

b

図 5.9

という積極的な傾向が人間にあるとしてもおかしくないし、おそらくそのとおりでもあるのだろう。もしそうした衝動が歩行者モデルに含まれていたならば、人の列はもっとすぐに形成され、二つの対向する集団が出会う前からはっきりとあらわれるだろう。いずれにしても重要なのは、それがモデルの要素として入っていなくても、流れは生じるということである。それは衝突を回避しようとする生来的な傾向から生じているのだ。実際に流れが生じることを示す証拠は豊富にある。あなたもきっとそれを自分の目で見たことがあるはずだ（図5・9b）。

アリの高速道路

このような歩行者のあいだでの「車線形成《レーン》」をするのは人間だけではない。この行動をとくに顕著に示しているのが、バーチェルグンタイアリ（*Eciton burchelli*）である。食欲旺盛な肉食動物で、餌となる節足動物に世にも恐ろしい襲撃をかける。数十万の個体からなる隊列がコロニーから餌場まで行軍していく道は、何メートルも幅があり、長さは一〇〇メートル以上にも及ぶ。この襲撃は日没までには終わらせなくてはならない。グンタイアリは夜になると不活性化するので、時間を無駄にしてはいられないのである。隊列の通り道はいくつかのレーンに分かれ、コロニーから出発する個体、獲物を抱えて帰る個体が、それぞれ別のレーンを使用する（図5・10）。

アリの隊列はほぼ確実に、別の個体がかつて通った道をたどっている。これはグンタイアリの捕食行動の重要な側面のひとつだ。このアリはそれぞれがフェロモンを残していくことで道をつくっている。その化学的な痕跡に別のアリが引きつけられるのだ。アリはフェロモン濃度が最も高いところを探すため、おのずと以前にマークをつけられた道をたどることになり、わざわざ自分からさまよい出ることはほとんどない。したがって、通り道はひとりでに補強される。多くのアリがその道を通れば通るほど、その道は化学的なマークが強くなり、さらに多くのアリがその道を使うようになる。この補強によって、獲物のありかにたどりつくのも効率的になる。いくつかの個体がそこにいたる道を見つけるのに成功すれば、あとはフェロモンの足跡が仲間をそこに導いてくれる。しかしながら、もし少数の集団が巣から迷い出て帰り道がわからなくなった場合には、この集団はうろうろと当てもなく円環状に回りつづけるだけとなる。それぞれが互いのあとをついていくのだが、その道がどこにも続いていないことを知るよしもないのだ（図5・11）。

この通り道をたどる行動は、グンタイアリの襲撃の特徴となる枝分かれ模様を生み出す（図5・12a）。これを模したコンピューター・モデルには、フェロモン放出の自己拡張メカニズムも組み込まれている（図5・12b）。それにしても、通り道はどうして出かけていく働きアリのレーンと戻ってくる働きアリのレーンに分岐するのだろう（図5・10）。イアン・カズンとブリストル大学のナイジェル・フランクスは、アリの衝突を避けたがる性質、とくに別方向から接近してくる相手とぶつからないようにする性質に、その答えがあるのではないかと考えた。

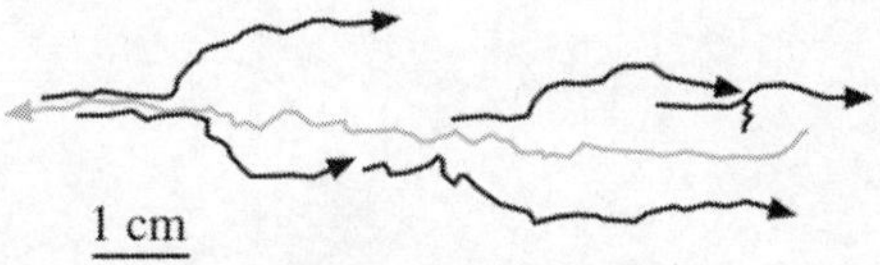

図5.10　バーチェルグンタイアリ（*Eciton burchelli*）の3レーン通行。出かけていくアリ5匹の通り道を黒い線で、戻ってくるアリ1匹の通り道を灰色の線で示してある。前者は2つの「外側」のレーンを使い、後者は中央のレーンだけを使う。（After Couzin and Franks, 2002.）

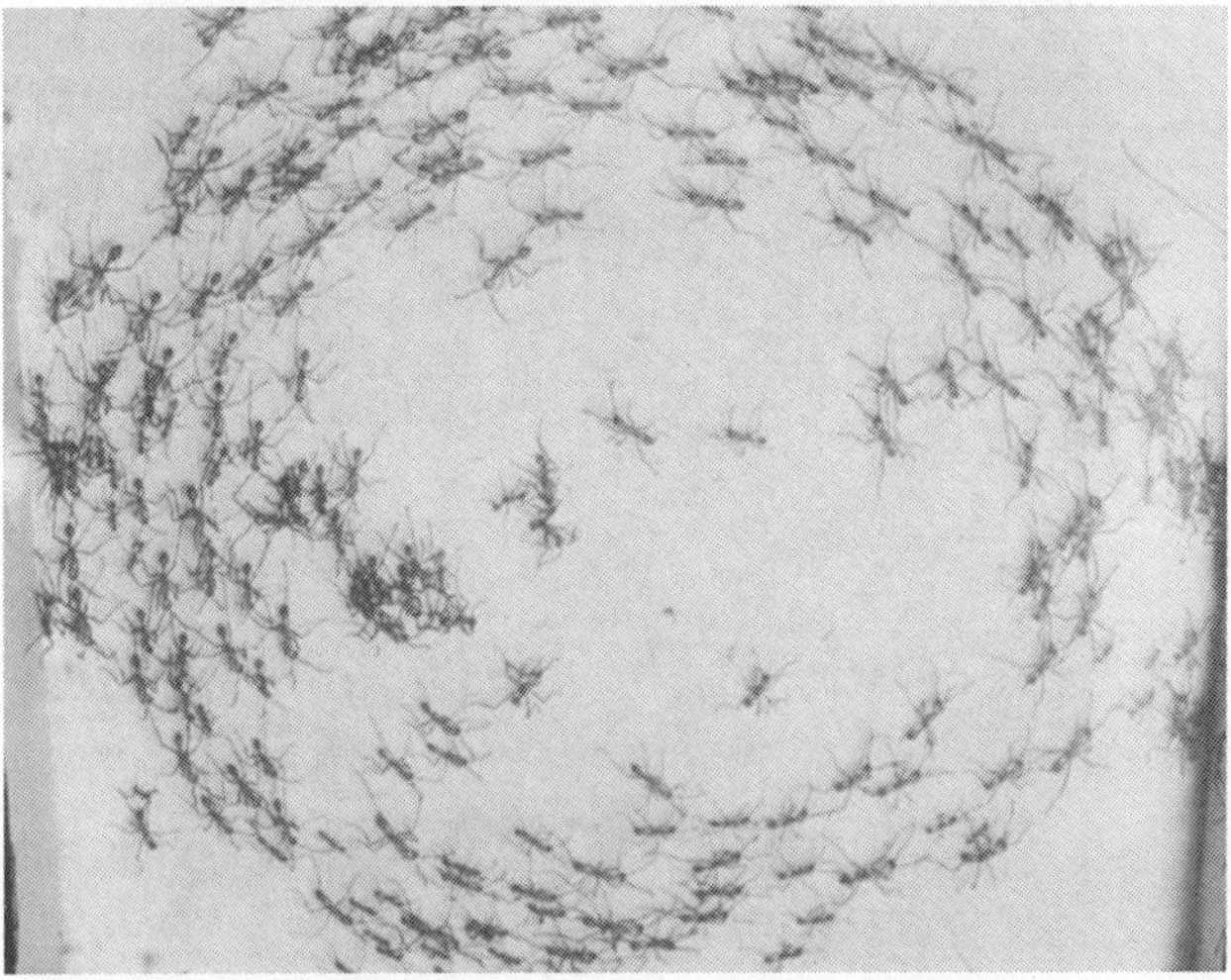

図5.11　円形の障害物を中央に置くと、グンタイアリはひたすら円を描いて行進する。互いのフェロモンの跡をたどっているだけで、その道がどこにもつながらないことを知らない。（Photo: from T. C. Schneirla, *Army Ants* [W.H. Freeman, 1971], kindly supplied by Nigel Franks, University of Bristol.）

a

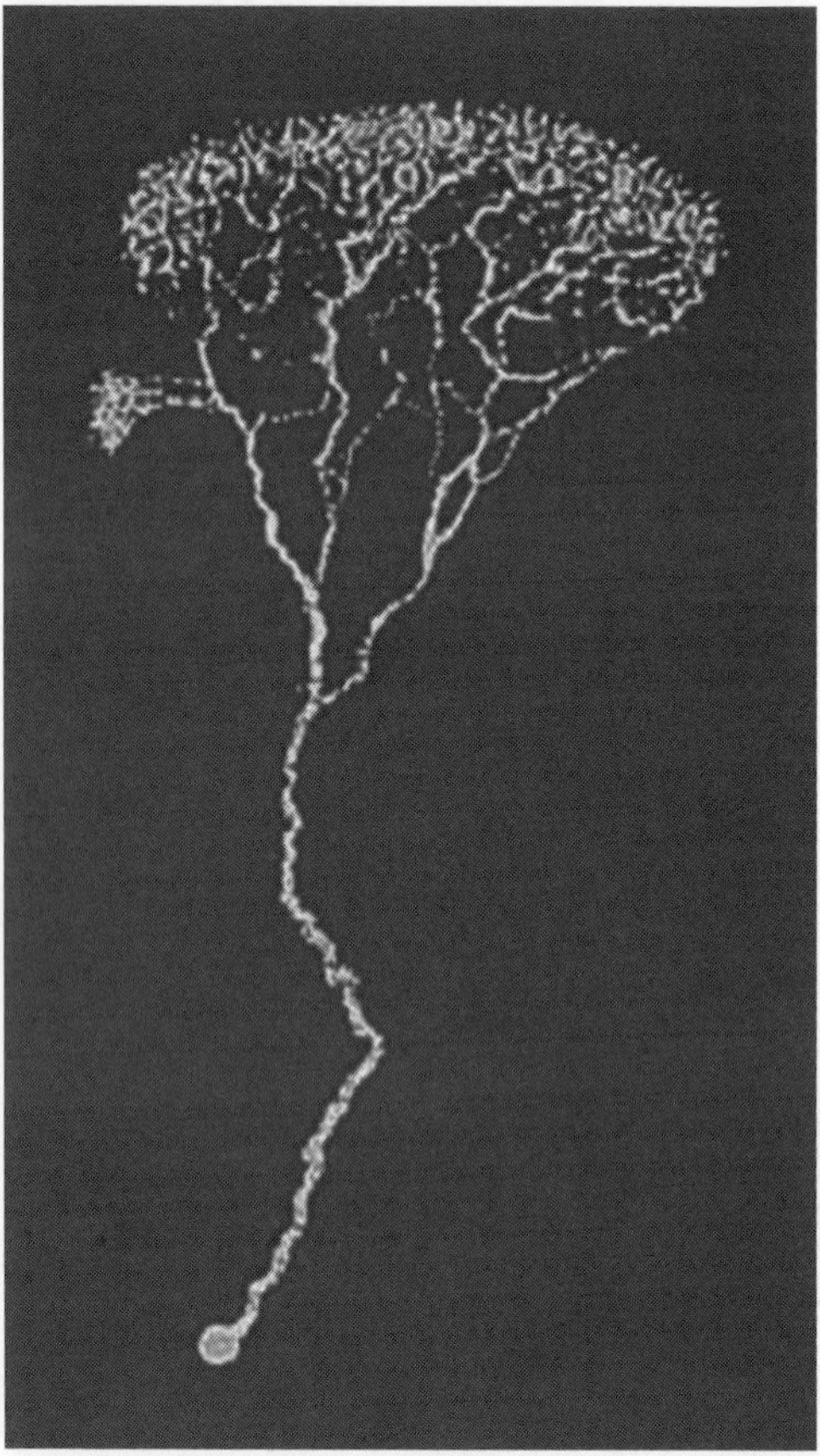

図 5.12　バーチェルグンタイアリの枝分かれした襲撃パターン（*a*）と、グンタイアリの進路敷設行動を考慮したコンピューター・モデルから生み出された進路（*b*）。（Images: Nigel Franks, University of Bristol.）

b

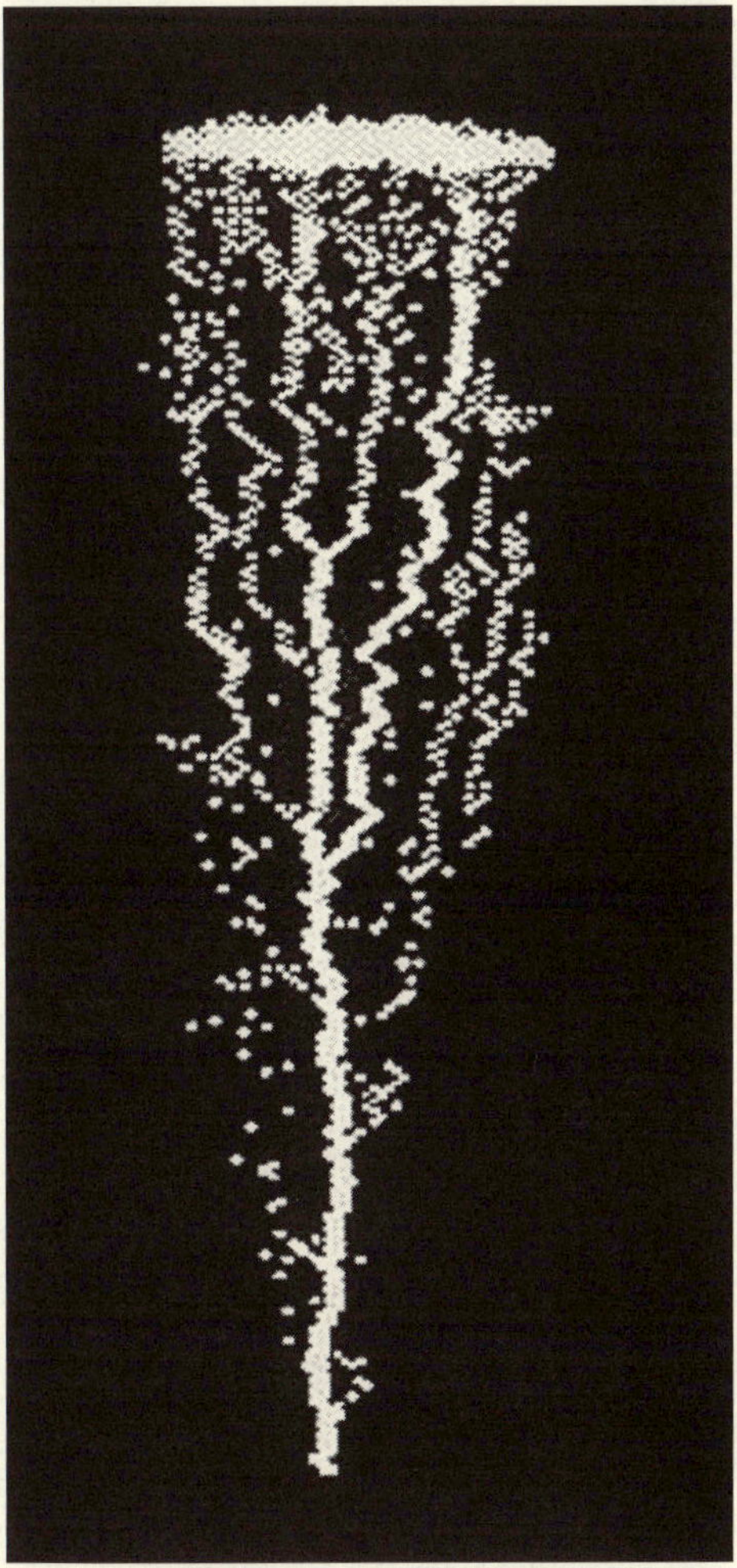

グンタイアリはあまり目がよくない（というより、実際にほとんど盲目である）が、物理的接触をしてきそうな相手の存在を文字どおり感知することができる。触角にある触覚野を相手の前に伸ばすこともできる。カズンとフランクスは、もしほかのアリがこの触覚野に入ってくれば、アリは方向を変え、それまでとっていた進路から外れていくと仮定した。そして、ほかのアリの通り道からうまく出られないときは、フェロモンの道を探してそれをたどり、濃度が最も高いところへ向かっていく。

このほかに、アリの動きをつかさどるルールが二つある。第一に、アリは自分が巣から出かけているところなのか、巣に戻っているところなのかをわかっている。現実のグンタイアリもそれを知っていると思われるが、どうして知っているかは明らかでない。しかし進んでいる途中でUターンさせられると、すぐにまた回転して、もとの方向に進みつづけるのである。第二に、出かけていくアリと戻ってくるアリには、ひとつ決定的な違いが与えられている。出かけていくアリのほうが、ほかのアリと接触したら進路を変える傾向が大きいとされたのだ。現実のグンタイアリもそうであるかは不明だが、これは理にかなってはいる。獲物を運んでいる帰り道のアリは機動性が低いだろうから、方向を変える可能性も低いと考えられるからだ。

アリを導く一本のまっすぐなフェロモンの道が敷かれたモデルを実行してみると、やがてアリの通り道は三本のレーンに分かれた。帰ってくるアリは中央のレーンを通り、出かけていくアリは、その両側のレーンのどちらかを通る。これはまさしく、自然界で見られるとおりの配置である（図5・10）。しかもグンタイアリだけでなく、採餌中のシロアリにおいても見られる。ここでもまた、内側と外側のどちらのレーンを使うかをアリに「指示」するルールはない。これはアリどうしの相互作用から自然発生的に出てくるものだ。そしてまた、このレーン形成も理にかなっている。これにより、すべての通り道で衝突による面倒を避けられる可能性が高くなるからだ。「巣から出ていくときは外側のレーンを」と告げる本能がアリに備わっていなくてもかまわない。行きと帰りとでアリの機動性に違いがあれば、それだけで自動的にレーンの使い分けが生じるだろう。

しかし、レーンが三本というのはちょっと多いのではないか？　二本でも充分に衝突を避ける役は果たすだろう。実際、人間の道路はそれでうまくいっているではないか。ところが二本のレーンには問題があるのだ。このパターンは非対称である。出かけていくアリは、右と左のどちらの道をとればいいのか？　アリに左右を区別する生来的なメカニズムが備わっていないかぎり、どちらを進めばいいかをアリに教えてくれるものは何もない。しかし三本のレーンなら、そんな問題のある選択は最初から出てこない。

通り道をたどって餌をとりに行くすべてのアリの種が、こうしたレーンを形成するわけではない。たとえばハキリアリ（*Atta cephalotes*）は、すれ違いざまに互いを押しやって先に進む。なぜハキリアリはそれでよくて、グンタイアリではだめなのか？　おそらく、ハキリアリはそれほど急いでいないことが理由のひとつにありそうだ。ハキリアリは日没で仕事を終わらせる必要がないので、効率性への選択圧が弱いのだろう。その意味で、衝突は餌を集める仕事の効率性を確実に下げる。だが、それもたいした問題ではない。ハキリアリは巨大な荷物を運ぶので、レーンがないことで多少の遅れが生じたとしても、移動時間にそれほど大きな差はあらわれないだろう。あらわれたとしても、わざわざレーン形成につながる本能を獲得するほどの価値にはいたらなかったということだ。一部の研究者の見解では、衝突もそう悪いことではないかもしれないという。たとえば行き帰りのアリどうしで情報伝達ができるようにもなる。ちょうど対向方向から帰ってくるハイカーが、この先の崖の道は崩れていると教えてくれるようなものだ。

ところで、香水の広告は別として、人間の場合は、あまりお互いの化学的な痕跡のあとをたどることはないように思える。だが、私たちが互いの足跡をたどることには別の理由がある。深い雪の中では、文字どおりそれが行なわれるだろう。なぜならそうすることにより、苦労が減るし、いきなり隠れた穴に落ちたりする可能性も低くなるからだ。この足跡たどりが行なわれやすいもうひとつの状況は、開《ひら》けた草地を進むときだ。たとえば、すでに他人によって草が踏みつけてあるところは、地面がほかのところより歩きやすくなっているかもしれない。加えて、人間には「通り道にしたがっていく」という心理的衝動がたしかにある。ゆえに、その通り道がほかの通行人によって定められたもので、設計者が規定したものではないとわかっていても、その道をとってしまうのだ。そうして草地に自然発生的な通り道がつくられ、補強されていく（図5・13a）。古い通り道が何らかの理由で使われなくなれば、やがてまた草が生えてきて道を覆い隠す。これはフェロモンの道がほかのアリによって補強

図 5.13　開けた草地の上を人が歩くことによって踏みつぶされてできた通り道は、曲線的な道筋や、円滑な交差点など、人々にとって「有機的《オーガニック》」な魅力がある（*a*）。人の通ったあとをたどる歩行者の行動を模したコンピューター・モデルでも、やがて同じような通行パターンがあらわれる（*b* と *c*）。最初のうちは、入り口地点と出口地点（ここでは隅にあたる）を結ぶ通り道が直進的な直線を描く（*b*）。しかし時間とともに、直進性と、他人の足跡をたどりたがる傾向との妥協の産物として、通り道が曲線に変わる（*c*）。（Photo and images: Dirk Helbing, Technical University of Dresden.）

されなくなったときに、しだいにフェロモンが拡散して消えてしまうのとまったく同じである。

ディルク・ヘルビングとペーテル・モルナール、およびチュービンゲン大学のヨアヒム・ケルチュは、この種の人間の通行を歩行者モデルで説明できないかと考えた。そこで歩行者モデルの歩行者に、踏みつけられた道のあるところを歩きたがる傾向を与えてみた。道が踏みつけられているかどうかは、それ以前に何人がそのルートを歩いているかで規定された。したがって、ある開けた空間で歩行者がとる道は、この足跡たどりの行動と、最も直進的なルートをたどりたいとする願望との、妥協の結果ということになる。そして使われない道は、着実に見えなくなっていった。

結果として、歩行者は最初のうちは単純に目的地への直線ルートをたどっていた（図5・13b）が、時間が経つにつれ、この通り道の形が変わっていった。直線が消え、代わりに曲線ルートがあらわれて、中央の交差点にぽっかりと開《ひら》けた草地の島ができたのである（図5・13c）。これらの新しいルートはあまり幾何学的でなく、言うなれば「有機的《オーガニック》」で、直進性も損なわれていた。これは歩行者の「認定」する、直進性と歩きやすさをはかりにかけたときの最善の結果をあらわしたものだ。現実の人間の通行システムにも、同じような特徴があるように見える（図5・13a）。基本的にすべての道が空間の端から端までを結んでいるとき、これらの自然発生的な通り道はたいてい枝分かれして、ときには使われなくなって消えていくルートもできる（図5・14）。これは有蹄動物が餌場へ向かううちにつくられる、

a

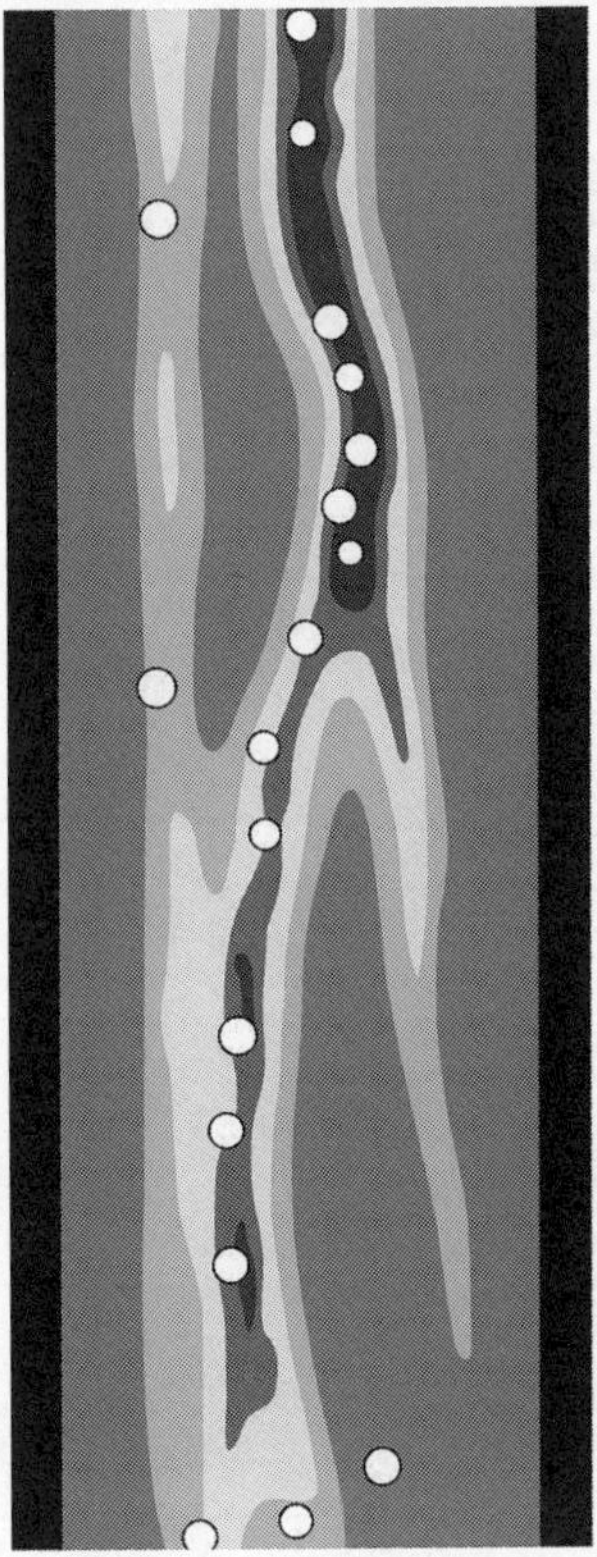

図5.14　直線状の動きに特化してみると、足跡たどりのモデルは枝分かれする通り道を生み出す（*a*の図では、白い円が通り道にいる歩行者をあらわす）。こうした枝分かれは人間の通り道にも（*b*）、一部の動物の餌場への通り道にも見られる（*c*）。（Images and photos: *a*, after Helbing et al. 1997; *b*, Dirk Helbing; *c*, Iain Couzin.）

b

図 5.14

c

図 5.14

背の高い下草のあいだの通り道にも似ている(図5・14c)。

交通渋滞

ヘルビングの歩行者モデルは、道路交通の流れに当てはめてもけっこういい線をいくのではないか――ということは、たいした想像力がなくても察しがつくだろう。道路上では、私たちの選択肢はいっそう限られてくる。自由意志を働かせる余地もぐっと少なくなり、予測可能な、ロボットのような行動をとらざるをえない。道路を走るときはあらかじめ定められた通り道を列になって動いていかなければならず、しかもたいてい列は一本で、さらに衝突を避けるよう気をつける必要もある。それは私たちの安寧と預金残高のために、いたって重要なことなのだ。こんな状況でできることは、好みの走行速度までスピードを上げることぐらいだが、それもできたらの話であって、自分の車線のすぐ前に車がいれば、スピードを緩めざるをえない。

ヘルビングらはこの状況に歩行者モデルを当てはめてみた。といっても、これだけの単純なルールでは、結果としてあらわれる行動もありふれたものでしかないのでは、と思われるかもしれない。だが、このモデルからあらわれた交通状況は、どこをとっても多様で、複雑で、私たちが日々ハンドルの後ろで経験するのと同じぐらいフラストレーションのたまるものだった。ここでもまた、流れのパターンは集団行動に支配されているしるしを明らかに見せている。たとえば一車線の直線道路の交通は、密度が徐々に増すとともに累進的に混雑していって、平均走行速度もしだいに落ち、やがて実質的に停止するのだろうと、普通はそう考えてしまいがちである。ところが実際は、そうはならない。着実な流れと、ほぼ動きのない停止状態との切り替わりが、交通密度（たとえばキロメートルあたりの乗り物の数）の特定の閾値を超えたところでいきなり起こるのである。これもまた、一種の相転位だ。条件のわずかな変化によって「全面的」なふるまいの著しい変化がもたらされる。これは交通が文字どおり「凍結」したような状況で、液体のようだった流れがいきなり固体のような静止状態に変化するわけだ。

この突然の停止の始まりは、一九九〇年代初めにドイツで研究を行なっていたカイ・ナーゲルとミヒャエル・シュレッケンベルクが考案したモデルでも見られている。このモデルにも、前述のルールが多かれ少なかれ含まれている。*一連の自動車が列になって直線道路を走っていて、道路の前方がある程度まですいていれば、すべての車が同じ速度を出す。これを時間に対する移動距離を示したグラフであらわしてみると、走行を妨げられていない各自動車の軌道はまっすぐな斜線を描く（図5・15a）。だが、自動車が減速を強いられると、直線は急激に水平方向に曲がる。その時点から、自動車は同じ時間のあいだに短い距離しか進

＊　もうひとつの構成要素として、各自動車の加速と減速にわずかなランダム性が追加されている。これは、どんなドライバーも（あなたがどう思っているかはさておき）完璧には運転できないことを加味するためだ。

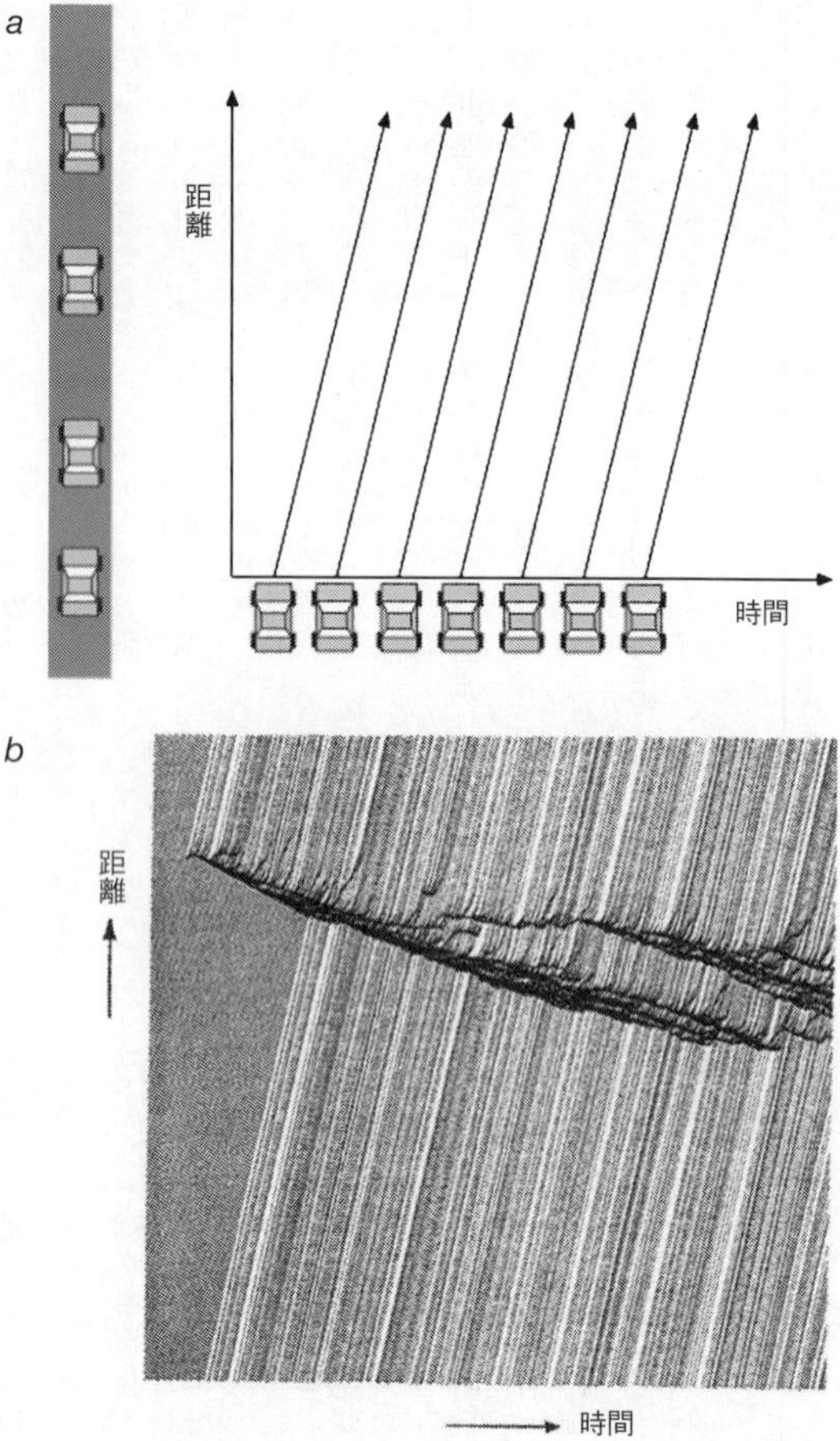
a
距離
時間
b
距離
時間

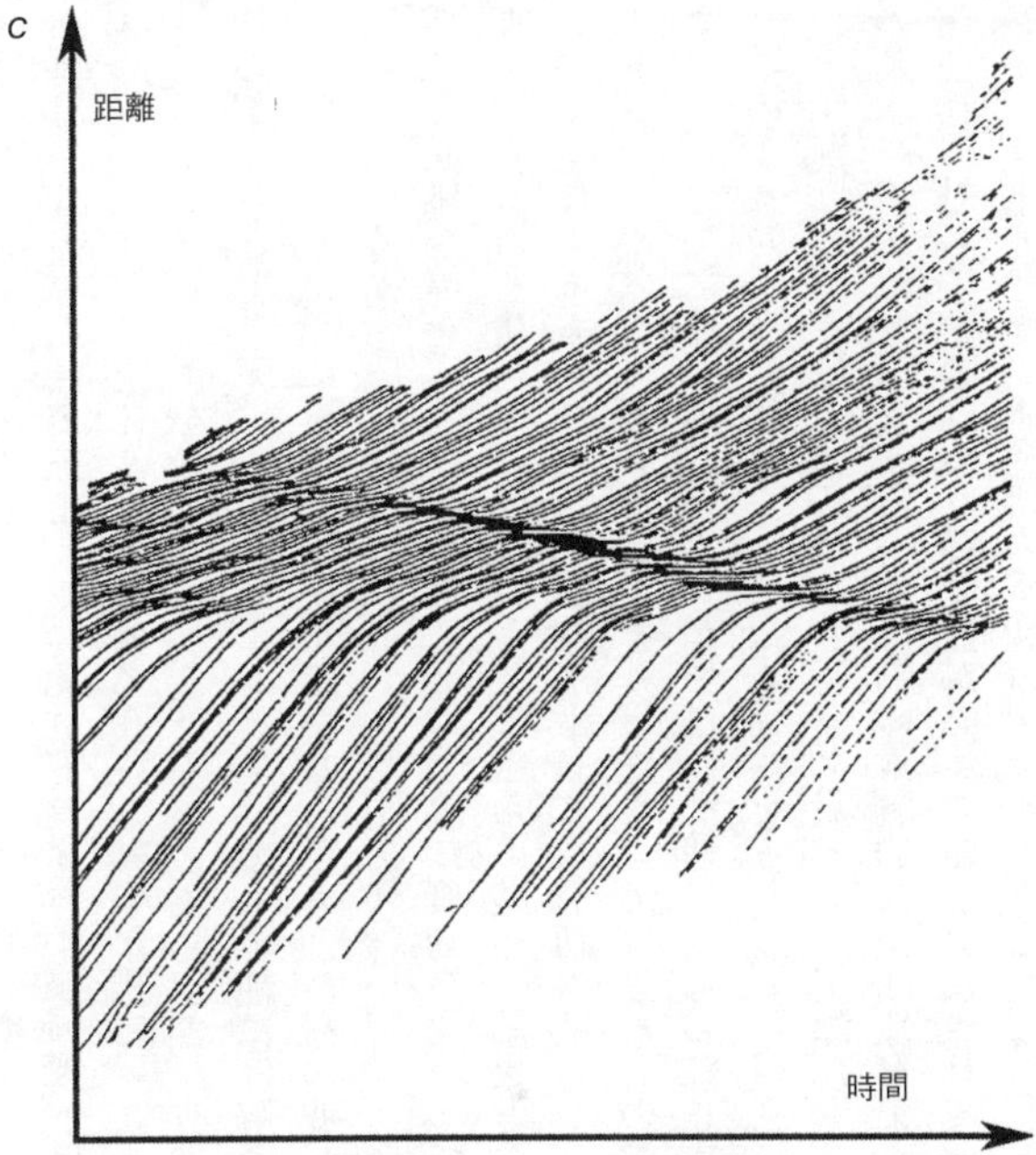

図 5.15　どこからともなく道路交通にあらわれる渋滞は、集団行動のひとつの結果である。一定の速度で道路を走行している車の動きは、時間に対する移動距離を示したグラフにおいて、まっすぐな斜線であらわされる（*a*）。そうした多数の車が高速道路を列になって走行しているコンピューター・モデルでは、一台の車が急に一瞬だけ速度を落としたことによる小さな乱れが、それだけで複雑な混雑に発展し（*b* の暗色の帯）、その混雑が上流に伝わったのち、複数の渋滞の「波」に分裂する。現実の道路交通を観察した場合にも、やはりこうした効果があらわれている（*c*）。（Images *b* and *c* : from Wolf, 1999.）

めなくなるからだ。そしてプログラム上、ある車が急にブレーキを踏んだあと、あらためて加速するようにしてみると——つまりドライバーが一瞬だけ注意をそらしてしまったような場合を模してみると——目を見張るような結果が出る。この行動により、すぐ後ろの車のドライバーもブレーキを踏ませられるため、まずは小さな渋滞のもつれが生じる。これは、最初の不注意なドライバーがスピードを上げても単純には解消しない。この渋滞がさらに上流のドライバーたちにもブレーキを踏ませるため、渋滞の波が交通の流れと反対方向に着実に広がっていくからだ（図5・15b）。時間が経つにつれ、悪い状況はさらに悪い状況に進む。小さな混雑が幅を広げながらどんどん上流に移動していって、ついに二股に分かれ、二つの渋滞のもつれを生む。この枝分かれはさらに続き、結果として、明らかな「原因」は何もないのに全体のあちらこちらに混雑が生じる。最初の乱れからずっと遅れてこの場に入ってきたドライバーは、「動いては止まり、止まっては動き」の波に遭遇することになる。このときには、すでに流れのパターンが独自の推進力をもちはじめている。

このような状態は、現実の道路交通にもあらわれている（図5・15c）。しかし現実の場合、状況はモデルほど悪くはなさそうに見える。実際にも、ナーゲルとシュレッケンベルクの基本モデルは、ドライバーの行動の本質的な集団性をよくとらえているとはいえ、ささいな乱れに対して少しばかり感受性が高すぎると見なされている。シュトゥットガルトにあるダイムラー＝ベンツ研究所のボリス・ケルナーとフーベルト・レーボルンによる見解では、交通渋滞には二つの状態があるという。道路が過密で、ほとんど動きがなくなる停止状態と、それよりはやや密度が低く、道路上の車がすべて同一の控えめな速度で着実に流れていける「同期化《シンクロナイズド》」状態である。また別の見解では、自由な流れから同期化した流れへの切り替わりは外的な乱れの要因から起こるはずで、たとえば道路上の隘路や、別の交通の流れが入り込んでくる十字路やジャンクションなどが原因だとされている。

もちろんこうした乱れの要因は現実の道路にもよくあるもので、現実の交通が複雑で多様なのも、そこに大きな原因があるのかもしれない。ディルク・ヘルビングらの調査によると、たとえば高速道路の合流点などは、あらゆる種類の交通混雑を生じさせられるという。上流へと移動していく小さなもつれも、道路上の一点にずっととどまる混雑も、振動波のように広がっていく渋滞も、あるいはブロックのように強固な混雑も。

これらのモデルは、交通の流れが時間と空間に独自の堅固なパターンをもっており、それが多数の個人の相互作用から、突如として自然発生的にあらわれてくることを示している。そう考えると、混雑はむしろ道路の根本的な、避けがたい宿命のようなものにも思えてくる。しかし考えようによっては、そう悲観的になる必要もない。これらの交通モデルの功績により、どういう状況にあるときに混雑や渋滞が形成されるのかがわかってきたのだから、今度はそれを利用して、混雑が生じる確率を低められるかもしれない。たとえばふさわしいレイアウトの道路を設計したり、ふさわしい速度制限を設けたり、ふさわしい車線変更ルールを定めたり、そのほかさまざまな対策がとれるだろう。それによって走行がより快適になるだけでなく、安全性も高まり、環境汚染も減るかもしれない。さらに、いくつかの主要地点での交通量測定をもとにして、現実の道路網の交通の流れを予測できるようになったモデルなら、ルートを設計するうえでも大いに役立つし、発生しそうな渋滞問題を発生前に道路管理者に警告することもできるだろう。そうした計画は、ここで述べてきたようなモデルを使って、すでに欧米のいくつかの都市や都心部で実施されている。それにより、道路使用についてのリアルタイムの予測も可能になってきているのだ。

パニックの恐ろしさ

ヘルビングらが研究したシミュレーション上の群集は、総じて行儀よく、その集団モードでの動きも、流れを円滑にしたり、人と人とができるだけぶつからず、不快な思いをしないですれ違えるようにしたりする類《たぐい》のものだった。反対方向からやってきた二つの群集が、ある入り口のところで出会って、それぞれ入り口を通り抜けようとするときなど、立ったままで相手に先に道を譲る礼儀正しさのようなものまで示すことがある（もちろん、この「礼儀」は架空のものだ。シミュレーション上の人間に良心のとがめなどはない。彼らが親切そうに見えるのは、単に衝突を避けるというルールに従っているからだ）。

だが、すべての群集がこのように良識を備えているわけではない。群集災害では、パニックのせいで人々が荒っぽいふるまいに走り、他人を押し倒したり踏みつけたりする。暴動、ビル火災、スポーツ競技場やロックコンサートといった公衆の集まりでの激しい押しあいは、過去に多くの人命を奪ってきた。それは群集の動きに抑えがきかなくなった結果であり、そのとき恐怖や興奮に包まれた人々は、自分たちの属性だとしてひけらかしてきた「知恵」を示すのをやめたのである。

一九九九年、ヘルビングはブダペストのタマーシュ・ヴィチェク、イレーシュ・ファルカシュと協力して、群集がパニックに陥ったときに何が起こるかを解明しようとした。彼らは「モデル歩行者」を使って、これがどこかへ早くたどりつきたいがために、接触を避けようとする衝動を上回るほど運動速度を上げたがった場合に、どういう動きをするかを調べてみた。すると、こうした群集は互いに押しあって動けなくなることがわかった。「脱出パニック」というシミュレーションで、すべての個人が一個の出口を通り抜けようとすると、そういう結果になるのである。ドアの前の密集した人だかりの中でもみくちゃにされるうち、各歩行者はアーチ形のラインにがっちり固められ、前に進めなくなる。この押しあいかたは、まさしくレンガ造りのアーチに安定性をもたらしているものだ。隣りあった石を互いに押し合わせるような格好で積み上げていくと、堅固な構造ができあがる。摩擦によって動かなくされているので、重力の引力にも耐えられる。こうしたアーチは、粒状物質が穴を通り抜けて落ちるときにできることでも知られている。だから塩は、粒そのものは充分に穴を通り抜けられるぐらい小さいのに、塩入れの中で固まっていられるのだ。つまりここでは、「群集流体」が「群集粉体」のようになってしまったわけである。その結果は、恐ろしい意味で直観に反している。全員が速く動こうとすると、群集がドアをくぐりぬける速度は、各個人がもっと普通のペースを維持していた場合よりも遅くなってしまうのだ。動けないほど押しあっている群集の中で高められた圧力は、考えただけでも恐ろしい。現実の群集災害では、それが高じて鉄の棒を曲げ、壁を押し倒してしまう。

現実の動物も、やはりこのようにふるまうらしい。これはもちろん倫理的に、人間を被験者にして行なえるような実験ではなく、対象がマウスだとしてもひるむ人はいるだろう。しかしフィリピン大学のカエサル・サロマのチームは、被験者のマウスに長い苦痛を与えないようにしたうえで、二〇〇三年にこれを実施した。この実験では、マウスが少しずつ浸水してくる部屋から逃げなければならないようになっている。結果として、マウスはコンピューター・モデルで示された「脱出パニック」と同じような反応を見せた。そして出口を通り抜ける流れは、さまざまな規模の爆発が起きるときに予測される特徴を示していた。それはまさに、前の章で見た砂山モデルの自己組織化したなだれとそっくりだった。

歩行者の動き、とくに群集パニックについての研究を評価され、ディルク・ヘルビングは二〇〇六年に「ハッジ」における群集管理の相談役として招聘《しょうへい》された。ハッジとは、サウジアラビアのメッカにイスラム教徒が詣でる毎年の巡礼行事で、四〇〇万人もの巡礼者が訪れる。そのため、群集災害の危険がつねに存在していた。過去に大勢の命が失われており、一九九〇年には、メッカから投石儀式の行なわれる近傍のミナの町につながる歩行者用トンネルの中で将棋倒しが起こり、一〇〇〇人以上が亡くなった。

この投石儀式は、過去の何度かの惨事で引火点となってきた。巡礼者はミナに集まったあと、ジャムラートと呼ばれる柱に向かって石を投げる。これはアブラハムが悪魔に石を投げて退けた故事を再現するものだ。渋滞を緩和するため、もともとあった三本の柱は長い楕円形の構造に置き換えられて、むしろ壁のようになっている。そこに二段式の「橋」が架けられて、できるだけ多くの巡礼者が同時にジャムラートに向かえるようになっている。だが、この処置でも充分ではなかった。一九九四年以来、六回の事故がこの儀式中に起こって、押し倒された巡礼者が亡くなっている。とくにひどかったのが二〇〇六年一月の事故で、三〇〇人以上の巡礼者が亡くなり、さらに多くの負傷者が出た。ハッジを統括するサウジ当局は、新たな対策の必要性を痛感した。これにヘルビングの群集モデルは役立ってくれるのか？二〇〇六年の行事に際し、当局はビデオカメラを設置して群集の動きを記録した。そしてヘルビングのチームに映像を検証させ、押しあいがどのようにして致命的なものにまでいたるのかが解明されるのを祈った。ヘルビングらがそこで見たものは、意外で、かつ衝撃的なものだった。

　ジャムラートの橋の上にいる群集の密度が高まるにつれ、それまでの着実な流れが、交通渋滞のところで見たような、進んだり止まったりする波に変わった（図5・16ａ）。それが群集の動きの中でここまで明白にあらわれているものは、かつてなかったほどである。だが、混雑がさらにひどくなるにつれ、不快でいらだたしいものではあったが、それもまだ比較的秩序を保っていた動きが、別の種類の動きに変わっていった。人々はあちこちで小さなまとまりに分かれ、まるで流体の流れに生じる渦のように、あらゆる方向に回転していた（図5・16ｂ）。巡礼者たちはそこかしこで押され、抗《あらが》うすべもなく、ただ自分の足を踏んでくる

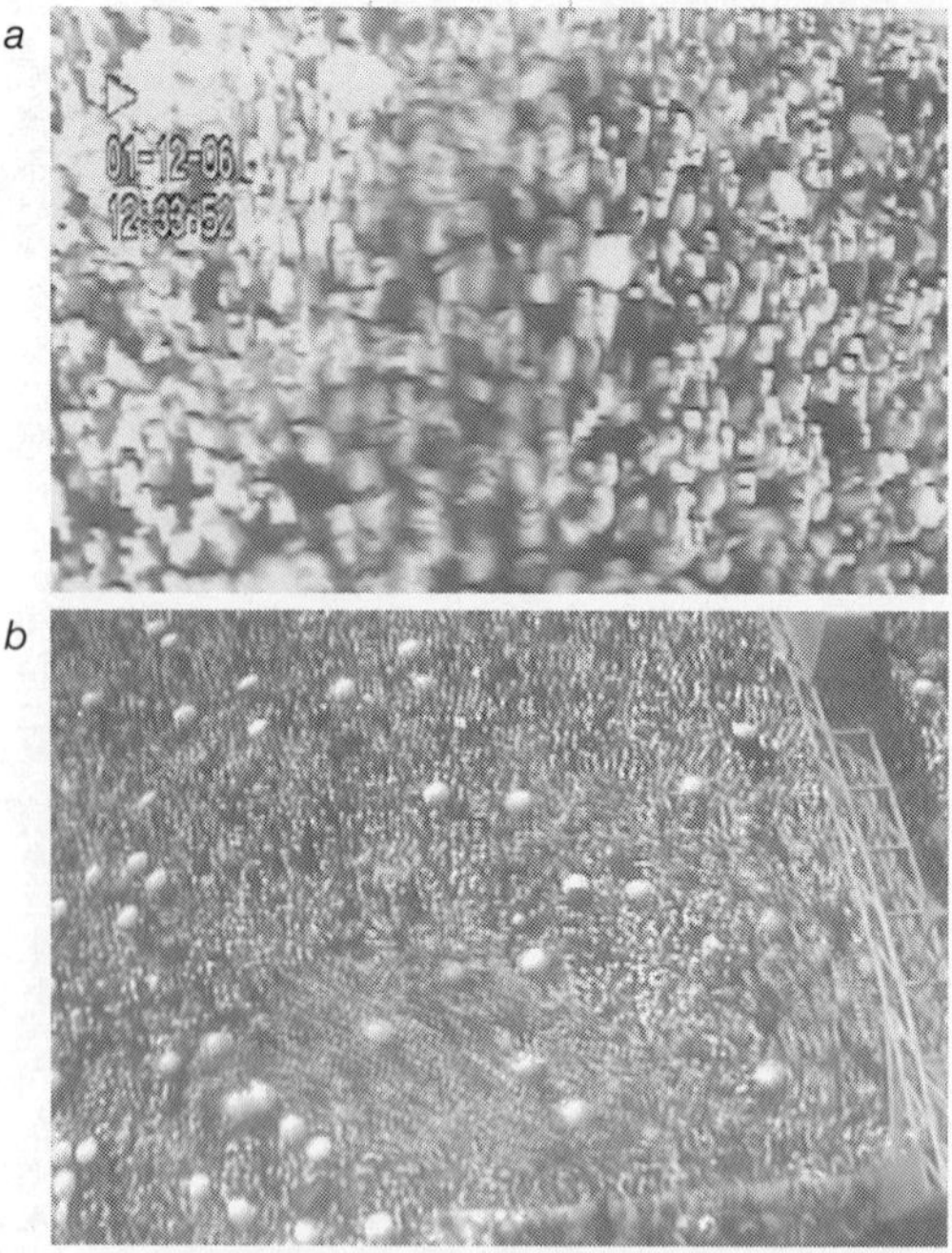

図 5.16　ミナにおける 2006 年のハッジでの群集の動き。これを撮影したビデオ記録は、進んだり止まったりする波のような動き（*a*）、群集が「乱流」になっている動き（*b*）など、動きのさまざまなモードを明らかにしている。どちらの画像も約１～２秒間の映像フレームを平均化したものなので、静止している人間が鮮明に見える一方、動いている人間はぼやけている。（*a*）の進んでは止まる波は左から右に広がっているが、群集は右から左に動いている。この画像はジャムラート広場につながる通りで撮影された。（*b*）の群集乱流の特徴は、あらゆる方向に動いている波（歩行者の小さな群れ）だ。この画像はジャムラートの橋の入り口で撮影されたビデオ映像からつくった。橋につながる傾斜路のひとつが右側に見える。（Photos: Dirk Helbing and Anders Johansson, Technical University of Dresden.）

他人を押しのけるしかなかった。そこでつまずけば、もう二度と立ち上がれないかもしれず、まわりの巡礼者がいっしょに倒れて覆いかぶさってくるのも避けられない。この巡礼者の動きは驚くほど、ほとばしる液体の乱流に似ていた。

この「群集乱流」は、歩行者の動きや群集パニックを模した単純なモデルでは予測されないものである。ヘルビングらは、各個人が押しあいに反応してふるまいを変えたときに、引き金が引かれるのだと考えた。ただ受動的に群集に押されっぱなしになるのではなく、この窮屈さを緩和しようとして、自ら押し返しはじめるのである。「群集流体」は生気を吹き込まれ、さらなるエネルギーを自発的に動きに注入する。それは単純な流体にはできないことであり、したがって当然ながら、「群集乱流」は通常の乱流をそのまま映したものではない。その状況は突如として、さらに暴力的に、さらに危険になるのだ。

ヘルビングらは、おそらくこの危険な「乱流」の始まりには特別なしるしがあって、それがビデオ映像でも見つかるはずだと考えた。乱流を生じさせる閾値は群集の密度だけで決まるのではなく、各個人の動きの速さにどれだけ差異があるかによっても決まる。その二つの要因が合わさって、乱流を生じさせる「群集圧力」の臨界値が定められる。ここまでわかれば、あとは大群集のリアルタイムのモニタリングとビデオデータの分析で、このきわめて危険な状態がいつ起こりそうになるかを、もっと正確に警告できるようになる。監督者はそれをもとに、圧力を軽減するための群集管理対策（新たな出口を増設するとか、ある程度以上の流入を止めるとか）を導入する。そうすれば、致命的な惨事にいたるのを避けられるのではないだろうか。

しかし幸いなことに、その対策は二〇〇七年のハッジには不要となった。ヘルビングのチームによる研究の結果、巡礼の宿営地とミナのジャマラートとのあいだに新しいルートが敷設され、特定の通りが一方通行の流れに割り当てられた。巡礼の流れを制限したり流したりするための緻密《ちみつ》なスケジュールも組まれた。予想以上の数の巡礼がハッジに来たものの、計画は完全な成功を収め、儀式は滞《とどこお》りなく遂行された。群集のパターンを解明することの価値を証明するのに、これ以上の事例はまたとあるまい。

6 大渦の中へ

乱流の問題

あなたなら神様に何を聞く？　ドイツの物理学者ヴェルナー・ハイゼンベルクには考えていることがあったという。「神様に会ったら、私は二つの質問をするつもりだ。なぜ相対論があるのか。そして、なぜ乱流があるのか。神様はきっと、最初の質問には答えてくれると思う」

この引用の出所はかなり怪しげだが、ありえなくもなさそうではある。なにしろ乱流は、ハイゼンベルクが一九二三年に書いた博士論文のテーマなのだ。とはいえ、こうした話の大半と同じく、これも要点をきわだたせるために捏造されたものだろう。すなわち乱流の流れを理解するのは非常に難しく、ハイゼンベルクにも、そしておそらくは神にもできないぐらいなのだと。ハイゼンベルクの名前がこの話に結びつけられたのは、単に彼のほうがサー・ホーレス・ラムより有名だったからかもしれない。イギリスの数学者で流体力学の専門家だったラムこそが、一九三二年に英国科学振興協会での演説で似たようなことを言ったとされている。*

信憑性はさておき、このハイゼンベルクの言葉は、なかなか啓蒙的であると思う。科学的難問の悩ましさには、いくつかの種類があることを教えてくれているからだ。そのひとつは、現象そのものが私たちの日常経験の外にある場合だ。アルベルト・アインシュタインが考案した相対性理論などは、少なくとも一九三〇年代の観点からすると、わざと意味をぼやかすような理神論的ごまかしの一端と思われていたかもしれない。これは私たちの日常世界では完全に隠れているものなので、なくてもかまわない余計なものに見えるのだ。なぜニュートンの力学法則以外のものに支配される宇宙をどこぞの神がつくる必要に迫られたのか、たしかにちょっと考えただけではわからない。物体がたいへんな高速で動いていると空間が縮んで時間が伸びるとか、そんな奇妙な相対論的効果にニュートン力学が取って代わられなければならないなんて、いったいどうして決められたのか？　相対論を理解するのに必要な数学は、難解ではある。しかし理論物理学の基準からすると、耐えがたいほどのつらさではない。それでもここに含まれている概念は、私たちの経験や直観からは外れている。**

科学のまた別の難問は、ほとんどの人間には近づきもできない数学的な抽象性と複雑性を、本当に必要としているがゆえに難しいのかもしれない。超ひも理論などがその例だろう。ただわかるのは、普通の人には一生かけてもその方程式を解読できないということだ。

しかし、乱流にはまた別の意味での難しさがあり、悩ましさがある。基本的な疑問は単純だ。高速で流れている流体を数学的に記述するにはどうすればいい？　流れに充分な勢いがあるとき、これまでの章で見てきたような規則的な構造やパターンはたいてい溶解し、刻一刻と様相を変えていくカオスのようなものが残される（図6・1）。それでいて、構造がすべて壊されるというわけではない。ランダムな運動によって液体はくまなく広がっていき、そのために、平均すると流れはまったく均一なのだ。見れば、乱流にはたしかにパターンがある。ジャン・ルレーも二〇世紀の初めにセーヌ川の渦巻を見つめていたときに、それを認めている。回転する渦巻がとぎれなく生まれては飲み込まれ、そこはかとなく秩序への期待を抱かせる。だが、その秩序をどうやってつかまえ、どうやって記述すればいい？

理論の立てかたがわからないのではない。流れをつかさどる原則は、実際のところ驚くほど単純だ。流体全体にニュートンの運動の法則を適用すれば、それがすなわち、流体の速度

＊　伝えられているところでは、ラムはこう述べた。「私はもう年寄りですが、死んで天国に行ったら、そこで二つの問題についてご教示いただきたいと思っています。ひとつは量子電磁力学で、もうひとつは流体の乱流運動です。前者については、わりあいに楽観的でいます」

＊＊　これはニュートン理論の宇宙が「機能する」という意味ではない。機能するのかしないのか、それはわかりようがない。もちろん現実の世界では、相対論がニュートンの法則に取って代わることはない。しかし相対論の説明では、遅い速度と適度な重力に適用される特殊なケースがニュートンの法則ということになる。どうしてそんな区別がつけられなければならないのかと、ハイゼンベルクが悩んだのももっともだ。なぜ相対論がものごとのありようの不可欠な側面なのか、それをいつか統一理論が示してくれることを多くの物理学者が祈っている。

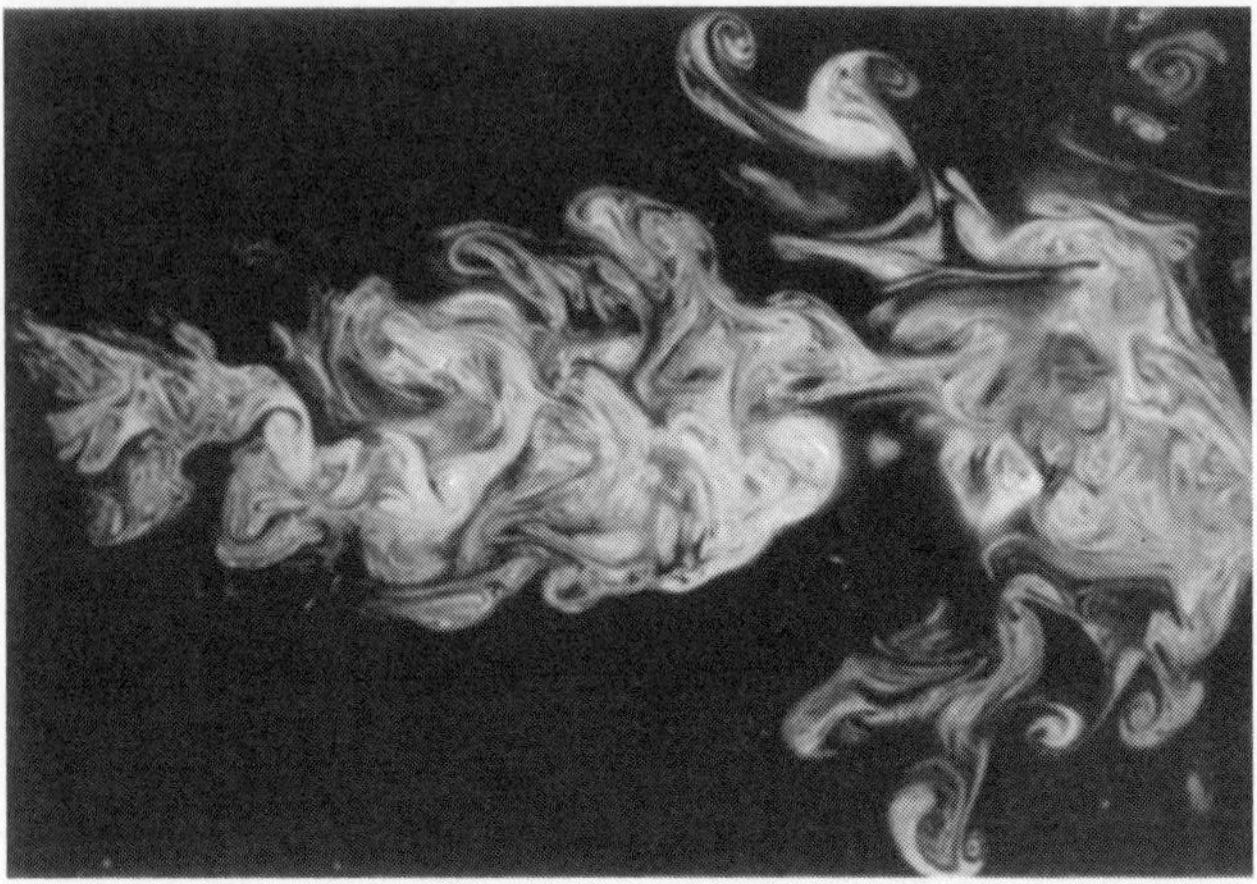

図6.1　乱流では、流体の運動がカオスのようになるが、それでも渦巻のような統一性のある構造が生き残っている。（Photo: Katepalli Sreenivasan, Yale University.）

が流体にかかる力に比例して変化することを記述する。問題は、その方程式が解けないことだ。これらの方程式は複雑すぎる。いまや流体の運動は完全に相互依存的で、流体の小さな「断片」それぞれの運動が、そのまわりのすべての断片の運動に左右されるからだ。流体においてはつねにそうだとも言えようが、こと乱流となると、もはや概算することも平均することもかなわない。あらゆる細部が重要なのだ。この問題が難しいのは、構成要素がわかっていないからではない。その構成要素があまりにも絡みあっていて、どうすれば筋が通るのかわからないからだ。進行中の事柄が多すぎるのである。

これまでにも多くの偉大な科学者が、乱流の流れの問題を取り囲む容易ならざる壁に、血をにじませながら拳を打ちつけてきた。今日《こんにち》の乱流についての理解に多大なる功績を果たした物理学者のダヴィッド・ルエールは、乱流を「理論の墓場」と称した。そしてロシアの物理学者レフ・ランダウとエヴゲニー・リフシッツが著《あらわ》した『流体力学』という古典的な学術書についての言及で、このいかにもロシア人学者の文献らしい、数学的説明を断固として貫く姿勢を全篇にわたって示している本が、こと乱流についての話となると、純粋な語りの記述に戻ってしまっているところがなんともおかしいと評している。そう、もう方程式は役に立たない。だから一流の科学者たちが、ずっと昔に中国の芸術家がやっていたことをやらざるをえなかった。方程式を使う代わりに、絵を使ったのである。

一方こちらは、乱流のパターンに対する理解が今日どこまで達しているかについて、お寒いかぎりのポートレートを描いてみる。いまの私たちは、それらのパターンについて確実に多くを知っている。乱流の難解な「幾何学」についても、多少は重要なことを言えるようになっている。その感触を、ここで少しでも味わってもらえれば幸いである。

マスター方程式

アイザック・ニュートンの『プリンキピア』は、物体がどう動くかの規定を示している。要は、物体は力がかかると速度を変える（すなわち加速する）ということだ。速度の変化の割合（加速度）は、力を物体の質量で割った値に等しい。これが有名なニュートンの運動の第二法則である。そして一九世紀半ば、アイルランドの数理物理学者ジョージ・ガブリエル

・ストークスが、ニュートンの第二法則にもとづいて流体運動の方程式を考案した。じつのところ、この方程式は、フランスの技術者クロード＝ルイ・ナヴィエが一八二一年に導いた公式をもっと厳密に言い換えただけのものだった。そこで現在、これは二人の名をとって、ナヴィエ＝ストークス方程式と呼ばれている。この方程式の意味するところは、流体のあらゆる点での加速度は、その運動を促す力の和に比例する、ということだ。この力には、圧力や重力のほか、まわりの流体から及ぼされる粘性抵抗の減速力も加わる。ナヴィエ＝ストークス方程式と一口に言っても、これはいくつかの方程式の組み合わせで、ニュートンの第二法則の条件を特定しているほかに、流れが進んでいっても質量とエネルギーが保存される（まったく失われない）ことを強く必要としてもいる。

ここで問題なのは、先ほども言ったように、ナヴィエ＝ストークス方程式は非常に難解で、流体のふるまいに関する概算や平均を使えないのでは解きようもない場合があるということだ。実質的に、この方程式はあらかじめ答えを知っていないと解けないようなもので、たとえば流体のある「部分」にかかる粘性抵抗を計算しようにも、まわりのすべての部分がどうなっているかを知っていないと計算ができない。しかし、そのまわりの部分もまた同じ問題につきあたる。今日の流体力学についての理論的研究の大半は、ある特定の種類の流れに対して、それに見合った適切な単純化をナヴィエ＝ストークス方程式に導入し、それによって、その過程で流れの本質的な特徴がなくなることなく、方程式が解かれるようにするにはどうしたらいいかという問題のまわりをずっとぐるぐる回っている。

しかし、まさしくそれに成功したのが、二〇世紀初めに対流の理論を考案したレイリー卿だった（八八ページ参照）。前に見たように、対流のパターン（循環する流れの「セル」の秩序ある並び）は、流体の層の冷たい上部と温かい下部との温度差が広がりすぎるなど、推進力の強さが特定の閾値《しきい》を超えた時点であらわれる。この力の作用が強すぎたとき、対流は乱流となる。規則的なパターンを描く流れから乱流への切り替わりは徐々にではなく、むしろ急激に行なわれる。とはいえ、太陽表面で見たように、乱流が生じたからといって流れの構造がすべて失われるわけではない。構造が刻一刻と予測のつかない変化をするだけだ（図3・20参照）。

同じことを、円筒状の管を流れる流体の流れに発見したのがオズボーン・レイノルズだ。一八八三年のことである。流体の流動率（レイノルズ数で数量化される）が高まると、渦のない円滑な流れ（いわゆる層流）だったものが乱流に変化して管を流れるようになる。レイノルズはこの切り替わりの詳細を、ナヴィエ＝ストークス方程式を使って理解したいと考えた。この場合の方程式は、紙とペンでは解くことができない。コンピューター並みの計算能力がなければ無理なのだ。この方程式を満たす流体の流れのパターンは反復法によって見つかるからで、最初の大まかな推定の精度を上げるため、繰り返し計算が行なわれなければならない。だが、ここで奇妙なことが明らかとなる。コンピューターでの計算では、乱流の閾値がまったく明らかにならないようなのだ。レイノルズ数がいくつになっても、流れはつねに層流のままなのである。

しかし実際のところ、管の中の流れはたいていレイノルズ数が二〇〇〇以上の乱流である。これは蛇口から水が出てくるときの典型的な値であり、実際に蛇口から出てきた水は乱流噴流になっている（図6・2）。なぜ理論と実験でこのような差が生じるのだろう。おそらく乱流への転換は、流れが妨げられているかどうかによって決まると見られる。渦があらわれるきっかけとなる「刺激」が必要なのだ。実験で管の中の流れを慎重にコントロールして、そうした妨げが起きないようにしてみると、層流はレイノルズ数が一〇万前後になっても、まだ層流のままでいられるようだ。このレイノルズ数が大きいほど（つまり流れが速いほど）、必要とされる刺激は小さくていい。レイノルズ数が大きいだけに、その流れはそれだけ不安定になりやすいからだ。

問題をさらにややこしくすることに、管の中の乱流はいつまでもは続かない。何らかの妨げによってきっかけが生じても、乱流はある一定の期間ののちに、ふたたび円滑な流れ（層流）に戻るらしい。管のある一点に永続的な動乱要因（たとえば内壁のこぶなど）があって、そこから乱流が生じたとしても、管の長さが充分にあれば、やはりいつかは乱れがおさまる。ただし、それには非常に長い時間がかかるかもしれない。部分的に励起《れいき》させられた乱流がふたたび衰えるには、これが四万キロメートル分のガーデンホースを流れきるまで五年のあいだ待たなければならない。

そういうわけで、たとえコンピューターによる力任せ《ブルートフォース》式のナンバークランチングでナヴィエ＝ストークス方程式を解けたとしても、その方程式が私たちの知りたいことをすべて教

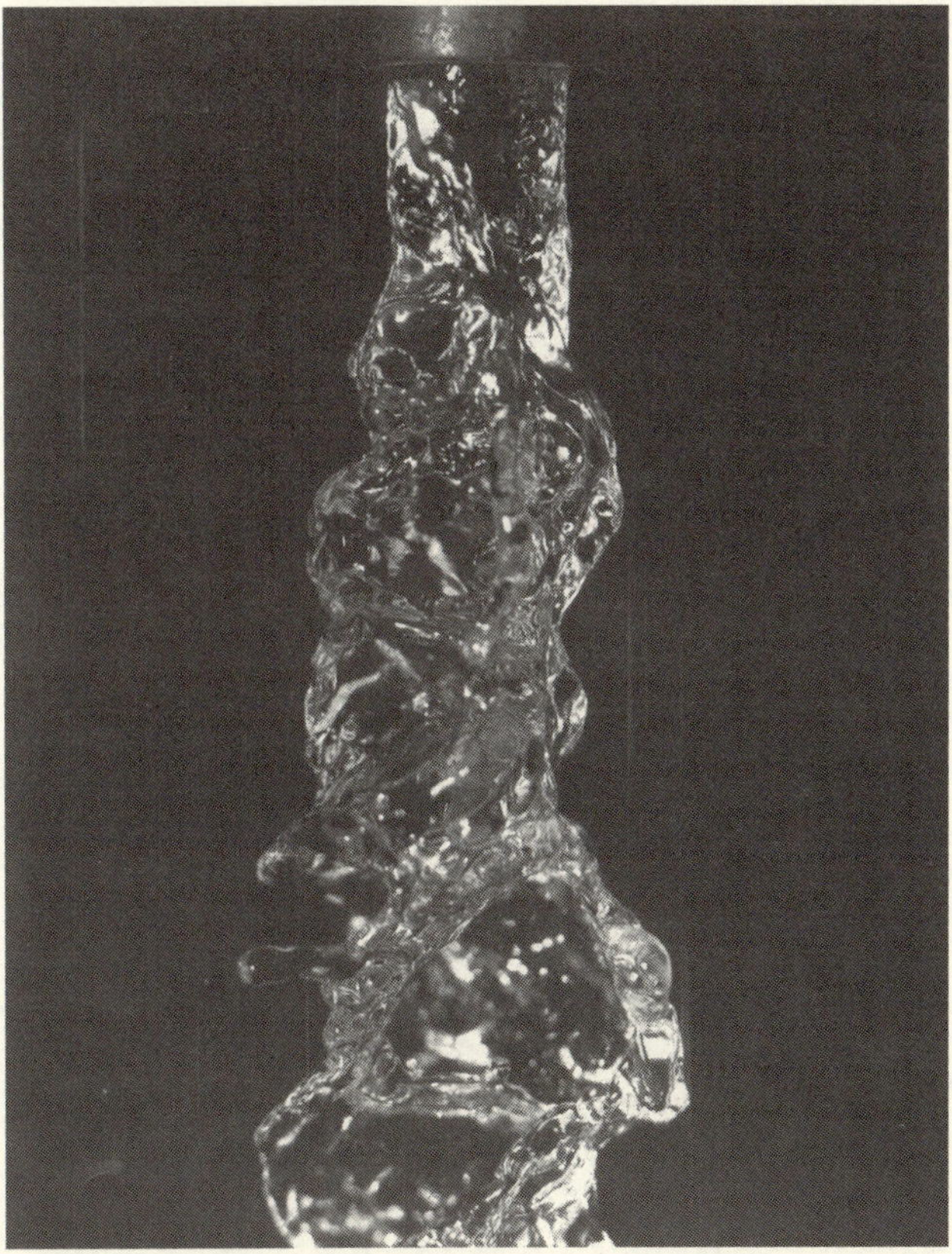

図 6.2　蛇口から出てくる水が乱流噴流になっている。ハロルド・エジャートンの高速度カメラで静止画像にしてとらえたところ。（Photo: The Edgerton Center, Massachusetts Institute of Technology.）

えてくれるとはかぎらない。なぜならそれは、現実の世界で出会う可能性の高い動乱要因に出会ったときに、流れがどう反応するかを考慮に入れていないからだ。問題は、結果として生じた流れの乱れがしだいに消滅していくものなのか、そしてもし消滅するのなら、どれだけ早く消滅するかだ。それは重要な違いである。なぜなら層流と乱流との差は、産業分野において決定的なものとなりうるからだ。乱流の場合、流体は激しくかきまぜられる。そして管内の乱流は、流体を流れにくくさせることがある。たとえば途中に渦ができれば、全体の流れが減速する。それが原因で管内の圧力が急激に高まれば、場合によってはたいへんな問題となる。たとえば石油やガスや水が供給管を流れているとき、あるいは化学処理プラントで液状化学薬剤が大桶からタンクに移されているとき。そしてこの問題がさらに致命的となるのは、人体の循環系のパイプラインとも言うべき血管を血液が流れているときだ。この、人体の循環系については第三巻でとりあげよう。

ロールの缶詰

秩序のある円滑な流れがどうして乱流に屈するのかは、そういうわけでいろいろと研究されてきた。こうした研究にとって、管内流と対流はなにかと実験のしやすいものだが、ここで紹介する第三の流れは、流体の流れが乱流にいたるまでのあいだに、規則的なパターンを描く一連の状態を経過していることを示すもうひとつの実例だ。一八八八年、フランスの流体力学者モーリス・クエットは、大きさの異なる二つの同心円の円筒のあいだに挟まれた流

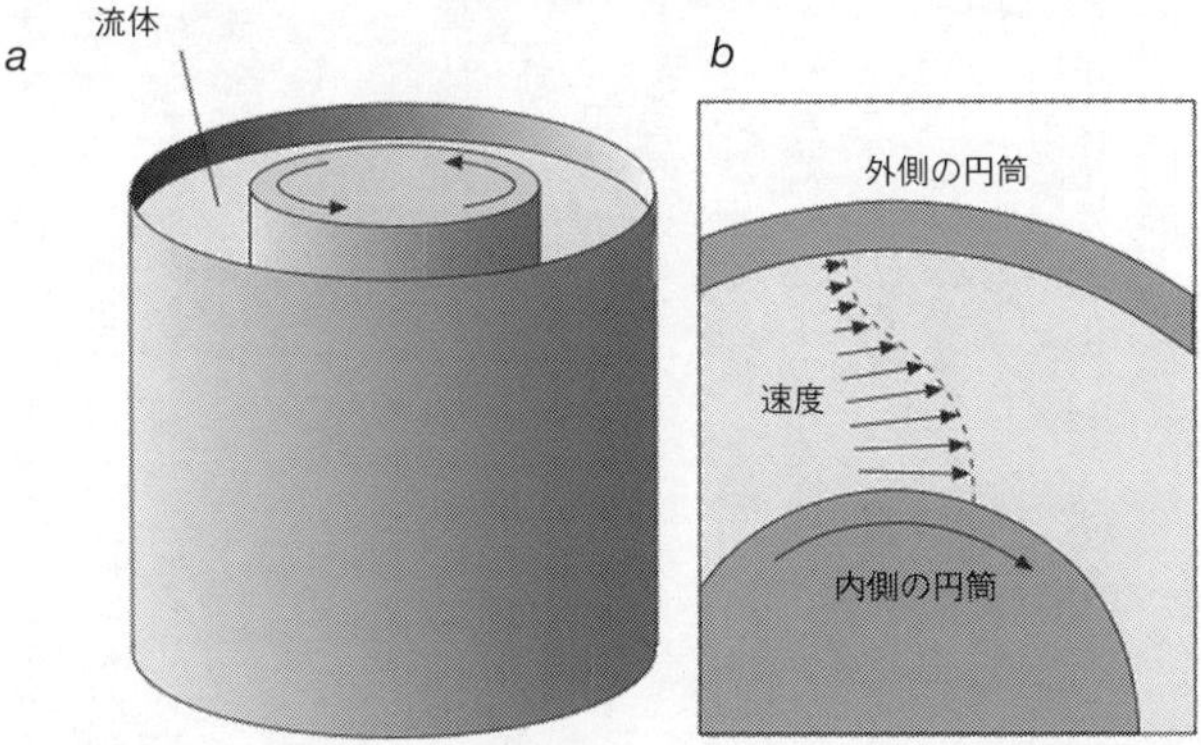

図6.3　モーリス・クエットが考案した装置では、２つの同心円の円筒状ドラムのあいだに流体が入れられ、内側のドラムの回転によって動かされる（*a*）。ジェフリー・テイラーがこの装置を改良し、外側のドラムも場合によっては回転できるようにした。流体は内側の円筒との境界面に生じる摩擦により抵抗を受けるため、速度の異なる一連の同心円の殻の中を動いているような流れとなる。つまり剪断流である（*b*）。

体に引き起こされる流れを観察した。流れを引き起こすため、内側の円筒を回転させると、円筒の壁に接する流体が引っぱられ、いっしょに回転させられる（図6・3a）。これが現在で言うところのクエット流れだ。

　これは第2章で見た、平行な壁のあいだの水路を流れる流れと似たようなところがある。回転速度が低いとき、流体の速度は流速プロファイルに沿ってなめらかに変わるので、流体は互いを追い越していく一連の薄い層と見なすことができる（図6・3b）（こうしたなめらかな流れを層流というのはまさにそのためだ）。しかし、こちらにはひとつ重要な相違点がある。回転する物質には遠心力が働くということだ。これは糸の先端に錘《おもり》をつけて円を描くように回したときに、糸を強く引っぱる力のことである。したがって流体は環状に動かされているだけでなく、同時に外側にも引っぱられている。といっても、例によって粘性抵抗がこの外向きの力に逆らうため、回転速度が低ければ遠心力はほとんど見かけの流れに影響を与えない。

しかし、一九二三年にイギリス人数学者のジェフリー・テイラーが新たなことを発見した。ひとたび遠心力が粘性の減衰効果を上回りはじめると、パターンがあらわれるのだ。最初は、流体の柱に縞模様ができる（図6・4b）。これらはじつのところロール状の渦巻で、重ねたドーナツの表面のまわりを取り巻くように、内部で流体が互い違いの方向に循環している。ライリー＝ベナール対流と同様に、これは対称性を破るプロセスであり、そこから決まった大きさのパターンが生じる。

この状況が対流と非常によく似ているのは一見しただけでわかるだろう。対流でも、同じような対称性を破る構造（ロールセル）がつくられる。クエット流れの内側の部分の流体は、同時に遠心力によって外側に動こうと「トライ」する。しかし、外側の層を突き抜けられない。回転速度が閾値に達すると、系は不安定になる。そのためロール状の渦巻は内側部分の流体を外側の周縁部に追いやり、戻ってくる流れで内側の層が埋められる。対流と同じように不安定性が基本的な性質であるだけでなく、ロールの形状も対流と同じだ。ほぼ正方形で、内側の円筒と外側の円筒とのあいだの長さが一辺の長さになっている。

流れを推進する力に特有の「無次元数」は、ここでもやはりレイノルズ数である。ここで

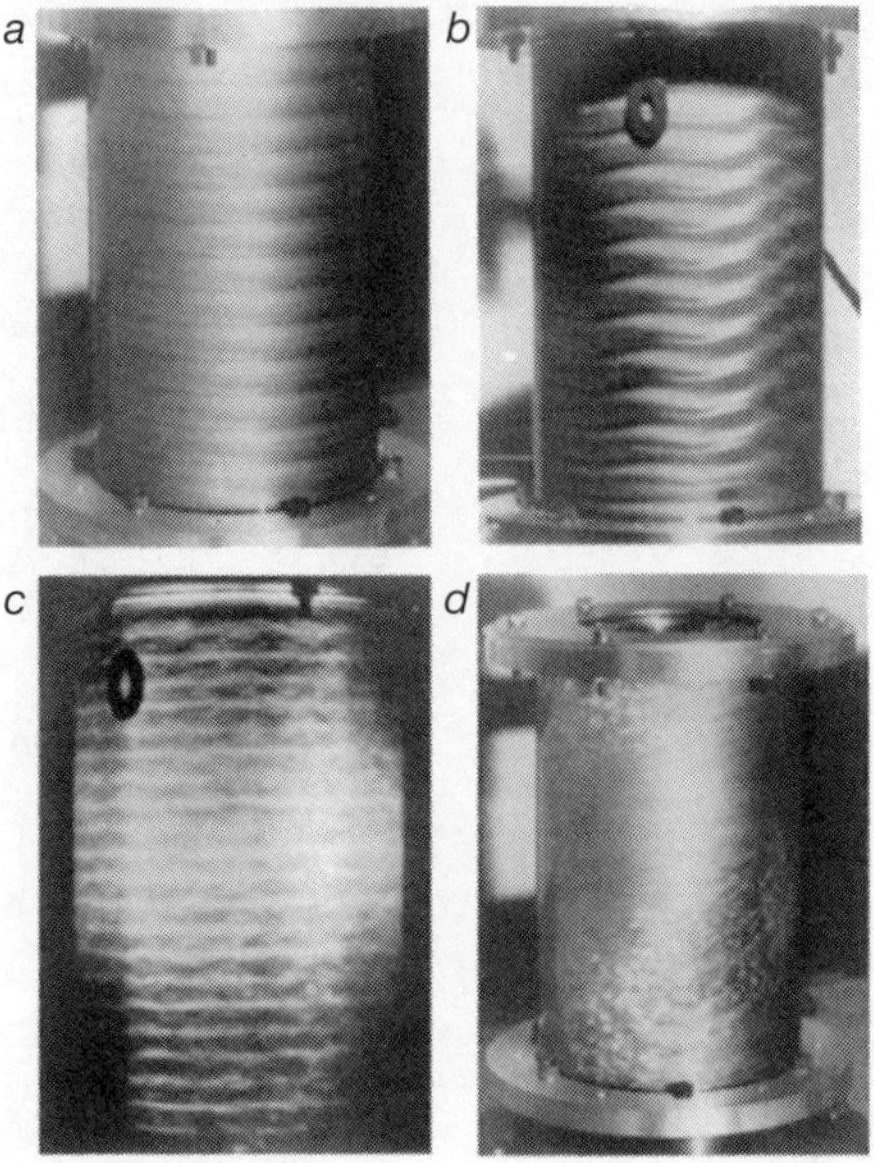

図6.4　内側のドラムの回転速度（ひいてはレイノルズ数）が高まると、クエット流れにさまざまなパターンが形成される。最初はドーナツを積み重ねたような形状のロールセルがあらわれる（*a*）。続いてこれが波状にうねりだす（*b*）。レイノルズ数がさらに高くなると、ロールセルはまだ残っているが、それぞれの内部は乱流になる（*c*）。最後に流体は完全に乱流となる（*d*）。しかしこの場合にも、乱流はどこかの時点で、どこかの地点で、一時的に止まっているかもしれない。ここでは乱流の中央になめらかな流れの領域がある。(Photos: from Tritton, 1988.)

のレイノルズ数は、内側の円筒の表面での流れの速度にしたがって規定されるが、この系の特徴的な次元は二つの円筒のあいだの幅だ。テイラーはレイリーが対流に関して行なったのと同じような計算をして、レイノルズ数の高まりとともにロールセル──つまり現在で言うところの「テイラー渦」──があらわれるタイミングを割り出した。

　装置をもっと速く回すことによってこの推進力が増すにつれ、基本の縞模様が進化したような複雑なパターンがつくられる。まず、ロールセルが円筒のまわりで上下に揺れて波のようにうねりだす（図6・4b）。やがて波の形状がさらに複雑になり、いくぶん乱流の様相を呈してくる。そしてそのあと、内部が乱流になった縞模様がふたたびあらわれる（図6・4c）。そして最後に、レイノルズ数が最初にパターンがあらわれたときの約一〇〇〇倍になった時点で、流体の柱全体が構造のない乱流の壁になる（図6・4d）。

だが、これにはまだ先がある。テイラーが固定されていた外側の円筒に手を加え、そちらも回転するようにしてみると、事情が一変したのである。この場合、たとえ外側の円筒に対する内側の円筒の相対的な回転速度が小さくても、流体にはとてつもない遠心力がかかることになり、したがって異なる力のバランスが確立される。このような系で実験してみると、さまざまな変わったパターンがあらわれる。その多様さは、とてもここには示せないほどだ。互いに貫通している渦巻、波状の渦巻、螺旋《らせん》状の小波、渦を巻く乱流。すでに見てきたように、これらの流れのパターンのいくつかは、回転している惑星の大気に見られるパターンと類似しているかもしれない。

隠れた秩序

流体が激しく流れるようにしてやれば、いずれは必ず乱流となり、絶えず様相を変えていくカオスのような流れができる。とはいえ、そうした乱流への変わりかたはいろいろである。剪《せん》断《だん》流の場合は、その切り替わりがたいてい急激だ。障害物のまわりを流れる流体のような剪《せん》断《だん》流のあとには、まず乱流が断続的に現れたり消えたりし、流れが速くなったときにようやく完全に根づくようになる。テイラー＝クエット流れでは、乱流と通常の流れがしばらくのあいだ、乱れたテイラー渦のかたちをとって共存できる。乱流への道筋はいくつもあり、特定の種類の流れがとる道筋についてはいまだ結論が出されていない。

だが、そうしてついに本格的に乱流があらわれてみると、もうそこにはどんなパターンを見つけるのも無理なように思えてくる。流体粒子の軌道は果てしなく絡みあい、しかも短命で、ナヴィエ＝ストークス方程式は数学的な工夫をしても解けず、手間のかかるコンピューター計算に任せるしかない。乱流となった流体はずっと不安定状態にあり、その流れの中で起こっていることはすべて壊滅的で、あらゆるものを乱していく。ということは、流れがこれからどうなるのか、流れに運ばれている粒子はどこへいくのか、将来のどの時点においても総じて予測が不可能だということになる（ただし、これはナヴィエ＝ストークス方程式が崩壊するという意味ではない。もはやこの方程式は、時間を経ても変わらない解をもつことがなくなるという意味だ）。

この状況にいたっては、流れのパターンの詳細を流線の観点から見ようとするよりも、平均的な特性について考えてみたほうがいいだろう。言い換えれば、流体粒子の個々の軌道については忘れ、その統計学的な性質を考えなくてはならないということだ。そうすると、乱流のような一見するとランダムで構造のない系が、特徴的な形をもっていたとわかる。つまり第4章で見たように、砂粒の自己組織化した地すべりから、一種の非ランダムな「秩序」があらわれてきたのと同じようなことである。そのようにして、見たところはカオスのようなあるプロセスと別のプロセスを、その統計学的な形で比べることによって区別をつけられるようになるかもしれない。この「統計学的な形」という重要な概念については、第三巻で詳しく見ることにする。

乱流が定量的に測定できる包括的な統計学的「形」をもっているという概念は、前世紀いっぱいをかけて探求されてきた。一九二〇年代、イギリス人のルイス・フライ・リチャードソンは、乱流を分解して平均的な「全体」の流体速度と、各点での平均からの偏差（揺らぎ）の数値にすれば、乱流の「普遍的」な特質が明らかになるはずだという仮説を出した。流体は、すべての点で特定の流速（速さと方向）をもつ（すなわち「速度場」をもつ）ものと見なすことができる。ちょうど流体のすべての小区画が、前章で見た群れをなす粒子のひとつであると考えてみればいい。ほとんどの乱流は非ゼロの平均速度をもっている。したがって流体はたとえ偶然であれ、必ず「どこかへたどりつく」。たとえば、川を流れる乱流が柱を通り過ぎたあとの後流を考えてみてもいい。あるいは、オフィスから冷たい戸外に追い出されて格好よく立っている勤め人が吐き出す煙の乱流噴流でもいい。リチャードソンの見解では、乱流の包括的なふるまいは揺らぎの統計値にあらわれているはずなので、まずはそこから平均的な流れを差し引かなくてはならないという。

リチャードソンの仮説によると、速度場の揺らいでいるカオス的な部分に隠れている構造は、流れの中にある二点の速度の差が、その二点が離れていくにしたがってどのように変わるかを考えることによって明らかになる。これには唯一の答えはない。これは統計値集めの問題だからだ。もし流れがあらゆるスケールで完全にランダムなら、ある一点での速度は別の一点での速度となんら関係をもたないだろう。二点が離れるにつれ、あらゆる速度差が等しい確率で生じるだろう。だが、もしも流れに対流セルのような構造があるなら、異なる点での速度はたいていランダムでない関係があるものだ。ゆえに、その片方がわかればもう片方を予言（少なくとも推定）できる。そうした場合、それらの速度には「相関がある」と言っていい。たとえば、二つのロールセルの端が接する部分での速度はそれぞれ独立してはいない。もし片方の端のある点での流体が上昇しているなら、そこに相当するもう片方のセルの端にある点での流体は、やはり同じく、ほぼ同じ速度で上昇していると思っていい。なぜなら隣接するロールはつねに互いに対応して逆回転しているからだ。

経済学の分野では、一部の株式仲買人が多大な時間を費やして株価間の相関関係を探している。そうすることで、あるものから別のものを予測できるかもしれないからだ。あるいはそうすることにより、将来のある時点での株価が今日の株価から推定できるかもしれない。株価の変動の場合、時間を隔てての相関関係がかなり急速に消えてしまうのは明らかと思えるが、もしそれがちらりとでも見えたなら、あとは迅速にやれば一儲けができる。偶然にも、経済学における価格の相関関係は、流体の流れの相関関係とどこか似ているかもしれないと（異論も多いが）言われてきた。いずれにしても、「市場の乱流」と言われるのは純粋な隠喩ではないだろう。

もし乱流に、完全なランダム性とは一線を画す固有の構造があるのなら、流れの中の異なる点での速度に何らかの相関関係があるだろう。直観的に予想されるのは、カオス的流れの中ではそのような相関関係があったとしても、二点が離れるにつれて関係の強さは弱くなっていくだろうということだ。ただし、完全に秩序のとれたレイリー＝ベナール対流のセルの並びでは、その予想は当てはまらない。相関関係はかなりの長距離にわたって成立する。それはセルが秩序のもとに配置されているからだ。そして実験でわかっているように、乱流においても相関関係はたしかに存在するだけでなく、驚くほど遠く離れた二点間でも成り立ち、総じて流れの幅ぐらいまではカバーされる。たとえるなら、大勢が集まった騒がしい部屋の中でも端にいる人どうしが対話できるようなものかもしれない。

このような相関関係があると、乱流を記述するには注意が必要となる。乱流の優美なバロック的美しさ、複雑な回転、さまざまな大きさの渦巻のような構造は、すべてこの相関関係が原因なのだ。完全に育ちきった乱流はしばしば不均一で、激しい無秩序と「よじれ」を示す部分が、もっと静かな全体の流れの上に重ねあわされている。緩慢な川はまさにそんな流れだろう。第2章で見たように、乱流の根本的な構造のひとつは渦巻だ。しかし乱流になる前の流れにおいては、渦がきわめて規則的なカルマン渦列のようなパターンを形成するのに対し、乱流の渦はきわめて多様な大きさで形成され、しかもそれらは一時的なもので（木星の大赤斑《だいせきはん》のように）、流れのどこで消えてもおかしくない。

乱流のエネルギーの大半は渦に取り込まれている。層流ではエネルギーが流体の運動の方向に運ばれていくのに対し、乱流では流体の運動エネルギーの一部しか流れていかない。残りは渦にとらえられ、そこで少しずつ浪費され、最後には流体の各部分がこすれあって生じる摩擦熱の中に消散する（この摩擦から粘性は生じる）。運動エネルギーの消散は、流体内の分子が互いに衝突しあって熱を発生させるという、きわめて小さな距離スケールで起こる。したがって大きなスケールで流れに送られ、私たちの目に見える大きな渦をつくるエネルギーも、やがてこれらの小さなスケールになって消散する。言い換えれば、そこには「エネルギーカスケード」がある。大きな渦が自分のもっているエネルギーを小さな渦に移して、その小さな渦がさらに小さな渦に移していくのだ。リチャードソンはこれに気づいて、一九二二年、その過程を綴った押韻詩をこしらえた。ジョナサン・スウィフトのノミに関する滑稽《こっけい》詩にならったものだ。

大きい渦には小さい渦がいて
大きい渦の速度を食べている
小さい渦にはさらに小さい渦がいて
こうして粘性まで続いていく

一九四〇年、ロシアの物理学者アンドレイ・コルモゴロフが、このエネルギーカスケードを正確な数学的形式に置き換えた。それによれば、乱流に距離スケール d で含まれているエネルギーは、d の 5/3 乗に比例して変化する。言い換えれば、エネルギーは d が大きくなるごとに、dの二乗よりわずかに少ない値に比例した割合で高くなるということだ。これを、直径dの円の面積がdにしたがって増えていく割合と比べてみる。その場合、面積はdの二乗に比例した割合で増えていく。*これはベキ乗則（第4章を参照）のもうひとつの例で、スケーリング則ともいう。ある量がスケールの変化に応じてどう変わるかを記述した法則だからだ。スケーリング則は、自然界の多くのパターンや形の根本にある科学的原理の核心である。これについては第三巻でふたたび見ることにしよう。

　コルモゴロフの法則はたしかに抽象的に聞こえるが、これが言っていることは、乱流のプロセスにはある種の論理があり、それが乱流の中でのエネルギーの配分を定めているということだ。コルモゴロフのスケーリング則は、実験的に調べてみると、たいていわずかに不正確であることがわかっている。彼はこれを導くための仮定を少しだけ単純化しすぎたからだ。しかし、その後の乱流についての理論により、スケーリング法則にあといくつかの構成要素を含めれば、すべてが正しくなることが証明されている。エネルギーカスケードの基本的な概念は、流体の流れの中の異なるスケールでのエネルギー拡大がベキ乗則によって記述されているという点においては、まったく正しいものである。

　乱流がどう見えるかについてとなると、この法則にどういう含意があるかはよくわからない。しかしながら、それをかなり楽しく例証できる方法がひとつある。すでに見てきたように、乱流の特徴的な形のひとつは渦巻である。二〇〇四年、ハッブル宇宙望遠鏡を利用していた科学者たちは、遠い星を取り巻く塵とガスの雲の乱流のような広がりの中にその特徴的な渦巻を見て（図6・5a）、ある有名な絵画を思い出した。フィンセント・ファン・ゴッホが亡くなる前年の一八八九年に、サン＝レミの精神病院で完成させた『星月夜』である（図6・5b）。この類似に気づいてから、スペインとメキシコとイギリスの科学者からなるチームは、ゴッホのトレードマークである渦巻様式がまさしく科学的な意味での乱流を映したものなのではないかと考えはじめた。そしてそれを検証するために、この絵の明るさの変調を統計学的な分布にしてみて、そこにコルモゴロフが乱流に関して規定したのと同様の分布形が見られるかどうかを調べてみた。

デジタル化した画像から、ある一定の距離をおいた任意の二つのピクセルのあいだで明るさがどれだけ変わっているかの統計値が測定された。結論として、この分布は乱流のさまざまな部分の流体速度の変化と類似性があると考えられた。つまりコルモゴロフの理論によれば、特定のベキ乗則にしたがっているとされる変化である。** 『星月夜』には、その合致が目

* 円の直径を一〇倍に増やすと、円の面積は一〇の二乗倍、すなわち、きっかり一〇〇倍に増える。しかし、乱流流体のある一部分を、幅が一〇倍の別の部分と比べると、後者のエネルギーは一〇の5/3乗倍、すなわち約四七倍の大きさとなる。

** 厳密に言うと、コルモゴロフの研究は、二点間の速度差の分布 δv は δv の異なる指数に対応する一連の異なるベキ乗則にしたがうという予言を導いた。δv^2 に対してひとつの法則があり、δv^3 に対してまたひとつの法則があり、と続いていく。研究者たちは、ゴッホの絵の明るさの違いをつかさどる同様のベキ乗則の関係性を探したのである。

a

図 6.5　恒星 V838 モノセロティス（V838Mon）のまわりに広がった星間ガスと塵の中に見られる乱流（*a*）。いっかくじゅう座の方向、地球からおよそ２万光年の距離にある。2004 年２月にハッブル宇宙望遠鏡で撮影。画像中央の赤色超巨星 V383Mon から発せられる閃光で塵が照らされている。この画像が天文学者たちにゴッホの有名な絵画『星月夜』（1889 年）を思い起こさせた（*b*）。（Photos: *a*, NASA, the Hubble Heritage Team (AURA/STScI) and ESA. *b*, Digital image copyright 2008, Museum of Modern Art/Scala, Florence.）

b

を見張るほどの精度で保たれている。言い換えれば、この絵はコルモゴロフの乱流がどう「見える」かを専門的な正確さであらわしているのだ。

同じことが、ゴッホの『糸杉と星の見える道』や『カラスのいる麦畑』にも当てはまる。どちらも一八九〇年初め、精神的に動揺していた時期に描かれたものだ（後者の作品はゴッホが自殺する前に完成させた最後の作品である）。だが、彼の有名な『包帯をしてパイプをくわえた自画像』（一八八八年）は、「乱流」の面影を示してはいない。それは、この作品が自らの言う落ち着いていた時期、すなわち精神病で入院させられて、臭化カリウムを処方されていた時期のあとに描かれたものだからか？　ゴッホの心の中の「乱流」が彼に本物の乱流の形を直観する能力を与えたのだと思うのは、おそらく想像力が過ぎるだろう。しかし理由がどうであれ、明らかにゴッホはその直観をもっていたときがある。そしてそのために、私たちは『星月夜』のような絵に不調和を、絶えずカオスに溶け込もうとしている危うい秩序を、強く感じとれるのかもしれない。この荒々しいパターンは、私たちの見知っているものであるからだ。

付録1　ベナール対流

多角形の対流セルは、下から少しずつ加熱された粘性液体の薄い層にあらわれる。これは古典的な「台所」実験だ。レンジに小鍋を載せて油を入れれば、それだけで実践できる。ただし、鍋の底は平坦でなめらかでなくてはならない。熱が均一に行き渡るよう、できれば厚手のものが望ましい。たとえばスキレット〔訳注：鋳鉄製のフライパン〕だとうまくいく。油の層は一ミリから二ミリの薄さにすること。そして油の表面にシナモンなどの粉末スパイスをまきちらすと、流れのパターンがあらわれてくる。

もっと厳密な実験をお望みなら、シリコーンオイルを使うといい。さまざまな粘度のものが売られているが、毎秒〇・五平方センチメートルの粘度を選べば、たいていうまくいく。対流セルがもっとはっきり見えるようにするには、流体に金属の粉を浮遊させるといい（図3・1を参照）。金物屋や画材屋に行けばブロンズ粉が手にはいる。「銀色」の模型用塗料の顔料からアルミニウムフレークの粉を抽出することもできる。沈殿物を攪拌《かくはん》しないように液体をそっと別の容器に移し、残ったフレークをアセトン（マニキュア除光液）で洗う。これらの粉を、シリコーンオイルに入れ、そのままにしておくと、やがて定着する。

これらの手順は、以下を参考にしている。

S. J. VanHook and M. Schatz, 'Simple demonstrations of pattern formation', *The Physics Teacher* 35 (1997): 391.

この論文には、実験に必要な材料を提供しているアメリカの業者の名称と住所が記載されている。

付録2　マクセ・セルでの粒子の層化

これは最も満足度の高い実験のひとつだ。比較的少ない労力で、劇的かつ確実な結果を得られる。私も何度かこれを講演での実演に使っている。携帯可能で再利用も可能、そして毎回、満足げな反応を引き出してくれる。ボストン大学でこの効果を発見した方々は、そうした実演で高さ六〇センチのセルをつくったそうだ。

私のマクセ・セルは決して技術的に優れてはいないが、早く簡単につくれる。透明な板を着脱可能にしておくと洗うのに便利だ。できればレコード盤に使うような静電気防止剤を塗布しておきた

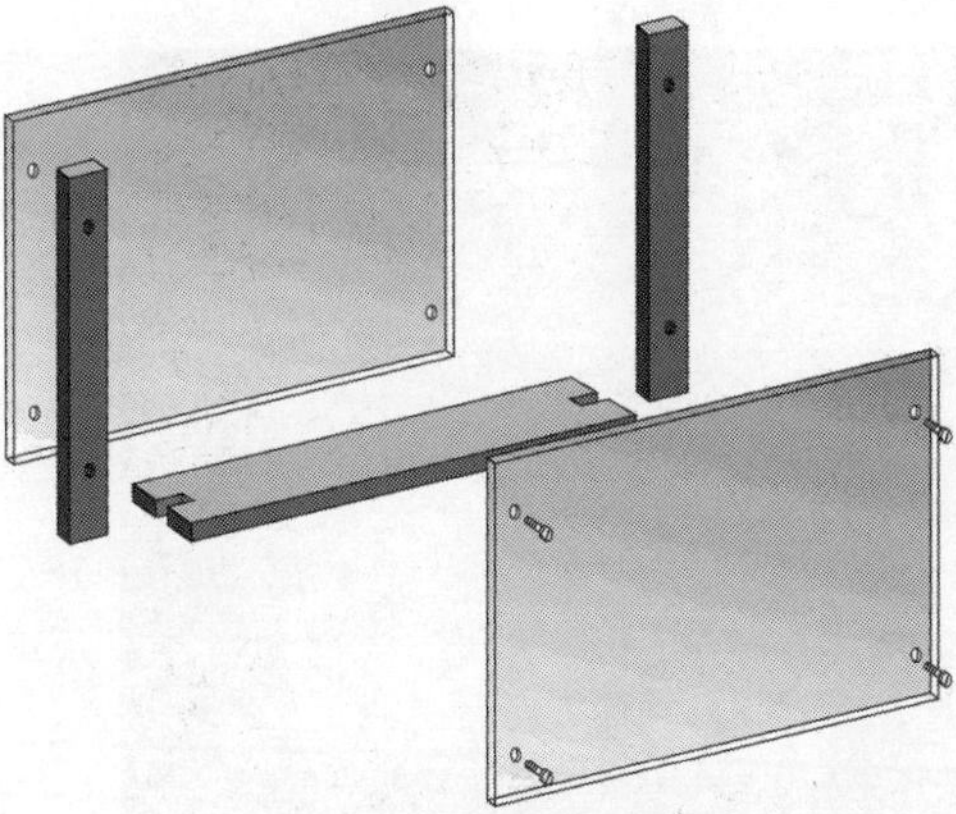

い。そうすれば粒子が表面にはりつくのを避けられる――が、これは必須ではない。

板の寸法は、縦二〇センチ横三〇センチ、そのすきまは五ミリにする。マクセらによるオリジナルの論文（一九九七年）で記述されたセルは片端が開いていたが、両側を閉じておくと板を平行に保てるので、セルいっぱいに層が積み上がるから、見た目がよくなるし、視覚効果も得やすい。

すばらしい結果を得るには、着色された砂粒を使うといい。これは一部の化学薬品製造業者から購入できるが、グラニュー糖や普通の砂で代用してもかまわない（砂はペットショップで売られているものでも子供用の砂場からとってきたものでもいいが、洗っておくこと）。これらなら簡単に手に入るし、粒の大きさや形状や色の差も、目に見える層をつくりだすのに充分だ。砂糖の粒なら大きくて四角いが、食卓塩はかなり砂に近いので、あまりきれいに分離しない。最善の結果を得るには、五〇対五〇の割合

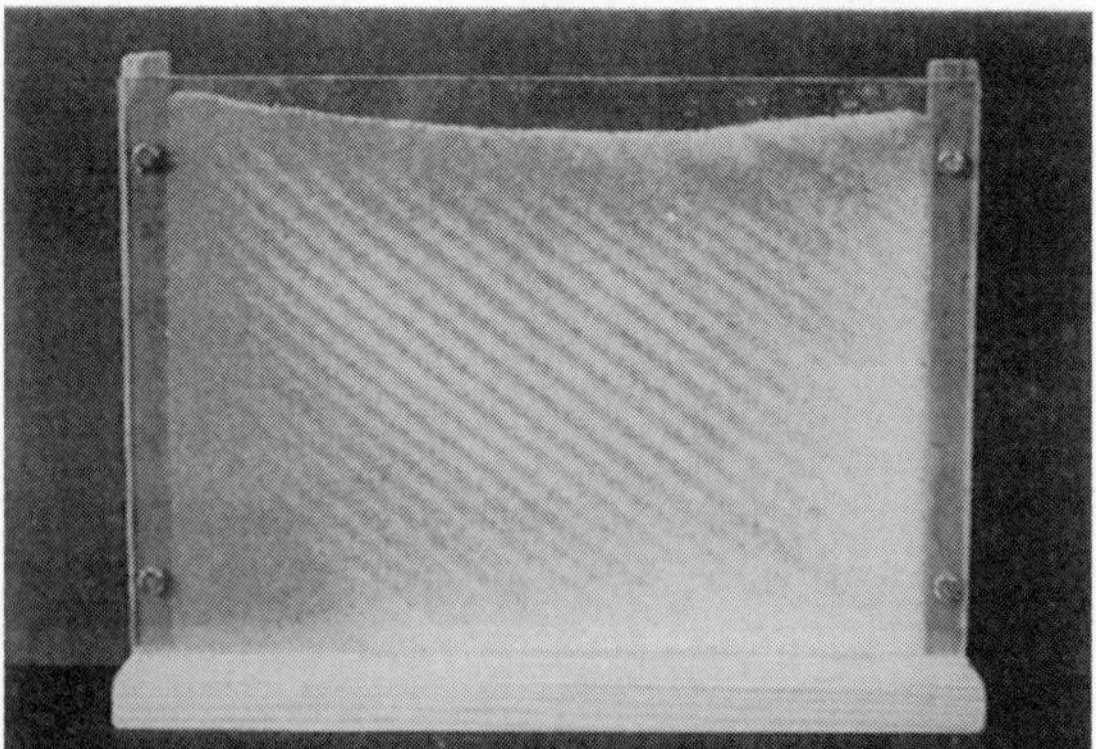

で混ぜた粒をゆっくりと着実にセルの片方の隅に注ぐ。手製のじょうごを作るのも簡単だ。A５サイズの封筒の角を切って、小さな穴をあければいい。

訳者あとがき

ゆく河の流れは絶えずして、しかも、もとの水にあらず。よどみに浮《うか》ぶうたかたは、かつ消え、かつ結びて、久しくとどまりたる例《ためし》なし。

——鴨長明『方丈記』

けっきょく世界は砂みたいなものじゃないか……砂ってやつは、静止している状態じゃ、なかなかその本質はつかめない……砂が流動しているのではなく、実は流動そのものが砂なのだという……

——安部公房『砂の女』

本書は、「自然が創り出す美しいパターン」を追いかけたシリーズ三部作の、第二作にあたる。第一作の『かたち』から転じて、今回のテーマは「流れ」である。

水の流れ、大気の流れ、砂の流れ、そして人や動物の流れ。

河川《かせん》でも、砂丘でも、渡り鳥の編隊でも、全体としては大きなひとつの構造がありながら、その細部に目を凝らせば、決してすべてが均一ではない。水や大気はあちらこちらに渦巻模様を描きながら、砂はさざなみ模様を描きながら、刻一刻と模様を変えつつ、流れてゆく。そのうつろいは、はかなさゆえに美しくもあり、神秘的でもあって、古今東西の科学者のみならず、画人や文人の心をもとらえてきた。そうした無常の代名詞のようなパターンに、なんらかの定型は隠れているのか。流れは気ままな変動ではなく、なんらかの秩序にもとづいた必然なのか。それを本書では、流体力学をはじめとする、もろもろの科学の観点から探っていく。

たとえば、水流や気流が複雑きわまりない乱流となり、川や雲に渦巻があらわれるときの「レイノルズ数」との関係。フライパンに引いた油に六角形の模様を浮かび上がらせたり、地中のマントルを循環させて海底や地表の形を変えたりする「対流」の仕組み。砂漣や砂丘をつくりだす「サルテーション」のプロセス。大きさや形状の異なる砂粒が縞模様をなして分かれていく「層化」の原因。生物を一定のところに向かわせる「化学走性」や「屈曲走性」。あるいは一群となって移動する鳥や魚の動きを再現したコンピューター・モデルで採用されているシンプルなルール。このように、美しくも謎めいた自然現象の背後には、かくも科学的な原理が存在している。そして、そうした本質を理論的に突きつめた、ないしは直観的につかみとった芸術家が、本書の最初に登場するレオナルド・ダ・ヴィンチであり、最後に登場するゴッホなのだろう。

「自然のパターンの秩序と規則性はどのようにして現れるのか。どのようにして混沌から秩序が現れるのか（第一巻『かたち』訳者あとがきより）」。これが本書にも、そして第三巻の *Branches* にも引き継がれているシリーズ全体の主題である。とはいえ、各巻はそれぞれ単独で読んでもさしつかえないようにできている。著者のフィリップ・ボールは《ネイチャー》誌のコンサルタント・エディターも務めるサイエンスライターで、広範な知識を縦横に駆使しながら、さまざまな分野のトピックをさらりとつないでいく。すでに『かたち』を読まれたかたも、そうでないかたも、本書の数々の「流れ」にあらわれている美しい造形と論理を楽しんでいただけるだろう。

＊

右の文は、二〇一一年十一月刊行の単行本のあとがきとして記したものだが、このたびの文庫化にあたって、本書の成り立ちをもう少し詳しく説明しておこう。

著者のフィリップ・ボールは、一九九九年に、*The Self-Made Tapestry: Pattern Formation in Nature* という本を出版している（訳せば「自ら織り成されるタペストリー：自然界のパターン形成」。邦訳はない）。これが絶版になったのち、古本市場で高値になっていることを知った著者が、通常価格で読者に届けられることを願って出版社に再版を申し入れたところ、出版社側から、この題材をさらに発展させて新たに三部作として生まれ変わらせてはどうかと提案されたという。そうして二〇〇九年にできあがったのが、本シリーズ「自然が創り出す美しいパターン」（第一巻『かたち』、第二巻『流れ』、第三巻『枝分かれ』）である。したがって著者の序文と謝辞は本書にはなく、第一巻の『かたち』に載っており、シリーズ全体のまとめとなる「エピローグ」は第三巻の『枝分かれ』に載っている。前述したように、各巻それぞれで内容は完結しており、単独で読んでも支障はないが、手に取りやすい文庫となったこの機会に、シリーズ全体を通して自然の織り成すパターンの全容を探ってみてはいかがだろうか。優美なクラゲや雪結晶など、多くの驚異的な形に出会えることだろう。

この文庫版では、単行本の刊行から四年以上経った現在での最新事情を汲みつつ、従来の翻訳に見つかった不備な部分を加筆修正した。その作業にあたって全面的にお力添えくださった編集担当の有岡三恵さん、校閲の山口素臣さん、そして単行本刊行時にお世話になった伊藤浩さんに感謝申し上げます。

二〇一六年四月

参考文献

Anderson, R. S., 'The attraction of sand dunes', *Nature* 379 (1996): 24.

Anderson, R. S., and Bunas, K. L., 'Grain size segregation and stratigraphy in Aeolian ripples modeled with a cellular automaton', *Nature* 365 (1993): 740.

Aragón, J. L., Naumis, G. G., Bai, M., Torres, M., and Maini, P. K., 'Kolmogorov scaling in impassioned van Gogh paintings', *Journal of Mathematical Imaging and Vision* 30 (2008): 275.

Bagnold, R. A., *The Physics of Blown Sand and Desert Dunes* (London: Methuen, 1941).

Bak, P., *How Nature Works* (Oxford: Oxford University Press, 1997).

Bak, P., Tang, C., and Wiesenfeld, K., 'Self-organized criticality. An explanation of 1/f noise', *Physical Review Letters* 59 (1987): 381.

Bak, P., and Paczuski, M., 'Why Nature is complex', *Physics World* (December 1993): 39.

Ball, P., *Critical Mass* (London: Heinemann, 2004).

Barrow, J. D., *The Artful Universe* (London, Penguin, 1995).（『宇宙のたくらみ』菅谷暁訳、みすず書房）

Ben-Jacob, E., Cohen, I., and Levine, H., 'Cooperative self-organization of microorganisms', *Advances in Physics* 49 (2000): 395.

Buhl, J., Sumpter, D. J. T., Couzin, I. D., Hale, J. J., Despland, E., Miller, E. R., and Simpson, S. J., 'From disorder to order in marching locusts', *Science* 312 (2006): 1402.

Camazine, S., Deneubourg, J.-L., Franks, N. R., Sneyd, J., Theraulaz, G., and Bonabeau, E., *Self-Organization in Biological Systems* (Princeton: Princeton University Press, 2001).（『生物にとって自己組織化とは何か——群れ形成のメカニズム』松本忠夫・三中信宏訳、海游舎）

Cannell, D. S., and Meyer, C. W., 'Introduction to convection', in Stanley, H. E., and Ostrowsky, N. (eds), *Random Fluctuations and Patterns Growth* (Dordrecht: Kluwer, 1988).

Couzin, I. D., and Franks, N. R., 'Self-organized lane formation and optimized traffic flow in army ants', *Proceedings of the Royal Society*

London B 270 (2002): 139.

Couzin, I. D., Krause, J., James, R., Ruxton, G. D., and Franks, N. R., 'Collective memory and spatial sorting in animal groups', *Journal of Theoretical Biology* 218 (2002): 1.

Couzin, I. D., and Krause, J., 'Self-organization and collective behavior in vertebrates', *Advances in the Study of Behavior* 32 (2003): 1.

Couzin, I. D., Krause, J., Franks, N. R., and Levin, S. A. 'Effective leadership and decision-making in animal groups on the move', *Nature* 433 (2005): 513.

Czirók, A., and Vicsek, T., 'Collective behavior of interacting self-propelled particles', *Physica A* 281 (2000): 17.

Czirók, A., Stanley, H. E., and Vicsek, T., 'Spontaneously ordered motion of self-propelled particles', *Journal of Physics A: Mathematical and General* 30 (1997): 1375.

Czirók, A., and Vicsek, T., 'Collective motion', in Reguera, D., Rubi, M., and Vilar, J. (eds), *Statistical Mechanics of Biocomplexity, Lecture Notes in Physics* 527 (Berlin: Springer-Verlag, 1999): 152.

Durán, O., Schwämmle, V., and Herrmann, H., 'Breeding and solitary wave behavior of dunes', *Physical Review E* 72 (2005): 021308.

Endo, N., Taniguchi, K., and Katsuki, A., 'Observation of the whole process of interaction between barchans by flume experiment', *Geophysical Research Letters* 31 (2004): L12503.

Forrest, S. B., and Haff, P. K., 'Mechanics of wind ripple stratigraphy', *Science* 255 (1992): 1240.

Frette, V., Christensen, K., Malthe-Sørenssen, A., Feder, J., Jøssang, T., and Meakin, P., 'Avalanche dynamics in a pile of rice', *Nature* 379 (1996): 49.

Glatzmaier, G. A., and Schubert, G., 'Three-dimensional spherical models of layered and whole mantle convection', *Journal of Geophysical Research* 98 (B12) (1993): 21969.

Gollub, J. P., 'Spirals and chaos', *Nature* 367 (1994): 318.

Grossmann, S., 'The onset of shear flow turbulence', *Reviews of Modern Physics* 72 (2000): 603.

Helbing, D., Keltsch, J., and Molnár, P., 'Modelling the evolution of human trail systems', *Nature* 388 (1997): 47.

Helbing, D., Farkas, I., and Vicsek, T., 'Simulating dynamical features of

escape panic', *Nature* 407 (2000), 487.

Helbing, D., Molnár, P., Farkas, I. J., and Bolay, K. 'Self-organizing pedestrian movement', *Environment and Planning B: Planning and Design* 28 (2001): 361.

Helbing, D., 'Traffic and related self-driven many-particle systems', *Reviews of Modern Physics* 73 (2001): 1067.

Helbing, D., Johansson, A., and Al-Abideen, H. Z., 'The dynamics of crowd disasters: an empirical study', *Physical Review E* 75 (2007): 046109.

Henderson, L. F., 'The statistics of crowd fluids', *Nature* 229 (1971): 381.

Hersen, P., Douady, S., and Andreotti, B., 'Relevant length scale of barchan dunes', *Physical Review Letters* 89 (2002): 264301.

Hill, R. J. A., and Eaves, L., 'Nonaxisymmetric shapes of a magnetically levitated and spinning water droplet', *Physical Review Letters* 101 (2008): 234501.

Hof, B., Westerweel, J., Schneider, T. M., and Eckhardt, B., 'Finite lifetime of turbulence in shear flows', *Nature* 443 (2006): 59.

Houseman, G., 'The dependence of convection planform on mode of heating', *Nature* 332 (1988): 346.

Ingham, C. J., and Ben-Jacob, E., 'Swarming and complex pattern formation in *Paenibacillus vortex* studied by imaging and tracking cells', *BMC Microbiology* 8 (2008): 36.

Jaeger, H. M., and Nagel, S. R., 'Physics of the granular state', *Science* 255 (1992): 1523.

Jaeger, H. M., Nagel, S. R., and Behringer, R. P., 'The physics of granular materials', *Physics Today* (April 1996): 32.

Jullien, R., and Meakin, P., 'Three-dimensional model for particle-size segregation by shaking', *Physical Review Letters* 69 (1992): 640.

Kemp, M., *Visualizations* (Oxford: Oxford University Press, 2000).

Kerner, B. S., *The Physics of Traffic* (Berlin: Springer, 2004).

Kessler, M. A., and Werner, B. T., 'Self-organization of sorted patterns ground', *Science* 299 (2003): 380.

Knight, J. B., Jaeger, H. M., and Nagel, S. R., 'Vibration-induced size separation in granular media: the convection connection', *Physical Review Letters* 70 (1993): 3728.

Krantz, W. B., Gleason, K. J., and Caine, N., 'Patterned ground', *Scientific*

American 259(6) (1988): 44.

Krause, J., and Ruxton, G. D., *Living in Groups* (Oxford: Oxford University Press, 2002).

Kroy, K., Sauermann, G., and Herrmann, H. J., 'Minimal model for sand dunes', *Physical Review Letters* 88 (2002): 054301.

Kroy, K., Sauermann, G., and Herrmann, H. J., 'Minimal model for aeolian sand dunes', *Physical Review E* 66 (2002): 031302.

Lancaster, N., *Geomorphology of Desert Dunes* (London: Routledge, 1995).

Landau, L.D., and Lifshitz, E. M., *Fluid Mechanics* (Oxford: PergamonPress, 1959).（『流体力学』竹内均訳、東京図書）

L'Vov, V., and Procaccia, I., 'Turbulence: a universal problem', *Physics World* 35 (August 1996).

Machetel, P., and Weber, P., 'Intermittent layered convection in a model mantle with an endothermic phase change at 670 km', *Nature* 350 (1991): 55.

Makse, H. A., Havlin, S., King, P. R., and Stanley, H. E., 'Spontaneous stratification in granular mixtures', *Nature* 386 (1997): 379.

Manneville, J.-B., and Olson, P., 'Convection in a rotating fluid sphere and banded structure of the Jovian atmosphere', *Icarus* 122 (1996): 242.

Marcus, P. S., 'Numerical simulation of Jupiter's Great Red Spot', *Nature* 331 (1988): 693.

Melo, F., Umbanhowar, P. B., and Swinney, H. L., 'Hexagons, kinks, and disorder in oscillated granular layers', *Physical Review Letters* 75 (1995): 3838.

Metcalfe, G., Shinbrot, T., McCarthy, J. J., and Ottino, J. M., 'Avalanche mixing of granular solids', *Nature* 374 (1995): 39.

Morris, S. W., Bodenschatz, E., Cannell, D. S., and Ahlers, G., 'Spiral defect chaos in large aspect ratio Rayleigh–Bénard convection', *Physical Review Letters* 71 (1993): 2026.

Mullin, T., 'Turbulent times for fluids', in Hall, N. (ed.), *Exploring Chaos. A Guide to the New Science of Disorder* (New York: W. W. Norton, 1991).

Nickling, W. G., 'Aeolian sediment transport and deposition', in Pye, K. (ed.), *Sediment Transport and Depositional Processes* (Oxford: Blackwell Scientific, 1994).

Ottino, J. M., 'Granular matter as a window into collective systems far from

equilibrium, complexity, and scientific prematurity', *Chemical Engineering Science* 61 (2006): 4165.

Parrish, J. K., and Edelstein-Keshet, L., 'Complexity, pattern, and evolutionary trade-offs in animal aggregation', *Science* 284 (1999): 99.

Parteli, E. J. R., and Herrmann, H. J., 'Saltation transport on Mars', *Physical Review Letters* 98 (2007): 198001.

Perez, G. J., Tapang, G., Lim, M., and Saloma, C., 'Streaming, disruptive interference and power-law behavior in the exit dynamics of confined pedestrians', *Physica A* 312 (2002): 609.

Potts, W. K., 'The chorus-line hypothesis of manoeuvre coordination in avian flocks', *Nature* 309 (1984): 344.

Rappel,W.-J.,Nicol, A., Sarkissian, A., Levine,H., and Loomis,W. F., 'Self-organized vortex state in two-dimensional *Dictyostelium* dynamics', *Physical ReviewLetters* 83 (1999): 1247.

Reynolds, C., 'Boids', article available at <http://www.red3d.com/cwr/boids/>.

Reynolds, C. W., 'Flocks, herds and schools: a distributed behavioral model', *Computer Graphics* 21(4) (1987): 25.

Ruelle, D., *Chance and Chaos* (London: Penguin, 1993).（『偶然とカオス』青木薫訳、岩波書店）

Saloma, C., Perez, G. J., Tapang, G., Lim, M., and Palmes-Saloma, C., 'Self-organized queuing and scale-free behavior in real escape panic', *Proceedings of the National Academy of Sciences USA* 100 (2003): 11947.

Schwämmle, V., and Herrmann, H., 'Solitary wave behaviour of sand dunes', *Nature* 426 (2003): 619.

Scorer, R., and Verkaik, A., *Spacious Skies* (Newton Abbott: David & Charles, 1989).

Shinbrot, T., 'Competition between randomizing impacts and inelastic collisions in granular pattern formation', *Nature* 389 (1997): 574.

Sokolov, A., Aranson, I. S., Kessler, J. O., and Goldstein, R. E., 'Concentration dependence of the collective dynamics of swimming bacteria', *Physical Review Letters* 98 (2007): 158102.

Sommeria, J., Meyers, S. D., and Swinney, H. L., 'Laboratory simulation of Jupiter's Great Red Spot', *Nature* 331 (1988): 689.

Stewart, I., and Golubitsky, M., *Fearful Symmetry* (London: Penguin, 1993).

（『対称性の破れが世界を創る――神は幾何学を愛したか？』須田不二夫・三村和男訳、白揚社）

Strykowski, P. J., and Sreenivasan, K. R., 'On the formation and suppression of vortex "shedding" at low Reynolds numbers', *Journal of Fluid Mechanics* 218 (1990): 71.

Sumpter, D. J. T., 'The principles of collective animal behaviour', *Philosophical Transactions of the Royal Society B* 361 (2005): 5.

Szabó, B., Szöllösi, G. J., Gönci, B., Jurányi, Zs., Selmeczi, D., and Vicsek, T. 'Phase transition in the collective migration of tissue cells: experiment and model', *Physical Review E* 74 (2006): 061908.

Tackley, P. J., Stevenson, D. J., Glatzmaier, G. A., and Schubert, G., 'Effects of an endothermic phase transition at 670 km depth in a spherical model of convection in the Earth's mantle', *Nature* 361 (1993): 699.

Tackley, P. J., 'Layer cake on plum pudding?', *Nature Geoscience* 1 (2008): 157.

Thompson, D'A. W., *On Growth and Form* (New York: Dover, 1992).（『生物のかたち』（抄訳版）柳田友道［ほか］訳、東京大学出版会）

Toner, J., and Tu, Y., 'Long-range order in a two-dimensional dynamical XY model: how birds fly together', *Physical Review Letters* 75 (1995): 4326.

Tritton, D. J., *Physical Fluid Dynamics* (Oxford: Oxford University Press, 1988).（『トリトン流体力学』河村哲也訳、インデックス出版）

Umbanhowar, P. M., Melo, F., and Swinney, H. L., 'Localized excitations in a vertically vibrated granular layer', *Nature* 382 (1996): 793.

Umbanhowar, P. M., Melo, F., and Swinney, H. L., 'Periodic, aperiodic, and transient patterns in vibrated granular layers', *Physica A* 249 (1998): 1.

Van Heijst, G. J. F., and Flór, J. B., 'Dipole formation and collisions in a stratified fluid', *Nature* 340 (1989): 212.

Vatistas, G. H., 'A note on liquid vortex sloshing and Kelvin's equilibria', *Journal of Fluid Mechanics* 217 (1990): 241.

Vatistas, G. H., Wang, J., and Lin, S., 'Experiments on waves induced in the hollow core of vortices', *Experiments in Fluids* 13 (1992): 377.

Velarde, G., and Normand, C., 'Convection', *Scientific American* 243(1) (1980): 92.

Vicsek, T., Czirók, A., Ben-Jacob, E., Cohen, I., and Shochet, O., 'Novel type of phase transition in a system of self-driven particles', *Physical Review*

Letters 75 (1995): 1226.

Welland, M., *Sand: The Never-Ending Story* (Berkeley: University of California Press, 2008).（『砂——文明と自然』林裕美子訳、築地書館）

Werner, B. T., 'Eolian dunes: computer simulations and attractor interpretation', *Geology* 23 (1995): 1057.

Williams, J. C., and Shields, G., 'Segregation of granules in vibrated beds', *Powder Technology* 1 (1967): 134.

Wolf, D. E., 'Cellular automata for traffic simulations', *Physica A* 263 (1999): 438.

Worthington, A. M., *A Study of Splashes* (London: Longmans, Green & Co., 1908).

Zik, O., Levine, D., Lispon, S. G., Shtrikman, S., and Stavans, J., 'Rotationally induced segregation of granular materials', *Physical Review Letters* 73 (1994): 644.

本書は、二〇一一年十一月に早川書房より単行本として刊行された作品を文庫化したものです。

〈数理を愉しむ〉シリーズ

歴史は「べき乗則」で動く
――種の絶滅から戦争までを読み解く複雑系科学
マーク・ブキャナン／水谷淳訳

混沌たる世界を読み解く複雑系物理の基本を判りやすく解説！（『歴史の方程式』改題）

量子コンピュータとは何か
ジョージ・ジョンソン／水谷淳訳

実現まであと一歩？　話題の次世代コンピュータの原理と驚異を平易に語る最良の入門書

リスク・リテラシーが身につく統計的思考法
――初歩からベイズ推定まで
ゲルト・ギーゲレンツァー／吉田利子訳

あなたの受けた検査や診断はどこまで正しいか？　数字に騙されないための統計学入門。

カオスの紡ぐ夢の中で
金子邦彦

第一人者が難解な複雑系研究の神髄をエッセイと小説の形式で説く名作。解説・円城塔。

運は数学にまかせなさい
――確率・統計に学ぶ処世術
ジェフリー・S・ローゼンタール／柴田裕之訳／中村義作監修

宝くじを買うべきでない理由から迷惑メール対策まで、賢く生きるための確率統計の勘所

訳者略歴　翻訳家　立教大学文学部英米文学科卒　訳書にスピーロ『ポアンカレ予想』（共訳），イアコボーニ『ミラーニューロンの発見』，リーバーマン『人体600万年史』（以上早川書房刊），ピンカー『暴力の人類史』（共訳），ランドール『宇宙の扉をノックする』『ワープする宇宙』ほか多数

HM=Hayakawa Mystery
SF=Science Fiction
JA=Japanese Author
NV=Novel
NF=Nonfiction
FT=Fantasy

流《なが》れ
自然が創り出す美しいパターン2

〈NF462〉

二〇一六年五月　十　日　印刷
二〇一六年五月十五日　発行

（定価はカバーに表示してあります）

著者　フィリップ・ボール
訳者　塩《しお》原《ばら》通《みち》緒《お》
発行者　早川　浩
発行所　株式会社　早川書房

郵便番号　一〇一‐〇〇四六
東京都千代田区神田多町二ノ二
電話　〇三‐三二五二‐三一一一（大代表）
振替　〇〇一六〇‐三‐四七七九九
http://www.hayakawa-online.co.jp

乱丁・落丁本は小社制作部宛お送り下さい。送料小社負担にてお取りかえいたします。

印刷・中央精版印刷株式会社　製本・株式会社川島製本所
Printed and bound in Japan
ISBN978-4-15-050462-5 C0142

本書は活字が大きく読みやすい〈トールサイズ〉です。